高等职业教育“互联网+”创新型系列教材

数字电子技术项目教程

第2版

主　编　朱祥贤

副主编　陈晓磊　石红梅　张洪明

参　编　杨　永　华大龙　罗时书

机　械　工　业　出　版　社

本书以项目为单元，以应用为主线，将理论知识融入到实践项目中。全书共有8个项目，包括三人表决器电路、抢答器电路、数码显示电路、计数分频电路、触摸式防盗报警电路、温度检测电路、数字钟电路等的设计与装调以及用FPGA实现计数器等。通过项目任务的完成，提高学生对数字电子技术的理解，使之能综合运用所学知识完成小型数字系统应用电路的设计制作，包括查阅资料、确定电路设计方案、计算与选择元器件参数、安装与调试电路，能使用相关仪器进行指标测试和编写实训报告。

本书力求体现项目课程的特色与设计思想，以项目任务为出发点，激发学习兴趣。项目内容选取力求具有典型性和可操作性。本书可作为高职高专电子信息大类各专业的教材，也可作为相关专业学生的自学参考书和培训教材。

为方便教学，本书有授课视频（以二维码形式呈现）、电子课件、思考与练习答案、模拟试卷及答案等教学资源，凡选用本书作为授课教材的老师，均可通过电话（010-88379564）或QQ（2314073523）咨询。

图书在版编目（CIP）数据

数字电子技术项目教程/朱祥贤主编.—2版.—北京：机械工业出版社，2021.10（2026.1重印）
高等职业教育“互联网+”创新型系列教材
ISBN 978-7-111-69736-7

Ⅰ.①数… Ⅱ.①朱… Ⅲ.①数字电路-电子技术-高等职业教育-教材 Ⅳ.①TN79

中国版本图书馆CIP数据核字（2021）第245015号

机械工业出版社（北京市百万庄大街22号 邮政编码100037）
策划编辑：曲世海 责任编辑：曲世海
责任校对：肖 琳 王 延 封面设计：马精明
责任印制：郜 敏
河北虎彩印刷有限公司印刷
2026年1月第2版第4次印刷
184mm×260mm · 14印张 · 1插页 · 343千字
标准书号：ISBN 978-7-111-69736-7
定价：49.80元

电话服务	网络服务
客服电话：010-88361066	机 工 官 网：www.cmpbook.com
010-88379833	机 工 官 博：weibo.com/cmp1952
010-68326294	金 书 网：www.golden-book.com
封底无防伪标均为盗版	机工教育服务网：www.cmpedu.com

前　言

本书是根据高职高专的培养目标，结合高职高专教学改革和课程改革的要求，本着“工学结合、项目引导、任务驱动、教学做一体化”的原则而编写的。

众所周知，数字化和集成化是现代IT技术的两大基石。数字电子技术作为电子信息类专业的一门重要专业基础课，主要使学生获得数字电子技术方面的基本知识、基本理论和基本技能，为深入学习相关专业课程和应用打下基础。本书以项目为单元，以应用为主线，将理论知识融入到每一个实践项目中，通过不同的项目和实例来引导学生，将数字电子技术的基础知识、基本理论融入其中。本书共有8个项目，每个项目有要求、目标、电路原理和实现过程，也有相关知识、思考与练习，强调职业技能的训练，注重职业能力的培养。通过项目的设计、制作、调试和故障排除等，提高学生对数字电子技术的理解和应用能力，锻炼学生综合运用所学知识完成小型系统和应用电路的设计、制作任务，包括查阅资料、确定电路设计方案、计算与选择元器件参数、安装与调试电路、使用相关仪器、测试指标和编写实训报告等能力。考虑到大规模集成电路及CPLD等应用已经相当广泛，书中同样也将其作为一个项目介绍。考虑到软件仿真的直观性和在实训之前对电路要有一定的了解，多数实训内容在实际设计之前都采用Multisim进行了仿真练习，一方面可以节省费用，另一方面也让学生通过学习，掌握先进软件的使用。Multisim软件自带元器件库、电路编辑器、测试仪器等，可以随心所欲地构造电路，虚拟仿真和演示电路的工作原理和动态工作过程，先进实用。

本书力求体现项目课程的特色与设计思想。项目内容的选取力求具有典型性和可操作性，以项目任务为出发点，激发学生的学习兴趣。在教学安排上，紧密围绕项目开展，创设教学情境，尽量做到教学做一体化。充分利用多媒体、电子仿真软件和实际电路组织教学。每个项目实践内容的时间安排可根据项目内容大小确定，设计与调试时建议四节课连上。教学评价可根据教学过程采取项目评价与总体评价相结合，理论知识考核与实践操作考核相结合的形式，注重操作能力。

本书由朱祥贤任主编，陈晓磊、石红梅和张洪明任副主编，杨永、华大龙和罗时书参编，其中杨永编写了项目6，陈晓磊编写了项目1中的专题3、任务1和项目5，华大龙编写了项目8和各项目中的仿真内容及附录A，石红梅编写了项目3，罗时书编写了项目4，张洪明编写了项目7，朱祥贤编写其余部分并负责全书的统稿。

本书中某些元器件符号及电路图采用的是Multisim软件中的标准，与国家标准不符，具体对应关系请查阅有关资料，特提请读者注意。

由于编者水平所限，书中难免有错误和不当之处，恳请各位读者批评指正。

编　者

二维码索引

序号	二维码	页码	序号	二维码	页码
1		Ⅲ	10		41
2		5	11		42
3		10	12		43
4		15	13		45
5		16	14		48
6		21	15		58
7		27	16		59
8		31	17		65
9		35	18		70

（续）

序号	二维码	页码	序号	二维码	页码
19		75	29		121
20		79	30		125
21		82	31		129
22		89	32		133
23		90	33		136
24		92	34		136
25		94	35		140
26		102	36		143
27		114	37		148
28		116	38		149

（续）

序号	二维码	页码	序号	二维码	页码
39		152	42		163
40		156	43		168
41		157	44		173

目录

绪　论

人们常说，我们已经生活在信息化时代。信息技术已经渗透到人类社会生活的各个领域，互联网、移动通信、数字高清电视、数码摄像机、数码照相机以及激光照排等无时无刻不在改变着人们的生活。

1. 模拟信号与数字信号

自然界中绝大多数物理量的变化是平滑、连续的，例如温度、湿度、压力、速度、声音、水流量等，这些物理量通过传感器变成电信号后，其电信号的数值相对于时间的变化过程也是平滑、连续的，这种在时间上连续、数值上也连续的物理量(电信号)通常称为模拟信号，如图 0-1 所示。用以产生、传递、加工和处理模拟信号的电路称为模拟电路，例如音频放大电路。

而另一类物理量的变化在时间上和数值上都是不连续的，总是发生在一些离散的瞬间，而且每次变化时数量大小的改变都是某个最小数量单位的整数倍，这一类物理量被称为数字量，把表示数字量的信号称为数字信号，如图 0-2 所示。能产生、传递、加工和处理数字信号的电路称为数字电路，例如计算机中的存储器电路。

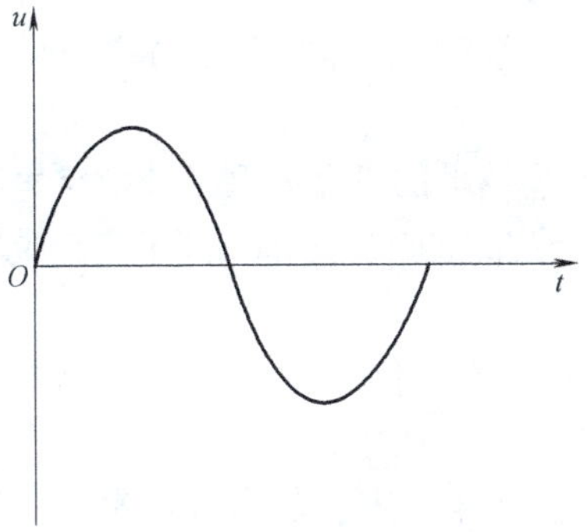

图 0-1　模拟信号

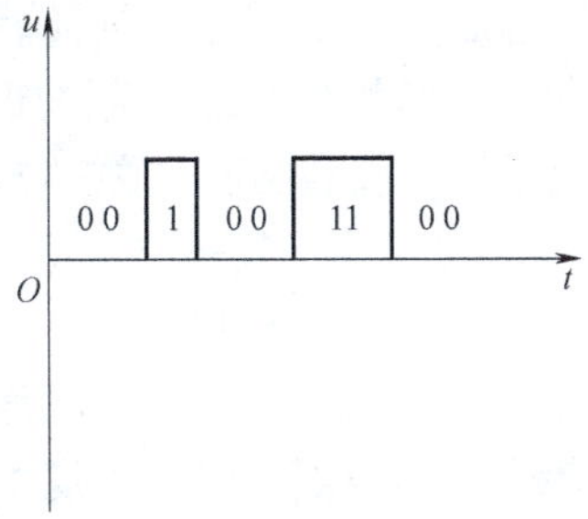

图 0-2　数字信号

因为在数字电路和模拟电路中所研究的问题和使用的分析方法、设计方法都不相同，所以将电子技术基础的内容分为数字电路和模拟电路两部分来讲解。

2. 数字电路的特点

数字信号在时间上和数值上均是离散的，在数字电路中普遍采用数字 0 和 1 来表示数字信号，这里，0 和 1 不是十进制中的数字，而是逻辑 0 和逻辑 1。因而称为二值数字逻辑。在数字电路中，用 1 和 0 分别表示高、低电平。用 1 表示高电平，0 表示低电平，称为正逻辑；用 0 表示高电平，1 表示低电平，称为负逻辑。只要能正确无误地区分出高、低电平，则允许高、低电平有一定的变化范围，这就大大降低了对电路参数精度的要求。

表 0-1 列出了在正逻辑体系下，逻辑电平与数字电压值之间的对应关系。

在数字电路中，常用二进制数来量化连续变化的模拟信号，这样便于存储、分析或传输。

表 0-1 逻辑电平与数字电压值之间的对应关系

电压/V	二值数字逻辑	电 平
5	1	H(高电平)
0	0	L(低电平)

二值数字逻辑的产生，是基于客观世界的许多事物可以用彼此相关而又互相对立的两种状态来表示的，例如真与假、正与反、开与关、高与低等。在数字电路中可用电子器件的开关特性来实现，电路中的半导体器件，如二极管、晶体管等，它们可以处于开关状态，时而导通，时而截止。数字电路具有以下一些特点：

(1) 采用二进制数　在数字电路中，一般都采用二进制计数体制，因为晶体管具有导通和截止两种稳定状态，可用二进制数的两个数码来表示，这样组成的基本单元电路结构简单，对电路中各元器件参数的精度要求不高，并允许有较大的分散性，只要能正确区分两种截然不同的状态即可。

(2) 抗干扰能力强、精度高　由于数字电路传递、加工和处理的都是二值逻辑电平，这样不易受到外界的干扰，因而电路的抗干扰能力较强。数字电路还可以用增加二进制数的位数来提高电路的运算精度。

(3) 便于长期存储、使用方便　二值数字信号具有便于长期存储的特点，使大量的信息资源得以妥善保存，并且容易调出，使用方便。

(4) 保密性好　在数字电路中可以进行保密处理，使可贵的信息资源不易被窃取。

(5) 通用性强　可以采用标准的数字逻辑器件和可编程逻辑器件(PLD)来设计各种各样的数字系统，应用起来也很灵活。

由于数字电路具有上述优点，加之集成电路(IC)工艺技术的迅猛发展，使数字电路在计算机、通信系统、仪器仪表、数控技术、家电以及国民经济的各个领域都得到了广泛应用。

3. 数字集成电路的发展与分类

数字电路的发展与模拟电路一样，经历了由电子管、半导体分立器件到集成电路的过程。但数字集成电路比模拟集成电路发展得更快。从 20 世纪 60 年代开始，数字集成器件从小规模逻辑器件，发展到中、大规模逻辑器件。20 世纪 70 年代末，超大规模集成电路——微处理器的出现，使数字集成电路的性能产生了质的飞跃。

目前，数字集成器件所用的材料以半导体硅为主，在高速数字集成电路中，也使用化合物半导体材料，例如砷化镓(GaAs)等。

从集成度来说，数字集成电路可分为小规模(SSI)、中规模(MSI)、大规模(LSI)、超大规模(VLSI)和特大规模(ULSI)等五类。所谓集成度，是指每一块数字 IC 芯片所包含晶体管的个数。表 0-2 列出了五类数字集成电路的规模和分类依据。

表 0-2 五类数字集成电路的规模和分类依据

分类	晶体管的个数	典型的数字集成电路	分类	晶体管的个数	典型的数字集成电路
小规模	最多 10 个	逻辑门电路	超大规模	$1000 \sim 10^6$ 个	大型存储器、微处理器
中规模	10 ~ 100 个	计数器、全加器、译码器	特大规模	10^6 个以上	可编程逻辑器件、多功能集成电路
大规模	100 ~ 1000 个	小型存储器、门阵列			

近十多年来，PLD 特别是现场可编程门阵列(FPGA)的飞速发展，为数字电子技术的发展开创了新局面。这些数字集成器件不仅规模大，而且将硬件与软件相结合，使数字集成电路的功能更加趋于完善，使用起来也更加灵活。

根据电路的输出信号与输入信号之间的关系，数字电路又可分为组合逻辑电路和时序逻辑电路两大类。组合逻辑电路的输出信号仅仅和当时的输入信号有直接关系，而时序逻辑电路的输出信号不仅和当时的输入信号有关，而且与输入信号发生前的电路状态有关。两者常常结合起来使用，可以实现控制、操作和运算数字系统的信息。

从用途上，可以把数字集成电路分为专用型和通用型两大类。专用型数字集成电路是为某种特定用途而专门设计、制造的，一般很难用在其它的场合。因为一种新型集成电路的研制费用很高，研制周期也比较长，所以通常只有在用量较大的情况下，才采用这种专用集成电路。

通用型数字集成电路又有两种类型：一种是逻辑功能固定的标准化、系列化产品；另一种是可编程逻辑器件(Programmable Logic Device,PLD)。前一种类型的集成电路中，每一种器件的内部结构和功能在制造时已经固化，不能改变。目前常见的中、小规模数字集成电路大多属于这一种。利用这些产品可以组成更为复杂的数字系统，但是当系统复杂以后，电路的体积将很庞大，而且由于器件间的连线很多，降低了电路的可靠性。因此，希望能找到一种既具有像专用集成电路那样体积小、可靠性高、能满足各种专门用途，同时又可以作为电子产品生产的集成电路，于是可编程逻辑器件便应运而生。

PLD 的内部包含了大量的基本逻辑单元电路，通过写入编程数据，可以将这些单元连接成所需要的逻辑电路。因此，它的产品是通用型的，而它所实现的逻辑功能则由用户根据自己的需要通过编程来设定。20 世纪 90 年代 PLD 得到了迅速的发展和普及，目前在一片高密度 PLD 中可以集成数十万个基本逻辑单元，足够连接成一个相当复杂的数字电路，形成所谓“片上系统”。

4. EDA 技术的发展和应用

电子设计自动化(Electronic Design Automation,EDA)是将计算机技术应用于电子电路设计过程而产生的一门新技术。它广泛地应用于电路结构设计和运行状态的仿真、集成电路板图的设计、印制电路板的设计以及可编程逻辑器件的编程设计等所有设计环节当中。

由于电子电路的复杂程度日益增加，产品更新的周期日益缩短，所以对设计工作的质量、速度和成本的要求也越来越高。因此，必须在所有的设计环节中使用计算机辅助设计(CAD)的手段，全面实现设计自动化。经过多年的不懈努力，技术人员先后成功研制出了多种高性能的 EDA 软件和专门用于描述电子电路的计算机编程语言——硬件描述语言(Hardware Description Language,HDL)。利用这些软件可以在计算机上进行电子电路的结构设计、电路参数的选择和优化、电路布局和布线的设计、电路性能的分析和测试以及运行状态的模拟等。例如，由 NI 公司推出的 Multisim 不仅具有丰富的元器件库和对电路进行仿真、分析的软件，而且还提供了全套的虚拟电子仪器、仪表。设计者可以方便地从元器件库中挑选合适的元器件组成所需要的电路，并且能形象地对电路运行状态仿真和测试。再如 Altium 公司(Protel 软件的原厂商)推出了最新高端版本 Altium Designer，它完全是一体化电子产品开发系统的一个新版本，将设计流程、集成化 PCB 设计、可编程器件(如 FPGA)设计和基于处理器设计的嵌入式软件开发功能整合在一起，是一种同时进行 PCB 和 FPGA 设计以及嵌入式设计的解决方案，具有将设计方案从概念转变为最终成品所需的全部功能。还有许多著名的软件公司也都推出了自己的EDA软件产品，而且在致力于不断增强和完善这些EDA软件的功能。目前得到广泛应用的硬件描述语言主要有VHDL和Verilog HDL两种，它们都已经被IEEE认定为标准的硬件描述语言。

进入20世纪90年代以后，PLD的应用迅速扩大。PLD生产厂商在开发PLD的同时，也与软件公司联手研制了相应的编程软件。因此，PLD的广泛应用也促进了EDA技术的普及。今天，EDA技术已经成为所有从事和电子技术有关工作的工程技术人员必须掌握的一门技术。

项目1 三人表决器电路设计与装调

引言 门电路是能够实现某一逻辑功能的电路，是数字电路的基本单元。按照逻辑功能，门电路可分为与门、或门、非门、与非门、或非门、与或非门、异或门和同或门等。根据电路中使用的半导体器件不同，门电路又可以分为TTL门电路和CMOS门电路。本项目介绍了数字电路中常用的数制与码制，逻辑函数，逻辑门电路的电路结构、工作原理、逻辑功能和外部特性，以及TTL和CMOS电路的使用方法等。

◆ **项目要求：**

在理解各种逻辑关系、掌握门电路的逻辑功能和外部特性的基础上，应用相关集成门电路完成三人表决器电路的设计与装调。

◆ **项目目标：**

- 熟悉逻辑函数的表示方法与化简方法；
- 理解晶体管开关特性；
- 了解TTL门电路的内部结构和工作原理；
- 掌握TTL各种门电路的基本使用方法；
- 了解TTL电路和CMOS电路的接口；
- 掌握逻辑门电路的应用。

◆ **项目介绍：**

本项目为三人表决器电路，用来判断三个输入信号的组合情况，其输出结果与输入中的多数情况一致。本项目通过三人表决器电路的设计帮助同学们掌握数字电路中的逻辑关系、逻辑运算和门电路的电气特性，并学会简单数字电路的设计与功能验证，为实际应用门电路相关器件打下必要的基础。

专题1 数制与码制

专题要求：

作为数字电路的基础，数制与码制的概念在整个数字系统中起着非常重要的作用，要学会在实际应用中运用数制与码制。

专题目标：

- 了解数的进制概念，掌握二进制、八进制、十六进制、十进制的表示方法；
- 掌握二进制与十进制、八进制、十六进制的相互转换；
- 了解码制的概念，掌握几种常见的码制表示方法，并能熟练运用。

在日常生活中，人们习惯用十进制，而数字系统中多采用二进制，但二进制有时表示起来不太方便，位数太多，所以也经常采用十六进制和八进制。本专题将介绍几种常见的数制表示方法、相互间的转换法和几种常见的码制。

1.1.1　数制

1. 十进制

十进制是人们十分熟悉的计数体制，有0~9十个数字符号，它是逢十进位，各位的权是10的幂。例如，2315这个数可以写成

$$2315 = 2\times10^3 + 3\times10^2 + 1\times10^1 + 5\times10^0$$

式中，10^0为右边第1位，即个位的权；10^1为右边第2位，即十位的权；10^2为右边第3位，即百位的权；10^3为右边第4位，即千位的权。每位对应的数字称为该位的系数，数的值等于各位的系数与权的乘积之和，如上式中的2315这个数就是由每位数的系数，即2、3、1、5与对应位的权10^3、10^2、10^1、10^0的乘积之和。将上述关系写成一般形式，则任意一个十进制数$(N)_{10}$均可记作

$$(N)_{10} = \sum k_i \times 10^i \tag{1-1}$$

式中，k_i称为第i位的系数；$(N)_{10}$中下标10表示N是十进制数，也可以用字母“D”来表示，例如$(56)_D$就表示十进制的56，即$(56)_{10}$。

2. 二进制

二进制数中只有0和1两个数字符号，它是逢二进位，各位的权是2的幂。例如

$$(100101)_2 = 1\times2^5 + 0\times2^4 + 0\times2^3 + 1\times2^2 + 0\times2^1 + 1\times2^0$$

式中，2^0、2^1、2^2、2^3、2^4、2^5分别为各位的权。n位二进制正整数$(N)_2$的表达式可以写成

$$(N)_2 = \sum k_i \times 2^i \tag{1-2}$$

二进制也可以用字母“B”表示，例如$(1011)_B = (1011)_2$。

3. 八进制和十六进制

（1）八进制　八进制中有0~7八个数字符号，它是逢八进位，各位的权是8的幂。例如

$$(1207)_8 = 1\times8^3 + 2\times8^2 + 0\times8^1 + 7\times8^0$$

式中，8^0、8^1、8^2、8^3分别为各位的权。n位八进制正整数$(N)_8$的表达式可以写成：

$$(N)_8 = \sum k_i \times 8^i \tag{1-3}$$

八进制也可以用字母“Q”表示，例如$(1204)_Q = (1204)_8$。

（2）十六进制　十六进制有0~9、A、B、C、D、E、F十六个数字符号，其中10~15分别用A~F表示，它是逢十六进位，各位的权是16的幂。例如

$$(2C7F)_{16} = 2\times16^3 + 12\times16^2 + 7\times16^1 + 15\times16^0$$

式中，16^0、16^1、16^2、16^3分别为各位的权。n位十六进制正整数$(N)_{16}$的表达式可以写成：

$$(N)_{16} = \sum k_i \times 16^i \tag{1-4}$$

十六进制也可以用字母“H”表示，例如$(34AF)_H = (34AF)_{16}$。

4. 不同数制之间的转换

（1）任意进制转换成十进制　通过前面的介绍，分别按式(1-2)、式(1-3)、式(1-4)展开，就是二进制、八进制、十六进制转换成十进制的结果。例如

$$(10011)_2 = (1\times2^4 + 0\times2^3 + 0\times2^2 + 1\times2^1 + 1\times2^0)_{10} = (19)_{10}$$

$$(236)_8 = (2\times8^2 + 3\times8^1 + 6\times8^0)_{10} = (158)_{10}$$

$$(17E)_{16} = (1\times16^2 + 7\times16^1 + 14\times16^0)_{10} = (382)_{10}$$

（2）十进制转换成二进制　十进制转换成二进制的方法中整数转换和小数转换不同。

将十进制整数转换成二进制数的方法是：连续除以 2，直到商为 0，每次所得的余数从后向前排列即为转换后的二进制数整数部分，这种方法简称“除 2 取余法”。按此方法，可用竖式除法表示出上述转换过程。例如，将$(302)_{10}$转换成二进制的竖式为

$$
\begin{array}{r|l l l}
2 & 302 & \cdots\cdots\ \text{余}\,0 & \text{最低位}\ \uparrow \\ \hline
2 & 151 & \cdots\cdots\ \text{余}\,1 & \\ \hline
2 & 75 & \cdots\cdots\ \text{余}\,1 & \\ \hline
2 & 37 & \cdots\cdots\ \text{余}\,1 & \\ \hline
2 & 18 & \cdots\cdots\ \text{余}\,0 & \\ \hline
2 & 9 & \cdots\cdots\ \text{余}\,1 & \\ \hline
2 & 4 & \cdots\cdots\ \text{余}\,0 & \\ \hline
2 & 2 & \cdots\cdots\ \text{余}\,0 & \\ \hline
2 & 1 & \cdots\cdots\ \text{余}\,1 & \text{最高位} \\ \hline
 & 0 & &
\end{array}
$$

即$(302)_{10}=(100101110)_2$

值得注意的是，最先除得的余数是最低位，而最后除得的余数为最高位。

小数部分的转换方法是：连续乘以 2，一直到小数部分为 0（有些小数部分不能使乘 2 结果为零，转换时可根据实际需要确定保留的小数位数），每次所得的整数部分从前向后排列即为转换后的二进制数小数部分，这种方法简称“乘 2 取整法”。例如，将$(0.6875)_{10}$转换为二进制为

$$
\begin{array}{r l l}
0.6875 & & \\
\times\quad 2 & & \\ \hline
1.3750 & \cdots\cdots\ \text{整数部分为}1 & \text{最高位} \\
0.3750 & & \\
\times\quad 2 & & \\ \hline
0.7500 & \cdots\cdots\ \text{整数部分为}0 & \\
0.7500 & & \\
\times\quad 2 & & \\ \hline
1.5000 & \cdots\cdots\ \text{整数部分为}1 & \\
0.5000 & & \\
\times\quad 2 & & \downarrow \\ \hline
1.0000 & \cdots\cdots\ \text{整数部分为}1 & \text{最低位}
\end{array}
$$

即$(0.6875)_{10}=(0.1011)_2$

（3）二进制与八进制、十六进制之间的相互转换

1）二进制与八进制之间的相互转换。因为八进制的基数 $8=2^3$，所以 3 位二进制数构成 1 位八进制数。当要将二进制整数转换成八进制数时，只要从最低位开始，按 3 位分组，不满 3 位者在前面加 0，每组以其对应八进制数字代替，再按原来的顺序排列即为等值的八进制数。

例如，将$(11110100010)_2$转换成八进制为

$$
\begin{array}{cccc}
011 & 110 & 100 & 010 \\
\downarrow & \downarrow & \downarrow & \downarrow \\
3 & 6 & 4 & 2
\end{array}
$$

即$(11110100010)_2=(3642)_8$

注意：3 位分组时，必须从最低位开始。

反之，如果要将八进制正整数转换成二进制数，只需将每位八进制数写成对应的 3 位二进制数，再按原来的顺序排列就行了。

例如，将$(473)_8$转换为二进制为

$$\begin{array}{ccc} 4 & 7 & 3 \\ \downarrow & \downarrow & \downarrow \\ 100 & 111 & 011 \end{array}$$

即$(473)_8=(100111011)_2$

2）二进制与十六进制之间的相互转换。因为十六进制的基数$16=2^4$，所以4位二进制数构成1位十六进制数，从最低位开始，每4位二进制数一组，对应进行转换，不满4位者在前面加0，具体方法与前面介绍的八进制的转换相同。

例如，将$(10110100111100)_2$转换成十六进制为

$$\begin{array}{cccc} 0010 & 1101 & 0011 & 1100 \\ \downarrow & \downarrow & \downarrow & \downarrow \\ 2 & D & 3 & C \end{array}$$

即$(10110100111100)_2=(2D3C)_{16}$

反之，如果要将十六进制正整数转换成二进制数，只需将每位十六进制数写成对应的4位二进制数，再按原来的顺序排列就行了。

例如，将$(3AF6)_{16}$转换成二进制为

$$\begin{array}{cccc} 3 & A & F & 6 \\ \downarrow & \downarrow & \downarrow & \downarrow \\ 0011 & 1010 & 1111 & 0110 \end{array}$$

即$(3AF6)_{16}=(11101011110110)_2$

1.1.2　码制

在数字系统中，由0和1组成的二进制数不仅可以表示数值的大小，还可以用来表示特定的信息。用二进制数来表示一些具有特定含义信息的方法称为编码，用不同表示形式可以得到多种不同的编码，这就是码制。例如，用4位二进制数表示1位十进制数，称为二-十进制代码。常用的编码有二-十进制BCD码、格雷码和ASCII码等。

1. 二-十进制代码

用4位二进制数组成一组代码，可用来表示0～9十个数字。4位二进制代码有$2^4=16$种状态组成，从中取出十种组合表示0～9十个数字可以有多种方式，因此十进制代码有多种。几种常用的十进制代码见表1-1。

表1-1　几种常用的十进制代码

十进制数	代码种类			
	8421BCD码	2421码	5211码	余3码(无权码)
0	0 0 0 0	0 0 0 0	0 0 0 0	0 0 1 1
1	0 0 0 1	0 0 0 1	0 0 0 1	0 1 0 0
2	0 0 1 0	0 0 1 0	0 1 0 0	0 1 0 1
3	0 0 1 1	0 0 1 1	0 1 0 1	0 1 1 0
4	0 1 0 0	0 1 0 0	0 1 1 1	0 1 1 1
5	0 1 0 1	1 0 1 1	1 0 0 0	1 0 0 0
6	0 1 1 0	1 1 0 0	1 0 0 1	1 0 0 1
7	0 1 1 1	1 1 0 1	1 1 0 0	1 0 1 0
8	1 0 0 0	1 1 1 0	1 1 0 1	1 0 1 1
9	1 0 0 1	1 1 1 1	1 1 1 1	1 1 0 0
权	8 4 2 1	2 4 2 1	5 2 1 1	

最常用的是8421BCD码，将十进制数的每一位用一个4位二进制数来表示，这个4位二进制数每一位的权从高位到低位分别是8、4、2、1，由此规则构成的码称为8421BCD码。

例如 $$(37)_{10}=(00110111)_{8421BCD}$$

对于2421码和5211码而言，若将每个代码也看作是4位二进制数，不过自左而右每位的1分别代表2、4、2、1和5、2、1、1，则与每个代码等值的十进制数恰好就是它表示的十进制数。其中，2421码中0和9的代码、1和8的代码、2和7的代码、3和6的代码、4和5的代码均互为反码(即代码中每一位0和1的状态正好相反)。

余3码是一套无权码，即每一位的1没有固定的权相对应。如果仍将每个代码视为4位二进制数，且自左而右每位的1分别为8、4、2和1，则等值的十进制数比它所表示的十进制数多3，故称余3码。

2. 格雷码

格雷码是在检测和控制系统中常用的一种代码。它的特点是：相邻两个代码之间仅有一位不同，其余各位均相同。计数电路按格雷码计数时，每次状态仅仅变化一位代码，减少了出错的可能性。格雷码属于无权码，它有多种代码形式，其中最常用的一种是循环码。4位格雷码的编码见表1-2。

表1-2 4位格雷码的编码

十进制数	循环码	十进制数	循环码
0	0 0 0 0	15	1 0 0 0
1	0 0 0 1	14	1 0 0 1
2	0 0 1 1	13	1 0 1 1
3	0 0 1 0	12	1 0 1 0
4	0 1 1 0	11	1 1 1 0
5	0 1 1 1	10	1 1 1 1
6	0 1 0 1	9	1 1 0 1
7	0 1 0 0	8	1 1 0 0

想一想：

1. 十进制转换为八进制或者十六进制的方法是什么？
2. n位二进制数的最大值相当于十进制数的多少？
3. 在一次运动会中有460名选手参加比赛，若分别用二进制、八进制、十六进制数进行编码，则各需要几位数？
4. 总结本专题所介绍各种码制的特点，并自行查阅资料，了解常用的还有其它哪些码制形式？

专题2 逻辑代数与逻辑函数

专题要求：

学会运用逻辑代数分析问题，分析数字电路中的逻辑关系。

专题目标：

■ 掌握三种基本的逻辑关系及相应的复合逻辑关系；

- 掌握逻辑代数的基本公式和定律；
- 掌握逻辑函数的各种表示方法以及相互转换；
- 掌握逻辑函数的化简；
- 了解逻辑函数的无关项概念，掌握含有无关项的化简方法。

在前面学习的基础上，可以用不同的数字表示不同数量的大小，还可以用不同的数字表示不同的事物或者事物的不同状态，称为逻辑状态。例如用 1 位二进制数的 1 和 0 可以表示"对"和"错"、"有"和"无"、"接通"和"断开"等。

这里所说的"逻辑"是指事物的因果关系。当两个数字代表两个不同的逻辑状态时，可以按照它们之间存在的因果关系进行推理运算，这种运算称为逻辑运算。

英国数学家乔治·布尔(George Boole)于 1849 年首先提出了进行逻辑运算的数学方法——逻辑代数，也称为布尔代数。现在逻辑代数已经成为分析和设计数字逻辑电路的主要数学工具。

1.2.1　常用逻辑关系

1. 与

只有当决定事物结果的所有条件全部具备时，结果才会发生，这种逻辑关系称为与逻辑关系。

与逻辑模型电路如图 1-1 所示，A、B 是两个串联开关，Y 是灯，用开关控制灯亮和灭的关系是：当 A、B 两个开关都接通时灯才会亮，当 A、B 两个开关中有一个或一个以上断开时灯就熄灭。

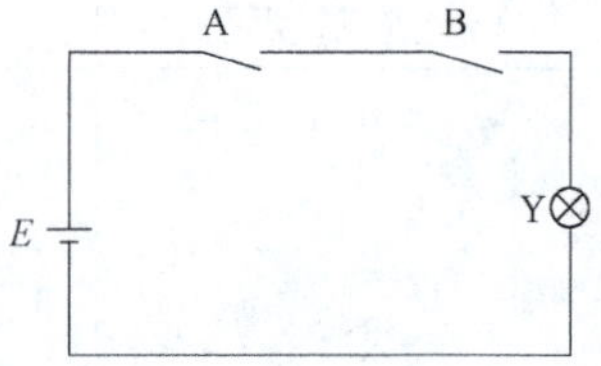

图 1-1　与逻辑模型电路

如果用逻辑值中的 1 来表示灯亮和开关闭合，用 0 表示灯灭和开关断开，那么可得到表 1-3 所示的与逻辑真值表。

表 1-3　与逻辑真值表

A	B	Y	A	B	Y
0	0	0	1	0	0
0	1	0	1	1	1

与逻辑运算也称"逻辑乘"。与逻辑运算的逻辑表达式为

$$Y=A\cdot B \quad 或 \quad Y=AB \quad (“\cdot”可省略)$$

与逻辑运算的规律为：输入有 0 得 0，全 1 得 1。

与逻辑的逻辑符号如图 1-2 所示。

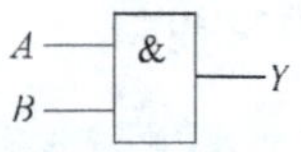

图 1-2　与逻辑的逻辑符号

与逻辑的波形图如图 1-3 所示。该图直观地表示了任意时刻输入与输出之间的对应关系及变化的情况。

2. 或

当决定事物结果的几个条件中，只要有一个或一个以上条件得到满足，结果就会发生，这种逻辑关系称为或逻辑关系。或逻辑模型电路如图 1-4 所示。

或逻辑真值表见表 1-4。

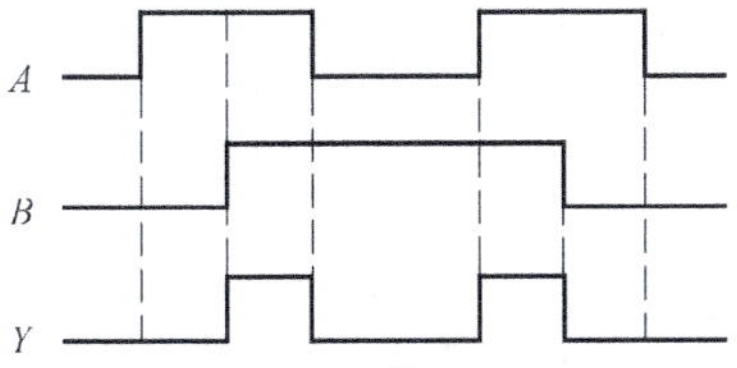

图 1-3　与逻辑的波形图

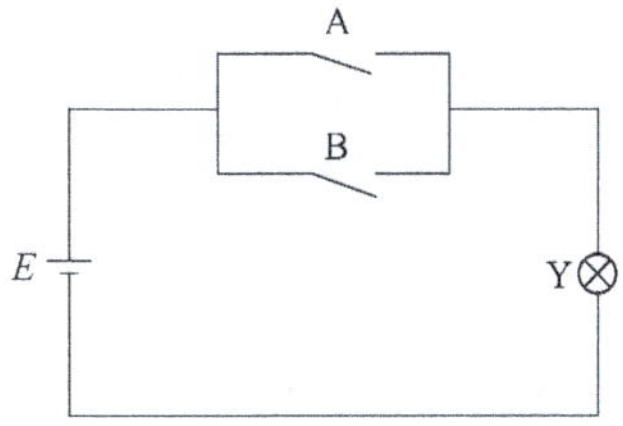

图 1-4　或逻辑模型电路

表 1-4　或逻辑真值表

A	*B*	*Y*	*A*	*B*	*Y*
0	0	0	1	0	1
0	1	1	1	1	1

或逻辑运算也称“逻辑加”。或逻辑运算的逻辑表达式为

$$Y = A + B$$

或逻辑运算的规律为：有 1 得 1，全 0 得 0。

或逻辑的逻辑符号如图 1-5 所示。

3. 非

在事件中，结果总是和条件呈相反状态，这种逻辑关系称为非逻辑关系。非逻辑模型电路如图 1-6 所示，非逻辑真值表见表 1-5。

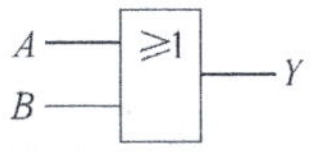

图 1-5　或逻辑的逻辑符号

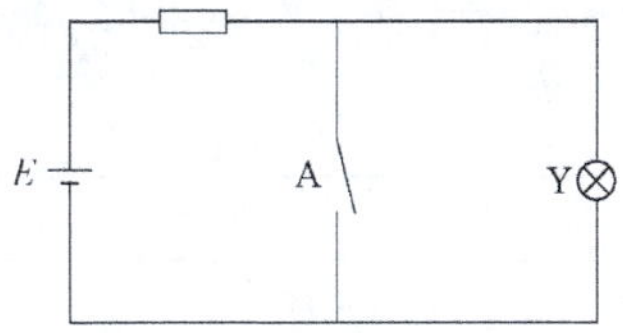

图 1-6　非逻辑模型电路

表 1-5　非逻辑真值表

A	*Y*	*A*	*Y*
0	1	1	0

非逻辑运算也称“反运算”。非逻辑运算的逻辑表达式为

$$Y = \overline{A}$$

非逻辑运算的规律为：0 变 1，1 变 0，即“始终相反”。

非逻辑的逻辑符号如图 1-7 所示。

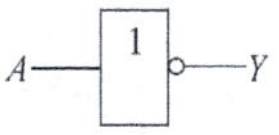

图 1-7　非逻辑的逻辑符号

4. 几种常见的复合逻辑关系

与、或、非运算是逻辑代数中最基本的三种运算，几种常见复合逻辑关系的逻辑表达式、逻辑符号、真值表及逻辑运算规律见表 1-6。

表 1-6　复合逻辑关系

逻辑关系名称	与　非		或　非		与 或 非		异　或		同　或	
逻辑表达式	$Y=\overline{AB}$		$Y=\overline{A+B}$		$Y=\overline{AB+CD}$		$Y=A\oplus B$		$Y=A\odot B$	
逻辑符号	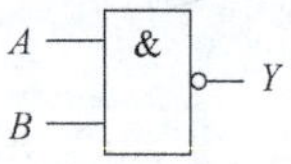		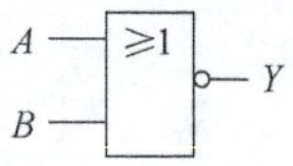		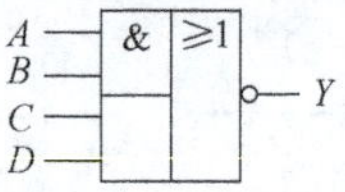		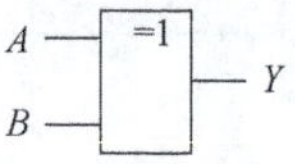		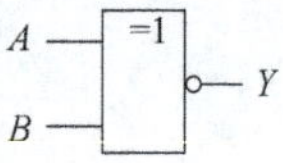	
真值表	A B	Y	A B	Y	A B C D	Y	A B	Y	A B	Y
	0 0	1	0 0	1	0 0 0 0	1	0 0	0	0 0	1
	0 1	1	0 1	0	0 0 0 1	1	0 1	1	0 1	0
	1 0	1	1 0	0	⋮ ⋮ ⋮ ⋮		1 0	1	1 1	0
	1 1	0	1 1	0	1 1 1 1	0	1 1	0	1 1	1
逻辑运算规律	有0得1 全1得0		有1得0 全0得1		与项为1，结果为0 其余输出全为1		不同为1 相同为0		不同为0 相同为1	

1.2.2　逻辑代数的基本公式与定律

1. 逻辑代数的基本公式

在介绍基本定律之前，先来了解一些逻辑代数中的基本公式，这些基本公式都是一些不需要证明的、直观的恒等式。它们是逻辑代数的基础，利用这些基本公式可以化简逻辑函数，还可以用来推证一些逻辑代数的基本定律。

（1）逻辑常量运算公式　逻辑常量只有0和1两个。常量间的与、或、非三种基本逻辑运算公式见表1-7。

表 1-7　逻辑常量运算公式

与 运 算	或 运 算	非 运 算	与 运 算	或 运 算	非 运 算
$0\cdot0=0$	$0+0=0$	$\overline{1}=0$	$1\cdot0=0$	$1+0=1$	$\overline{0}=1$
$0\cdot1=0$	$0+1=1$		$1\cdot1=1$	$1+1=1$	

（2）逻辑变量、常量运算公式　设A为逻辑变量，则逻辑变量与常量间的运算公式见表1-8。

表 1-8　逻辑变量、常量运算公式

与 运 算	或 运 算	非 运 算	与 运 算	或 运 算	非 运 算
$A\cdot0=0$	$A+0=A$	$\overline{\overline{A}}=A$	$A\cdot A=A$	$A+A=A$	$\overline{\overline{A}}=A$
$A\cdot1=A$	$A+1=1$		$A\cdot\overline{A}=0$	$A+\overline{A}=1$	

由于变量A的取值只能为0或1，因此当$A\neq0$时，必有$A=1$。表中$A\cdot A=A$，即当$A=1$时，$A\cdot A=1\cdot1=1$；当$A=0$时，$A\cdot A=0\cdot0=0$。又如$A\cdot\overline{A}=0$，当$A=0$时，$A\cdot\overline{A}=0\cdot\overline{0}=0$；当$A=1$时，$A\cdot\overline{A}=1\cdot\overline{1}=0$。

表中，相同变量间的运算称为重叠律，如$A+A=A$、$A\cdot A=A$；0或1与变量间的运算称为0-1 律，如 $A\cdot 0=0$、$A+0=A$、$A\cdot 1=A$、$A+1=1$；两个互反（又称互非）变量间的运算称为互补律，如 $A\cdot\overline{A}=0$、$A+\overline{A}=1$；一个变量的两次非运算称为还原律，如 $\overline{\overline{A}}=A$。

2. 逻辑代数的基本定律

逻辑代数的基本定律是分析、设计逻辑电路，化简和变换逻辑函数的重要工具。这些定律有其独自具有的特性，但也有一些与普通代数相似的定律，因此要严格区分。

（1）与普通代数相似的定律　与普通代数相似的定律有交换律、结合律、分配律，见表 1-9。

表 1-9　交换律、结合律、分配律

交换律	$A+B=B+A$	结合律	$A\cdot B\cdot C=(A\cdot B)\cdot C=A\cdot(B\cdot C)$
	$A\cdot B=B\cdot A$	分配律	$A\cdot(B+C)=A\cdot B+A\cdot C$
结合律	$A+B+C=(A+B)+C=A+(B+C)$		$A+B\cdot C=(A+B)\cdot(A+C)$

上表中分配律的第二条是普通代数所没有的，现用逻辑代数的基本公式和基本定律证明如下：

右式 $=(A+B)\cdot(A+C)$

$=A\cdot A+A\cdot C+A\cdot B+B\cdot C$ …………利用第 1 条分配律将右式展开

$=A+A\cdot C+A\cdot B+B\cdot C$ …………利用 $A\cdot A=A$

$=A\cdot(1+C+B)+B\cdot C$ …………利用 $1+A=1$

$=A+BC=$ 左式

（2）吸收律　吸收律可以利用上面的一些基本公式推导出来，是逻辑函数化简中常用的基本定律，见表 1-10。

表 1-10　吸收律

$A+AB=A$	$A(A+B)=A$
$A+\overline{A}B=A+B$	$A(\overline{A}+B)=AB$
$AB+A\overline{B}=A$	$(A+B)(A+\overline{B})=A$
$AB+\overline{A}C+BC=AB+\overline{A}C$ $AB+\overline{A}C+BCD=AB+\overline{A}C$	$(A+B)(\overline{A}+C)(B+C)=(A+B)(\overline{A}+C)$ $(A+B)(\overline{A}+C)(B+C+D)=(A+B)(\overline{A}+C)$

【例 1.1】　试用公式推导证明：

$$A+\overline{A}B=A+B$$

解： $A+\overline{A}B=(A+\overline{A})(A+B)$ ………根据分配律

$=1(A+B)$ ………根据互补律

$=A+B$ ………根据 0-1 律

【例 1.2】　试用公式推导证明：

$$AB+\overline{A}C+BC=AB+\overline{A}C$$

解： $AB+\overline{A}C+BC=AB+\overline{A}C+BC\cdot 1$ ………根据 0-1 律

$=AB+\overline{A}C+BC(A+\overline{A})$ ………根据互补律

$=AB+\overline{A}C+ABC+\overline{A}BC$ ………根据分配律

$$=AB(1+C)+\overline{A}C(1+B)$$ ………根据分配律

$$=AB\cdot 1+\overline{A}C\cdot 1$$ ………根据 0-1 律

$$=AB+\overline{A}C$$ ………根据 0-1 律

根据表 1-10 可知，利用吸收律化简逻辑函数时，某些项的因子在化简中被吸收掉，使逻辑表达式变得更简单。

(3) 摩根定律 摩根定律又称为反演律，它有下面两种形式：

$$\overline{A\cdot B}=\overline{A}+\overline{B}$$

$$\overline{A+B}=\overline{A}\cdot\overline{B}$$

摩根定律可利用真值表来证明，见表 1-11 和表 1-12。

表 1-11 $\overline{A\cdot B}=\overline{A}+\overline{B}$的证明

A	B	$\overline{A\cdot B}$	$\overline{A}+\overline{B}$	A	B	$\overline{A\cdot B}$	$\overline{A}+\overline{B}$
0	0	1	1	1	0	1	1
0	1	1	1	1	1	0	0

表 1-12 $\overline{A+B}=\overline{A}\cdot\overline{B}$的证明

A	B	$\overline{A+B}$	$\overline{A}\cdot\overline{B}$	A	B	$\overline{A+B}$	$\overline{A}\cdot\overline{B}$
0	0	1	1	1	0	0	0
0	1	0	0	1	1	0	0

1.2.3 逻辑代数的基本规则

逻辑代数有下面三个基本规则。

1. 代入规则

在任何一个等式中，若将等式中出现的同一变量用同一个逻辑函数替代，则等式仍然成立，这一规则称为代入规则。例如

$$C(B+A)=CB+CA$$

若 $A=EG$，则

$$C(B+EG)=CB+CEG$$

【例 1.3】 利用代入规则将摩根定律推广为多变量形式。

解： 已知两变量的摩根定律为

$$\overline{A\cdot B}=\overline{A}+\overline{B} \qquad (1)$$

$$\overline{A+B}=\overline{A}\cdot\overline{B} \qquad (2)$$

若将 BC 代入式(1)中 B 的位置，则得到

$$\overline{ABC}=\overline{A}+\overline{B}+\overline{C}$$

若将 $B+C$ 代入式(2)中 B 的位置，则得到

$$\overline{A+(B+C)}=\overline{A}\,\overline{B+C}=\overline{A}\,\overline{B}\,\overline{C}$$

$$\overline{A+B+C}=\overline{A}\,\overline{B}\,\overline{C}$$

同理，摩根定律可以推广为更多变量的关系式。

2. 反演规则

对任何一个逻辑函数 Y，如果将该逻辑表达式中所有的“·”换成“+”，“+”换成“·”，0 换成 1，1 换成 0，原变量换成反变量，反变量换成原变量，则所得到的逻辑表达式是 $\overline{Y}$(即函数 Y 的非)的表达式。例如

$$Y=A\cdot\overline{B}+C\cdot\overline{D}$$

则

$$\overline{Y}=(\overline{A}+B)\cdot(\overline{C}+D)$$

直接利用反演规则很容易求得一个函数的反函数。但必须注意，不能破坏原式的运算次序，上式中的括号是必不可少的。此外，不属于单个变量的非号应保留。例如

$$Y=(\overline{A+B})\cdot(\overline{C}+\overline{D})$$

则

$$\overline{Y}=(\overline{\overline{A}\cdot\overline{B}})+CD$$

3. 对偶规则

设 Y 为一个逻辑函数，如果将该逻辑表达式中所有的“·”换成“+”，“+”换成“·”，0 换成 1，1 换成 0，就可得到新的逻辑函数 Y' 的表达式。Y' 和 Y 是互为对偶的。对偶变换要注意保持变换前后运算的优先顺序不变。例如

$$Y=A\cdot\overline{B}+C\cdot\overline{D}$$

则

$$Y'=(A+\overline{B})\cdot(\overline{C}+D)$$

对偶规则的意义在于：若两个函数式相等，则它们的对偶式也一定相等。因此，对偶规则也适用于逻辑等式，如将逻辑等式两边同时进行对偶变换，得到的对偶式仍然相等。

1.2.4 逻辑函数的表示方法

在研究逻辑问题时，根据逻辑函数的特点，主要可以用真值表、逻辑表达式、逻辑图、波形图、卡诺图等几种表示方法来表示逻辑函数。读者不仅要掌握它们各自的表示方法，还应熟悉它们之间的相互转换。

1. 真值表

真值表是表示逻辑函数各个输入变量取值组合和函数值对应关系的表格。真值表最大的特点就是能直观地表示输出和输入之间的逻辑关系。

【例 1.4】 试说明表 1-13 的真值表所表示的逻辑功能。

表 1-13 例 1.4 的真值表

输入	输出	输入	输出
$A\ B\ C\ D$	Y	$A\ B\ C\ D$	Y
0 0 0 0	0	1 0 0 0	1
0 0 0 1	1	1 0 0 1	0
0 0 1 0	1	1 0 1 0	0
0 0 1 1	0	1 0 1 1	1
0 1 0 0	1	1 1 0 0	0
0 1 0 1	0	1 1 0 1	1
0 1 1 0	0	1 1 1 0	1
0 1 1 1	1	1 1 1 1	0

解：从真值表可以看出，当 A、B、C、D 中有奇数个取值为 1 时，$Y=1$，否则 $Y=0$，所以这是一个奇偶判别函数。

2. 逻辑表达式

用与、或、非等运算表示逻辑函数中各个变量之间逻辑关系的代数式，称为逻辑表达式。在各种表示方法中，使用最多的就是逻辑表达式了。例如

$$Y(A,B,C,D)=A\overline{B}\,\overline{C}+\overline{A}BC+A\overline{B}\,\overline{D}$$

上式表明输出逻辑变量 Y 是输入逻辑变量 A、B、C、D 的逻辑函数，它们之间的函数关系由等式右边的逻辑运算式给出。

在逻辑表达式的化简和变换过程中，经常需要将逻辑表达式化为最小项之和的标准形式。为此，首先需要介绍最小项的概念。

（1）最小项及其性质　在有 n 个输入变量的逻辑函数中，若 m 为含有 n 个变量的乘积项，而且这 n 个输入变量都以原变量或反变量的形式在 m 中出现，则称 m 是这一组输入变量的一个最小项。

根据上述的定义，两变量 A 和 B 的最小项应该有 $\overline{A}\,\overline{B}$、$\overline{A}B$、$A\overline{B}$ 和 AB 四个（即 $2^2=4$ 个），三变量 A、B、C 的最小项有 $\overline{A}\,\overline{B}\,\overline{C}$、$\overline{A}\,\overline{B}C$、$\overline{A}B\overline{C}$、$\overline{A}BC$、$A\overline{B}\,\overline{C}$、$A\overline{B}C$、$AB\overline{C}$ 和 ABC 共八个（即 $2^3=8$ 个）。依此类推，n 变量的最小项应有 2^n 个。

为了今后书写方便，规定了最小项的编号。以三变量 A、B、C 的最小项为例，可以看出：A、B、C 的任何一组取值都将使一个对应的最小项的值为 1，而且只有这一个最小项的值为 1。例如当 $A=0$、$B=1$、$C=1$ 时，$\overline{A}BC$ 这个最小项的取值为 1。如果把 A、B、C 的取值 011 看作是一个二进制数，那么与它等值的十进制数为 3，我们就以 3 作为 $\overline{A}BC$ 这个最小项的编号，并将 $\overline{A}BC$ 记作 m_3。按照这一约定，就得到表 1-14 所示的三变量最小项的编号表。

表 1-14　三变量最小项的编号表

最　小　项	最小项为 1 的变量取值	输入变量取值	最小项编号
	A　B　C	对应的十进制数	
$\overline{A}\,\overline{B}\,\overline{C}$	0　0　0	0	m_0
$\overline{A}\,\overline{B}\,C$	0　0　1	1	m_1
$\overline{A}\,B\,\overline{C}$	0　1　0	2	m_2
$\overline{A}\,B\,C$	0　1　1	3	m_3
$A\,\overline{B}\,\overline{C}$	1　0　0	4	m_4
$A\,\overline{B}\,C$	1　0　1	5	m_5
$A\,B\,\overline{C}$	1　1　0	6	m_6
$A\,B\,C$	1　1　1	7	m_7

根据最小项的定义，可以证明它具有如下重要性质：

1）在输入变量的任何取值下，有且仅有一个最小项取值为 1。

2）全部最小项之和为 1。

3）任意两个最小项之积为 0。

4）相邻的两个最小项之和可以合并为一项，合并后的结果中只保留这两项的公共因子。

所谓相邻性是指两个最小项之间仅有一个变量不同。例如三变量最小项 ABC 和 $A\overline{B}C$ 只有 B 和 $\overline{B}$ 不同，所以具有相邻性。将它们相加后得到

$$ABC + A\overline{B}C = AC$$

（2）逻辑表达式最小项之和的形式　任何一个逻辑表达式都可以展开为若干个最小项相加的形式，这种形式称为最小项之和的形式，也称为标准与或表达式。

首先，利用逻辑代数的基本公式和代入规则一定能将任何形式的逻辑表达式化为若干个乘积项相加的形式，即所谓“积之和”形式。其次，将每个乘积项的因子补足。例如某一项缺少 A 或 $\overline{A}$ 因子，则可以在这一项上乘以 $(A+\overline{A})$，然后展开为两项。因为 $A+\overline{A}=1$，所以函数不变。

【例 1.5】 将下面的逻辑函数化为最小项之和的形式：

$$Y(A,B,C) = \overline{A}BC + A\overline{C} + \overline{B}C$$

解： 在 $A\overline{C}$ 上乘以 $(B+\overline{B})$，同时在 $\overline{B}C$ 上乘以 $(A+\overline{A})$，于是得到

$$\begin{aligned} Y(A,B,C) &= \overline{A}BC + A\overline{C}(B+\overline{B}) + \overline{B}C(A+\overline{A}) \\ &= \overline{A}BC + AB\overline{C} + A\overline{B}\,\overline{C} + A\overline{B}C + \overline{A}\,\overline{B}C \\ &= m_3 + m_6 + m_4 + m_5 + m_1 \end{aligned}$$

通常把这种形式写成最小项相加的标准形式，即

$$Y(A,B,C) = \sum m(1,3,4,5,6)$$

3. 逻辑图

在前面介绍基本逻辑运算时知道，逻辑变量之间的运算关系除了用数学运算符号表示之外，还可以用逻辑符号表示。用逻辑符号连接起来表示逻辑函数，得到的连接图称为逻辑图。

【例 1.6】 画出 $Y=AB+BC$ 的逻辑图。

解： 此逻辑表达式可以用两个与门和一个或门来实现，如图 1-8 所示。

4. 波形图

将输入变量所有可能的取值与对应的输出按时间顺序依次排列起来画成的时间波形，称为函数的波形图（也称为时序图）。波形图的特点是可以用实验仪器直接显示，便于用实验方法分析实际电路的逻辑功能。在逻辑分析仪中通常就是以波形的方式给出分析结果的。

【例 1.7】 试分析图 1-9 所示波形图中 Y 与 A、B 间的逻辑关系。

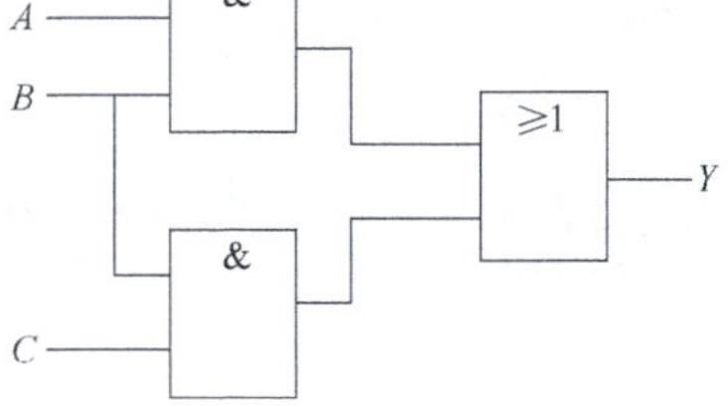

图 1-8　$Y=AB+BC$ 的逻辑图

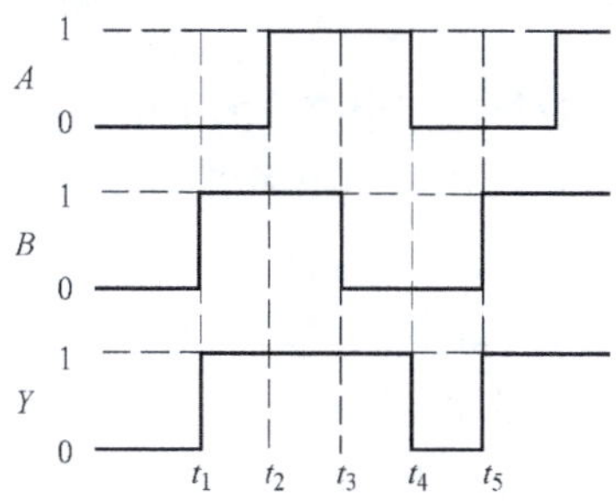

图 1-9　例 1.7 的波形图

解：由波形图可见，$t_1 \sim t_2$ 期间 $A=0$，$B=1$，$Y=1$；$t_2 \sim t_3$ 期间 $A=1$，$B=1$，$Y=1$；$t_3 \sim t_4$ 期间 $A=1$，$B=0$，$Y=1$；$t_4 \sim t_5$ 期间 $A=0$，$B=0$，$Y=0$。至此已给出了 A、B 所有取值组合下 Y 的取值。可见，只要 A、B 有一个是 1，Y 就是 1；只有 A、B 同时为 0，Y 才为 0。因此，Y 和 A、B 之间是或的关系，即 $Y(A,B)=A+B$。

5. 卡诺图

（1）最小项的卡诺图表示法　卡诺图是一种用图形表示和分析逻辑电路的方法。

在介绍逻辑表达式的标准形式时已经介绍过，任何形式的逻辑表达式都能化成最小项之和的形式。卡诺图的实质不过是将逻辑表达式最小项之和的形式以图形的方式表示出来而已。若以 2^n 个小方格分别代表 n 变量的所有最小项，并将它们排列成矩阵，而且使几何位置相邻的两个最小项在逻辑上也是相邻的，这就得到了表示 n 变量全部最小项的卡诺图。

图 1-10 中给出了二到四变量最小项卡诺图的画法。图形两侧标注的 0 和 1 表示使对应小方格内的最小项取值为 1 的变量取值，与这些 0 和 1 组成的二进制数等值的十进制数恰好就是所对应的最小项的编号。为了保证几何位置相邻的两个最小项只有一个变量不同，这些数码的排列不能按自然二进制数顺序，而必须按照如下所示的顺序：

$$00 \rightarrow 01 \rightarrow 11 \rightarrow 10$$

（10 返回 00）

由图 1-10b、c 还可以发现，图中任何一行或一列两端的最小项也是相邻的。因此，应将卡诺图看成上下、左右闭合的图形。

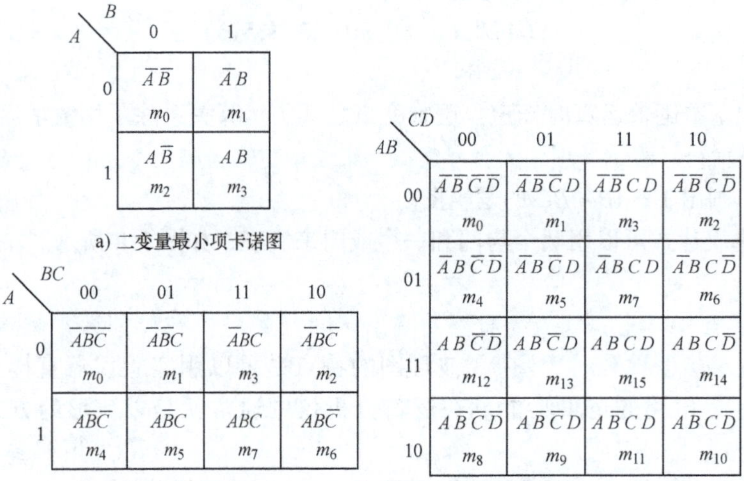

a) 二变量最小项卡诺图　b) 三变量最小项卡诺图　c) 四变量最小项卡诺图

图 1-10　二到四变量最小项卡诺图的画法

本书对超过四个变量的卡诺图不做要求。

（2）用卡诺图表示逻辑函数　若将逻辑函数化成最小项之和的形式，然后在最小项卡诺图上与函数式中包含的最小项所对应的位置上填入 1，在其余的位置上填入 0，得到的就是表示该逻辑函数的卡诺图。因此，又可说任何一个逻辑函数都等于它的卡诺图上填有 1 的位置上那些最小项之和。

【例 1.8】　用卡诺图表示下面的逻辑函数：

$$Y(A,B,C,D)=\overline{A}\,\overline{B}\,\overline{C}+A\overline{B}C\overline{D}+ABCD+\overline{C}\,\overline{D}$$

解：首先将上式化成最小项之和的形式：

$$Y(A,B,C,D)=\bar{A}\,\bar{B}\,\bar{C}D+\bar{A}\,\bar{B}\,\bar{C}\,\bar{D}+A\,\bar{B}C\,\bar{D}+ABCD+AB\,\bar{C}\,\bar{D}+A\,\bar{B}\,\bar{C}\,\bar{D}+\bar{A}B\,\bar{C}\,\bar{D}$$
$$=\sum m(0,1,4,8,10,12,15)$$

画出四变量(A,B,C,D)最小项的卡诺图，在m_0、m_1、m_4、m_8、m_{10}、m_{12}、m_{15}的方格内填入1，其余方格内填入0，就得到了该逻辑函数的卡诺图，如图1-11所示。

AB \ CD	00	01	11	10
00	1	1	0	0
01	1	0	0	0
11	1	0	1	0
10	1	0	0	1

图1-11　例1.8的卡诺图

用卡诺图表示逻辑函数时，能直观地显示出最小项之间的相邻关系，这一点在化简逻辑函数时非常有用。

1.2.5　逻辑函数表示方法之间的转换

既然同一逻辑函数有不同的表示方法，那么这些表示方法之间就一定能互相转换。

1. 逻辑表达式与真值表之间的转换

如果给出了逻辑表达式，就可以很容易列出与之对应的真值表。方法很简单，只要把输入变量所有各种取值的组合逐一代入逻辑表达式运算，求出逻辑表达式的值，然后列表，就得到了所求的真值表。这种转换非常简单，这里不再详细介绍。反之，如果给出了真值表，也可以从真值表写出相应的逻辑表达式。具体方法是：

1）从真值表找出所有使表达式值等于1的输入变量取值。

2）上述的每一组变量取值，都会使一个乘积项的值为1。在这个乘积项中，取值为1的变量写入原变量，取值为0的变量写入反变量。

3）将这些乘积项相加，就得到了所求的逻辑表达式。

【例1.9】　逻辑函数的真值表见表1-15，试写出它的逻辑表达式。

表1-15　例1.9的真值表

A	B	C	Y	备　注	A	B	C	Y	备　注
0	0	0	0		1	0	0	1	$A\,\bar{B}\,\bar{C}=1$
0	0	1	1	$\bar{A}\,\bar{B}C=1$	1	0	1	0	
0	1	0	1	$\bar{A}B\,\bar{C}=1$	1	1	0	0	
0	1	1	0		1	1	1	0	

解：由真值表可见，当ABC取值为001、010和100时，$Y=1$。当ABC取值为001时，$\bar{A}\,\bar{B}C=1$；当ABC取值为010时，$\bar{A}B\,\bar{C}=1$；当ABC取值为100时，$A\,\bar{B}\,\bar{C}=1$。这三个乘积项任何一个的取值等于1时，Y都为1，所以Y应为这三项的和，即

$$Y(A,B,C)=\bar{A}\,\bar{B}C+\bar{A}B\,\bar{C}+A\,\bar{B}\,\bar{C}$$

2. 逻辑表达式与逻辑图之间的转换

如果给出了逻辑表达式，那么只要以逻辑符号代替逻辑表达式中的代数运算符号，并依照表达式中的运算优先顺序(即首先算括号，然后算乘，最后算加)将这些逻辑符号连接起来，就可以得到所要的逻辑图了。反之，如果给出的是逻辑图，则只要从输入端到输出端写出每个逻辑符号所表示的逻辑表达式，就得到了对应的逻辑表达式。

【例1.10】　用逻辑图表示下面的逻辑表达式：

$$Y(A,B,C)=\overline{\overline{AB}+\overline{B}C}$$

解： 用逻辑符号代替上式中的代数运算符号，并按运算优先顺序连接，即得到图 1-12 所示的逻辑图。

【例 1.11】 写出图 1-13 所示逻辑图的逻辑表达式。

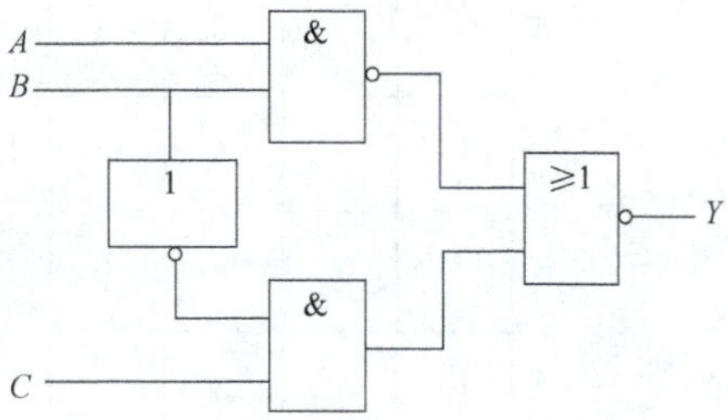

图 1-12　例 1.10 的逻辑图

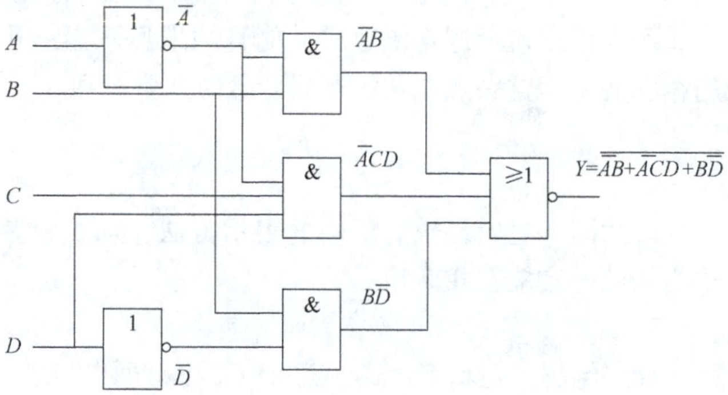

图 1-13　例 1.11 的逻辑图

解： 从输入端向输出端逐级写出逻辑符号表示的逻辑表达式（见图 1-13），便得到

$$Y(A,B,C,D)=\overline{\bar{A}B+\bar{A}CD+B\bar{D}}$$

3. 逻辑表达式与卡诺图之间的转换

在之前介绍逻辑函数的卡诺图表示法时，已经讲到了将给定的逻辑表达式转换为卡诺图的方法，即首先将逻辑表达式化成最小项之和的形式，然后在卡诺图中与这些最小项对应的位置上填入 1，同时在其余的位置上填入 0，这样就得到了表示该逻辑函数的卡诺图，如在例 1.8 中所做的那样。如果给出了逻辑函数的卡诺图，那么只要将卡诺图中填 1 的位置上的那些最小项相加，就可以得到相应的逻辑表达式了。

【例 1.12】 写出图 1-14 所示卡诺图所表示的逻辑表达式。

AB \ CD	00	01	11	10
00	1	0	0	0
01	0	1	0	0
11	0	0	1	0
10	0	0	0	1

图 1-14　例 1.12 的卡诺图

解： 因为任何逻辑函数都是它的卡诺图中填入 1 的那些最小项之和，所以由图 1-14 的卡诺图得到

$$Y(A,B,C,D)=\bar{A}\,\bar{B}\,\bar{C}\,\bar{D}+\bar{A}B\,\bar{C}D+A\,\bar{B}C\,\bar{D}+ABCD$$
$$=\sum m(0,5,10,15)$$

4. 波形图与真值表之间的转换

在介绍波形图表示方法时已经讲过，将输入变量的所有取值与对应的输出值按时间顺序排列起来，画成时间波形，就得到了表示这个逻辑函数的波形图。因此，只要给出了逻辑函数的真值表，就可以按上述方法画出波形图了。输入变量取值的排列顺序对逻辑函数没有影响。相反，如果给出了逻辑函数的波形图，那么只要将每个时间段输入与输出的取值对应列表，就能得到所求的真值表。

【例 1.13】 逻辑函数的真值表见表 1-16，试用波形图表示该逻辑函数。

表 1-16　例 1.13 的真值表

A	B	C	Y	A	B	C	Y
0	0	0	0	1	0	0	0
0	0	1	0	1	0	1	1
0	1	0	0	1	1	0	1
0	1	1	1	1	1	1	0

解： 若将 A、B、C 的取值顺序按表 1-16 中自上而下的顺序排列，即得到图 1-15 所示的波形图。

【例 1.14】 已知逻辑函数的波形图如图 1-16 所示，试求与之对应的真值表。

图 1-15　例 1.13 的波形图

图 1-16　例 1.14 的波形图

解： 将图 1-16 所示波形图上不同段中 A、B、C 与 Y 的取值对应列表，即得到表 1-17 所示的真值表。

表 1-17　例 1.14 的真值表

A	B	C	Y	A	B	C	Y
0	0	0	0	1	0	0	1
0	0	1	1	1	0	1	0
0	1	0	0	1	1	0	0
0	1	1	0	1	1	1	1

1.2.6　逻辑函数的化简

当用逻辑表达式表示逻辑函数时，同一个逻辑函数往往可以有不同的形式。例如下面两个表达式所表示的就是同一个逻辑函数：

$$Y(A,B,C,D)=\bar{A}B+(A+\bar{B})C+ACD$$

$$Y(A,B,C,D)=\bar{A}B+C$$

逻辑表达式越简单，实现这个逻辑函数所需要的器件越少，电路结构也越简单。因此，在许多情况下，需要把逻辑表达式化简为最简单的形式，这项工作也称为逻辑表达式的最简化。对于与或形式(也称为“积之和”形式)的逻辑表达式最简化的目标，就是使表达式中所包含的乘积项最少，同时每个乘积项所包含的因子最少。常用的化简方法有公式化简法和卡诺图化简法等几种。

1. 公式化简法

公式化简法的基本原理就是利用逻辑代数的基本公式和基本定律对逻辑表达式进行运算，消去式中多余的乘积项和每个乘积项中多余的因子，求出逻辑函数的最简形式。

（1）并项法　利用公式 $AB+A\bar{B}=A$，将两项合并为一项，并且消去一个变量，例如

$$\begin{aligned}\bar{A}B\bar{C}+A\bar{C}+\bar{B}\bar{C}&=\bar{A}B\bar{C}+(A+\bar{B})\bar{C}\\&=\bar{A}B\bar{C}+\overline{\bar{A}B}\bar{C}\\&=\bar{C}\end{aligned}$$

（2）吸收法　利用公式 $A+AB=A$ 和 $AB+\bar{A}C+BC=AB+\bar{A}C$，消去多余项，例如

$$AB+AB(E+F)=AB$$

$$\begin{aligned}ABC+\bar{A}D+\bar{C}D+BD&=ABC+(\bar{A}+\bar{C})D+BD\\&=ABC+\bar{A}CD+BD\\&=ABC+\overline{AC}D\\&=ABC+A\bar{D}+\bar{C}D\end{aligned}$$

（3）消去法　利用 $A+\bar{A}B=A+B$，消去多余因子，例如

$$\begin{aligned}AB+\bar{A}C+\bar{B}C&=AB+(\bar{A}+\bar{B})C\\&=AB+\overline{AB}C\\&=AB+C\end{aligned}$$

（4）配项法　利用乘 1 项 $A+\bar{A}=1$ 或者加入零项 $A\bar{A}=0$ 进行配项再化简，例如

$$\begin{aligned}A\bar{C}+B\bar{C}+\bar{A}C+\bar{B}C&=A\bar{C}(B+\bar{B})+B\bar{C}+\bar{A}C+\bar{B}C(A+\bar{A})\\&=AB\bar{C}+A\bar{B}\bar{C}+B\bar{C}+\bar{A}C+A\bar{B}C+\bar{A}\bar{B}C\\&=B\bar{C}(1+A)+\bar{A}C(1+\bar{B})+A\bar{B}(C+\bar{C})\\&=B\bar{C}+\bar{A}C+A\bar{B}\end{aligned}$$

$$\begin{aligned}AB\bar{C}+\overline{ABC}\,\overline{AB}&=AB\bar{C}+\overline{ABC}\,\overline{AB}+AB\,\overline{AB}\\&=AB(\bar{C}+\overline{AB})+\overline{ABC}\cdot\overline{AB}\\&=AB\cdot\overline{ABC}+\overline{ABC}\cdot\overline{AB}\\&=\overline{ABC}(AB+\overline{AB})\\&=\overline{ABC}\\&=\bar{A}+\bar{B}+\bar{C}\end{aligned}$$

显然，配项法需要一定技巧，否则达不到化简的目的。对复杂逻辑函数的化简，往往需要灵活地使用上述方法以及其它公式、定律和规则。

2. 卡诺图化简法

卡诺图化简法的基本原理是根据常用公式 $AB+A\bar{B}=A$，两个逻辑相邻项之和可以合并成一项，并消去一个因子。所以，在卡诺图中两个位置相邻方格的最小项之和也具有这种逻辑相邻性。

由于在画逻辑函数的卡诺图时保证了几何位置相邻的最小项在逻辑上也一定是相邻的，所以从卡诺图上能直观地判断出哪些最小项能够合并。图 1-17 给出了两个、四个和八个最小项相邻的情况。图中用实线框把可以合并的最小项圈成一个相邻组。

两个相邻方格的最小项可以合并成一项，并消去那个不相同的因子，其结果是保留公因子，如图 1-17a、b 所示。例如图 1-17a 中 $\bar{A}\bar{B}C$ 和 $\bar{A}BC$ 两个最小项相邻，这两项之和为

$$\overline{A}\,\overline{B}C+\overline{A}BC=\overline{A}(\overline{B}+B)C=\overline{A}C$$

四个相邻并排成矩形的最小项可以合并成一项，并消去两个因子，只保留公共因子；八个相邻并排成矩形的最小项可以合并成一项，并消去三个因子，同样也只保留公共因子。图1-17c、d、e、f分别画出了四个和八个最小项合并的情况。

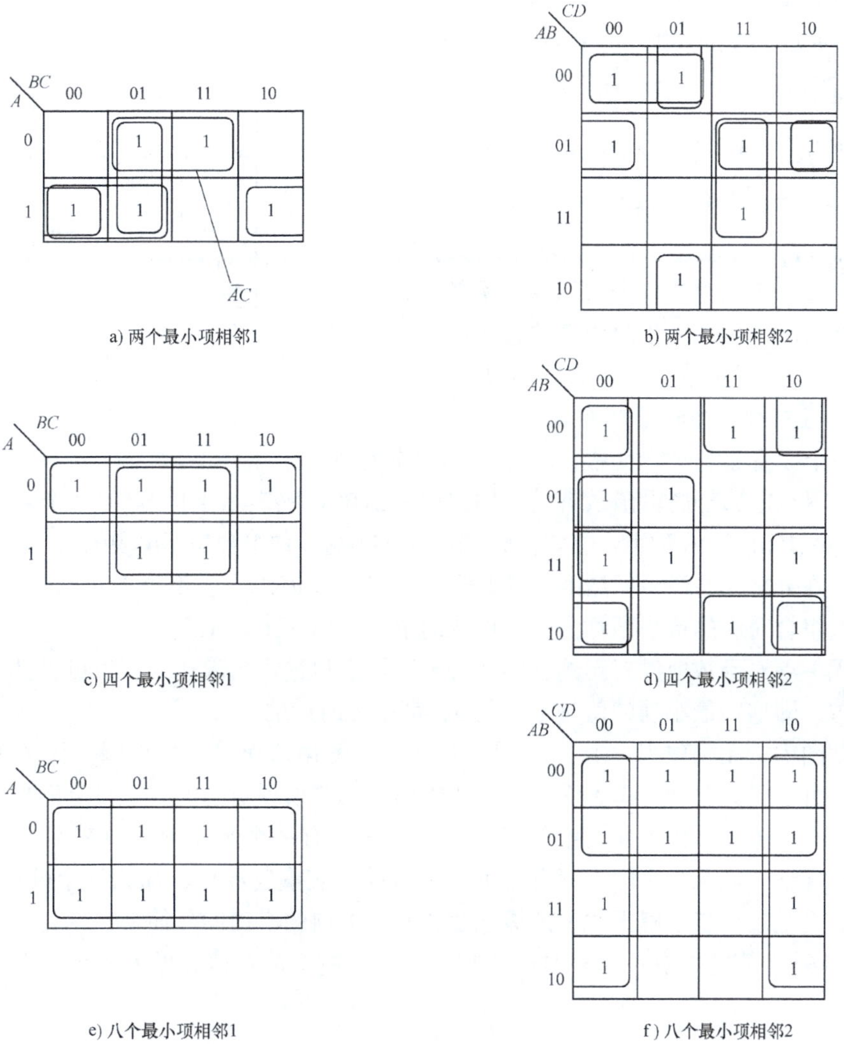

a) 两个最小项相邻1　b) 两个最小项相邻2

c) 四个最小项相邻1　d) 四个最小项相邻2

e) 八个最小项相邻1　f) 八个最小项相邻2

图1-17　最小项相邻情况举例

合并时有两点需要注意：①能够合并的最小项数必须是2的整数次幂，即2、4、8、…。②要合并的对应方格必须排列成矩形或正方形。

用卡诺图化简的基本步骤如下：

1）画出逻辑函数的卡诺图。

2）将卡诺图中按矩形排列的相邻的1圈成若干个相邻组，其原则是：

① 这些相邻组的圈必须圈住卡诺图上所有的1。

② 每个圈中至少有一个最小项1只被圈过一次。

③ 所画的圈应尽可能少，以避免出现多余项。

④ 相邻项的圈应尽可能画大(即圈尽可能多的 1)，以减少每一项的因子数。

3）将每个相邻组圈的最小项 1 合并为一项，这些项之和就是化简的结果。

【例 1.15】 用卡诺图化简法将下列逻辑函数化简为最简与或表达式：

$$Y=\sum m(1,3,5,7,8,9,10,12,14)$$

解：首先画出逻辑函数 Y 的卡诺图，如图 1-18 所示。

按照合并相邻项的规则，下列最小项可画圈合并：

$$Y_1=\overline{A}\,\overline{B}\,\overline{C}D+\overline{A}\,\overline{B}CD+\overline{A}B\overline{C}D+\overline{A}BCD=\overline{A}D$$

$$Y_2=AB\overline{C}\,\overline{D}+A\overline{B}\,\overline{C}\,\overline{D}+ABC\overline{D}+A\overline{B}C\overline{D}=A\overline{D}$$

$$Y_3=A\overline{B}\,\overline{C}\,\overline{D}+A\overline{B}\,\overline{C}D=A\overline{B}\,\overline{C}$$

$$Y=Y_1+Y_2+Y_3=\overline{A}D+A\overline{D}+A\overline{B}\,\overline{C}$$

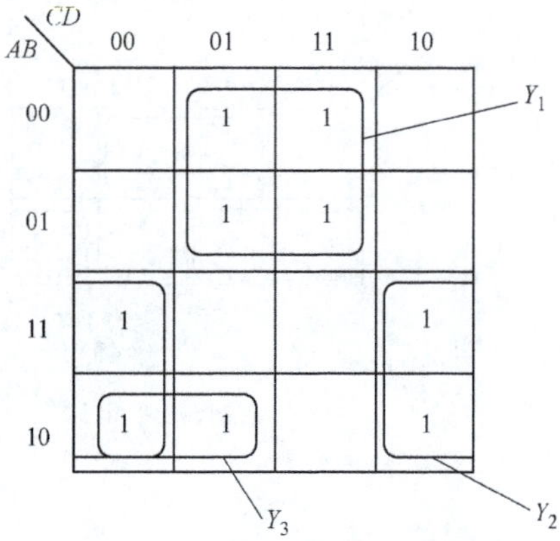

图 1-18　例 1.15 的卡诺图

可见，每一个圈对应一个乘积项，圈越大化简后的乘积项所含因子越少。化简中某些最小项可以重复使用，如 m_8 被用了两次，而不影响函数值。

3. 具有无关项的逻辑函数及其化简

对于一个 n 变量的逻辑函数，2^n 个最小项中的每一个最小项不一定都与逻辑函数有关，例如用 8421BCD 码表示十进制的 10 个数字时，只有 0000、0001、…、1001 等 10 种组合有效，而 1010 ~ 1111 这 6 种组合是不出现的。

可见，在分析某些逻辑问题时，某些输入变量的取值组合，不可能在输出端出现响应。将这些取值组合对应的最小项称为无关项或约束项，用 d 来表示。

由于无关项对函数值没有影响，因此既可以把它写进逻辑表达式，也可以把它从逻辑表达式中去掉，即这些最小项的值是 1 还是 0，都是无所谓的。

在卡诺图中，无关项用“×”表示。对于卡诺图化简而言，如果圈入无关项可以使圈变大，那么可以把无关项当作 1 圈入；而对于圈入无关项后对圈的大小没有影响，则可以把无关项当作 0 处理。卡诺图化简中的“每个圈中至少有一个最小项 1 只被圈过一次”这个原则一定要保证，如果一个圈中只有一个无关项没有被重复利用，那么这个圈也是多余的。通过下面的例题进一步了解无关项的概念及含有无关项的卡诺图化简。

【例 1.16】 某电路输入为 8421BCD 码，输出函数 Y 的真值表见表 1-18，求 Y 的最简与或表达式。

表 1-18　例 1.16 输出函数 Y 的真值表

<table>
<tr><th colspan="4">8421BCD 码</th><th rowspan="2">等效的十进制数</th><th rowspan="2">Y</th><th colspan="4">8421BCD 码</th><th rowspan="2">等效的十进制数</th><th rowspan="2">Y</th></tr>
<tr><th>A</th><th>B</th><th>C</th><th>D</th><th>A</th><th>B</th><th>C</th><th>D</th></tr>
<tr><td>0</td><td>0</td><td>0</td><td>0</td><td>0</td><td>0</td><td>1</td><td>0</td><td>0</td><td>0</td><td>8</td><td>0</td></tr>
<tr><td>0</td><td>0</td><td>0</td><td>1</td><td>1</td><td>0</td><td>1</td><td>0</td><td>0</td><td>1</td><td>9</td><td>0</td></tr>
<tr><td>0</td><td>0</td><td>1</td><td>0</td><td>2</td><td>1</td><td>1</td><td>0</td><td>1</td><td>0</td><td rowspan="6">不会出现的输入代码</td><td>×</td></tr>
<tr><td>0</td><td>0</td><td>1</td><td>1</td><td>3</td><td>1</td><td>1</td><td>0</td><td>1</td><td>1</td><td>×</td></tr>
<tr><td>0</td><td>1</td><td>0</td><td>0</td><td>4</td><td>1</td><td>1</td><td>1</td><td>0</td><td>0</td><td>×</td></tr>
<tr><td>0</td><td>1</td><td>0</td><td>1</td><td>5</td><td>1</td><td>1</td><td>1</td><td>0</td><td>1</td><td>×</td></tr>
<tr><td>0</td><td>1</td><td>1</td><td>0</td><td>6</td><td>1</td><td>1</td><td>1</td><td>1</td><td>0</td><td>×</td></tr>
<tr><td>0</td><td>1</td><td>1</td><td>1</td><td>7</td><td>1</td><td>1</td><td>1</td><td>1</td><td>1</td><td>×</td></tr>
</table>

解：因为输入变量为 8421BCD 码，所以有 6 种取值 1010～1111 不会出现，可以作为约束项。画出函数 Y 的卡诺图，如图 1-19 所示。若把约束项看作 1，则可使圈变大，同时符合每个圈中有独立 1 的要求，所以 Y 的最简与或表达式为 $Y=B+C$。

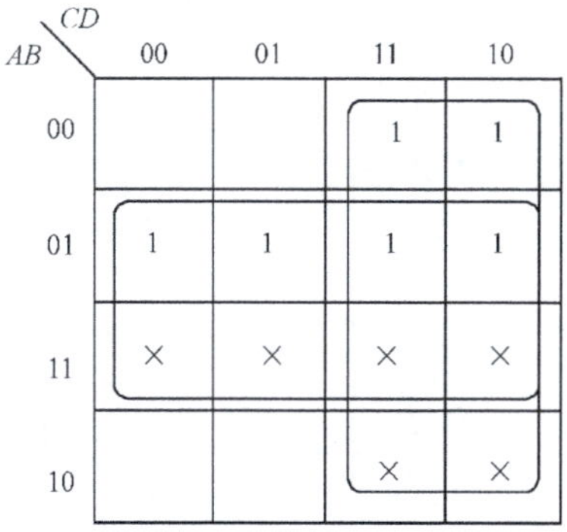

图 1-19　例 1.16 的卡诺图

若该函数不用约束项，则函数式为 $Y=\overline{A}B+\overline{A}C$。可见，利用约束项可以使函数式更加简化。但是要注意，如果圈入无关项以后使参与或运算的与式变多，则将无关项看作 0。

想一想：

1. 逻辑代数中哪些定律与普通代数是相似的？哪些是不同的？
2. 用代入规则将摩根定律推广到五变量是什么样的形式？
3. 反演规则和对偶规则有什么区别？
4. 最小项的概念是什么？n 变量的最小项有几个？
5. 真值表和卡诺图之间如何转换？
6. 总结卡诺图化简的基本方法和原则。

专题 3　逻辑门电路

专题要求：

学习各种逻辑关系以及实现逻辑运算的单元电路。

专题目标：

- 理解基本逻辑关系、复合逻辑关系；
- 掌握常用逻辑门电路的电路组成、功能及使用方法。

用以实现各种基本逻辑关系的单元电路称为门电路，它是数字电路的基本单元。常用的逻辑门电路有与门、或门、非门、与非门、或非门、三态门和异或门等。集成逻辑门主要有双极型的 TTL 门电路和单极型的 CMOS 门电路，其输入和输出信号只有高电平和低电平两种状态。用 1 表示高电平、用 0 表示低电平的情况称为正逻辑；反之，用 0 表示高电平、用 1 表示低电平的情况称为负逻辑，如图 1-20 所示。在本书中，若未加特别说明，则一律采用正逻辑。

在数字电路中，只要能明确区分高电平和低电平两个状态就可以了，所以，高电平和低电平都允许有一定的变化范围。

1.3.1　晶体管开关特性

1. 静态开关特性

在数字电路中，晶体管是作为一个开关来使用的，常工作在饱和导通状态（又称饱和状态）或截止状态。晶体管的电路图如图 1-21 所示。

(1) 截止　晶体管的截止条件为 $U_{BE} < U_{th}$。当输入 $u_i = U_{IL} = 0.3V$ 时，基极与射极间的电压 U_{BE} 小于其门限电压 $U_{th}(0.5V)$，晶体管截止。

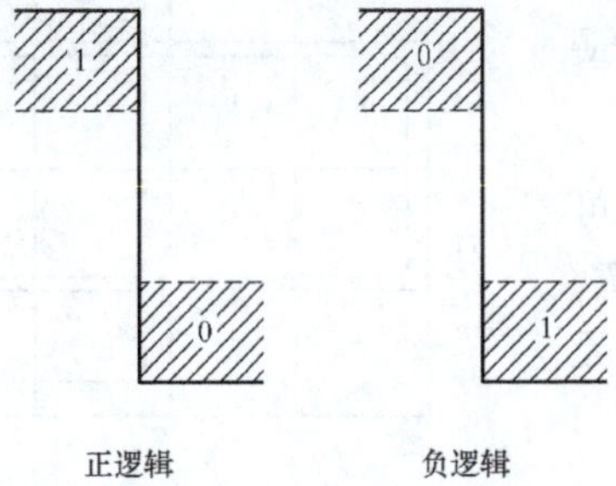

图 1-20　正负逻辑

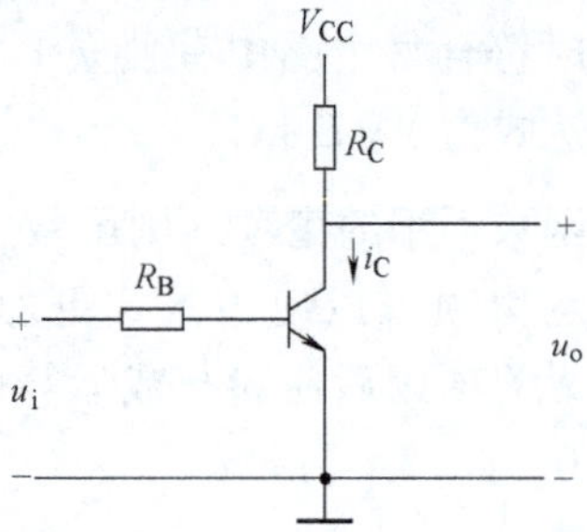

图 1-21　晶体管的电路图

当晶体管截止时，其 C 极和 E 极之间可近似为开路。

(2) 饱和　晶体管的饱和条件为

$$i_B > I_{B(sat)} \approx \frac{V_{CC}}{\beta R_C}$$

式中，$I_{B(sat)}$ 为临界饱和基极电流。

当晶体管饱和时，其 C 极和 E 极之间可近似为短路。

2. 动态开关特性

晶体管工作在开关状态时，其内部电荷的建立与消散都需要一定的时间。因此，集电极电流 i_C 的变化总是滞后于输入电压 u_i 的变化，这说明晶体管由截止变为饱和或由饱和变为截止都需要一定的时间。动态开关特性如图 1-22 所示。

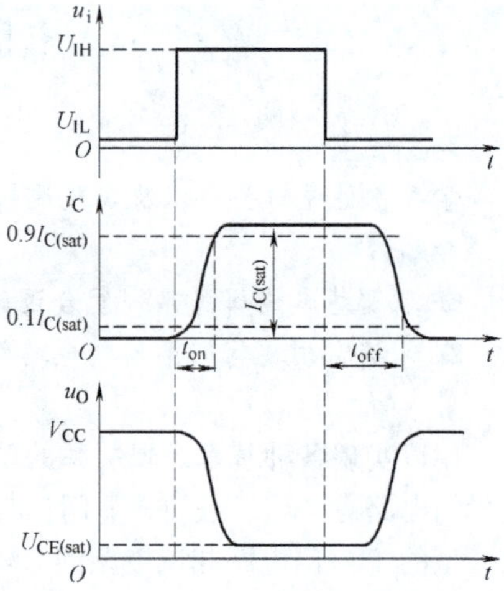

图 1-22　动态开关特性

当输入 u_i 由 U_{IL} 正跳到 U_{IH} 时，发射区开始向基区扩散电子，并形成基极电流 i_B。同时基区积累的电子流向集电区形成集电极电流 i_C。随着基区积累电子的增多，i_C 不断增大，直到最大值 $I_{C(sat)}$，晶体管进入饱和状态。这时，当 i_B 继续增大时，基区内存储电荷更多，晶体管饱和加深。通常把从 u_i 正跳变开始到 i_C 上升到 $0.9I_{C(sat)}$ 所需的时间称为开通时间，用 t_{on} 表示。

当输入 u_i 由 U_{IH} 负跳变到 U_{IL} 时，基区中存储的大量电荷开始消散，随着存储电荷的消散，晶体管的饱和深度变浅。随后，晶体管进入放大区并转向截止。通常把从 u_i 负跳变开始到 i_C 下降到 $0.1I_{C(sat)}$ 所需的时间称为关断时间，用 t_{off} 表示。

3. 抗饱和晶体管

晶体管饱和越深，开关速度越慢。因此，要提高电路的开关速度，就必须使晶体管工作在浅饱和状态，减少存储电荷的消散时间，为此，需要采用抗饱和晶体管，如图 1-23 所示。

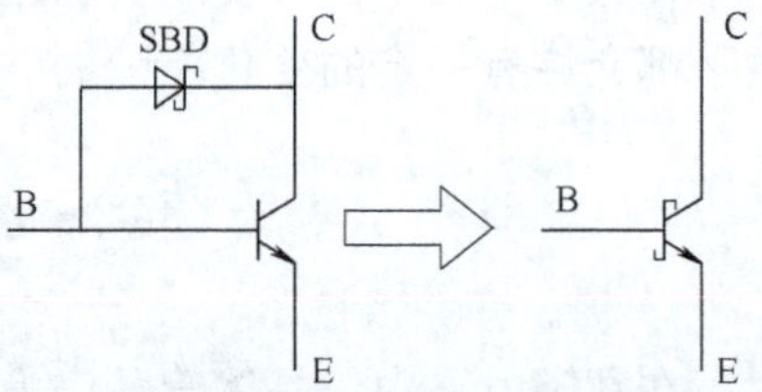

图 1-23　抗饱和晶体管

在普通双极型晶体管的基极 B 和集电极 C 之间并接一个肖特基势垒二极管(简称 SBD)，便构成了抗饱和晶体管，由于 SBD 的开启电压只有 0.3V，其正向电压降约为 0.4V，比普通硅二极管 0.7V 的正向电压降小得多。因此，当晶体管进入饱和状态时，其集电结为正偏。这时，SBD 导通，使 B、C 极间的电压被钳在 0.4V 上，并分流部分基极电流，从而使晶体管工作在浅饱和状态。

1.3.2　二极管门电路

1. 二极管与门电路

一个简单的二极管与门电路如图 1-24 所示。当输入 $A=B=0$V 时，二极管 VD_1 和 VD_2 都导通，输出 $Y=0.7$V，为低电平。当输入 $A=0$V、$B=3$V 时，VD_1 优先导通，输出 $Y=0.7$V，为低电平，使 VD_2 反偏截止。当输入 $A=3$V、$B=0$V 时，VD_2 优先导通，输出 $Y=0.7$V，为低电平，使 VD_1 反偏截止。当输入 $A=B=3$V 时，VD_1 和 VD_2 仍导通，输出 $Y=3.7$V，为高电平。

2. 二极管或门电路、晶体管非门电路

二极管或门电路如图 1-25 所示，图 1-26 为晶体管非门电路。另外，利用二极管和晶体管可以一起组成与非门电路和或非门电路。

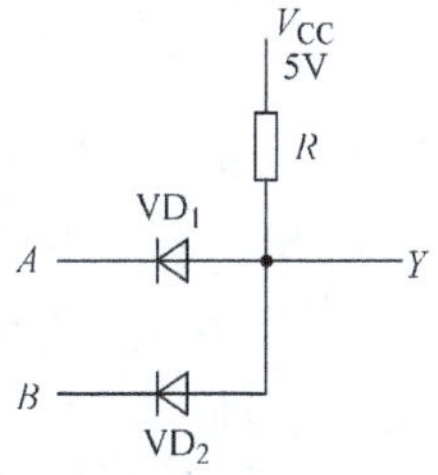

图 1-24　二极管与门电路

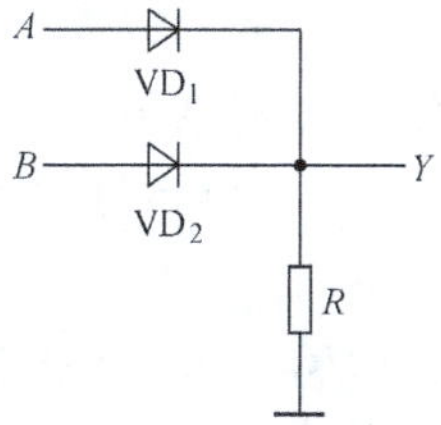

图 1-25　二极管或门电路

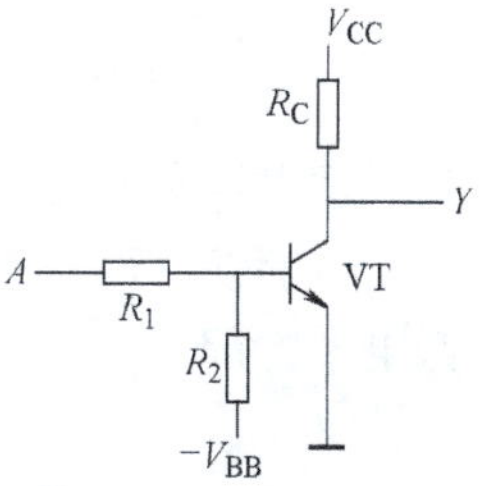

图 1-26　晶体管非门电路

1.3.3　TTL 与非门

TTL 逻辑门电路是晶体管-晶体管逻辑门电路的简称，它主要由双极型晶体管组成。由于 TTL 集成电路的生产工艺成熟，因此，产品参数稳定、工作可靠、开关速度高，获得了广泛的应用。下面介绍 CT74S 肖特基系列与非门的逻辑功能及其电气特性。

1. TTL 与非门的电路结构

TTL 与非门内部主要由输入级、中间倒相级和输出级三部分组成。

输入级由多发射极晶体管 VT_1 和电阻 R_1 组成，它们的作用是对输入变量 A、B、C 实现逻辑与，从逻辑功能上看，图 1-27a 所示的多发射极晶体管可以等效为图 1-27b 所示的形式。TTL 与非门电路图及逻辑符号如图 1-28 所示。

中间倒相级由 VT_2、R_2 和 R_3 组成。VT_2 的集电极和发射极输出两个相位相反的信号，作为 VT_3 和 VT_5 的驱动信号。

输出级由 VT_3、VT_4、VT_5 和 R_4、R_5 组成，这种形式的电路称为推拉式电路。

2. TTL 与非门的工作原理

（1）全部输入为高电平　当输入 A、B、C 均为高电平，即 $U_{IH}=3.6$V 时，VT_1 的基极

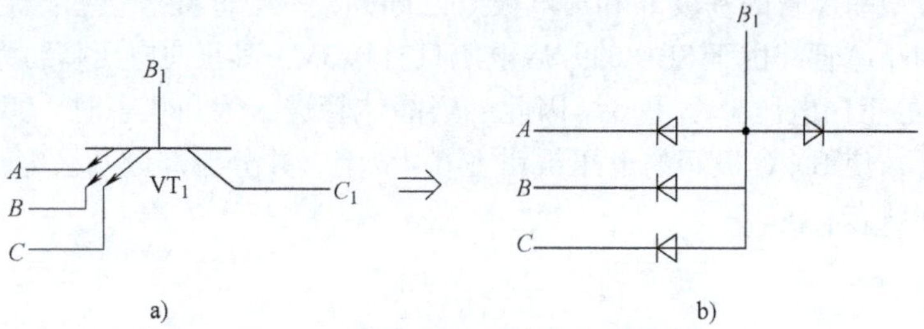

图 1-27　多发射极晶体管等效电路

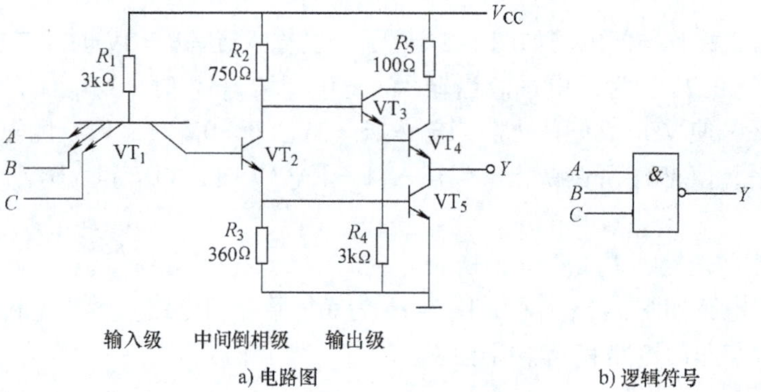

图 1-28　TTL 与非门电路图及逻辑符号

电位足以使 VT_1 的集电结和 VT_2、VT_5 的发射结导通。而 VT_2 的集电极电压降可以使 VT_3 导通，但它不能使 VT_4 导通。VT_5 由于 VT_2 提供足够的基极电流而处于饱和状态。因此，输出为低电平，即

$$u_O = U_{OL} = u_{CE5} \approx 0.3V$$

（2）至少有一个输入为低电平　当输入至少有一个（A）为低电平，即 $U_{IL} = 0.3V$ 时，VT_1 与 A 连接的发射结正向导通，从图 1-28 中可知，VT_1 集电极电位 u_{C1} 使 VT_2、VT_5 均截止，而 VT_2 的集电极电压足以使 VT_3、VT_4 导通。因此，输出为高电平，即

$$u_O = U_{OH} \approx V_{CC} - u_{BE3} - u_{BE4} = (5 - 0.7 - 0.7)V = 3.6V$$

综上所述，当输入全为高电平时，输出为低电平，这时 VT_5 饱和，电路处于开门状态；当输入端至少有一个为低电平时，输出为高电平，这时 VT_5 截止，电路处于关门状态。即输入全为 1 时，输出为 0；输入有 0 时，输出为 1。由此可见，电路的输出与输入之间满足与非逻辑关系，即 $Y = \overline{ABC}$。

3. 其它功能的 TTL 门电路

TTL 逻辑门电路除与非门外，常用的还有集电极开路与非门、或非门、与或非门、三态输出门和异或门等，它们的逻辑功能虽各不相同，但都是在与非门的基础上发展起来的。因此，前面讨论的 TTL 与非门的特性对这些门电路同样适用。

（1）集电极开路与非门　集电极开路与非门（OC 门）电路图及逻辑符号如图 1-29 所示。

1）OC 门的工作原理。OC 门工作时需要在输出端 Y 和电源 V_{CC} 之间外接一个上拉负载电阻 R_L。

工作原理如下：当输入 A、B、C 都为高电平时，VT_2 和 VT_5 饱和导通，输出低电平；当输入 A、B、C 中有一个或一个以上为低电平时，VT_2 和 VT_5 截止，输出高电平。因此，

OC 门具有与非功能，其逻辑表达式为

$$Y=\overline{ABC}$$

2）OC 门的应用。

① 实现线与。图 1-30 为两个 OC 门输出端相连后经电阻 R_L 接电源 V_{CC} 的电路。

由图 1-30 可知：

$$Y_1=\overline{AB}\quad Y_2=\overline{CD}\quad Y=Y_1\cdot Y_2$$

只有 Y_1 和 Y_2 都为高电平 1 时，输出 Y 才为高电平 1，否则，输出 Y 为低电平 0，这种连接方式称为线与，在逻辑图输出线连接处用矩形框表示。

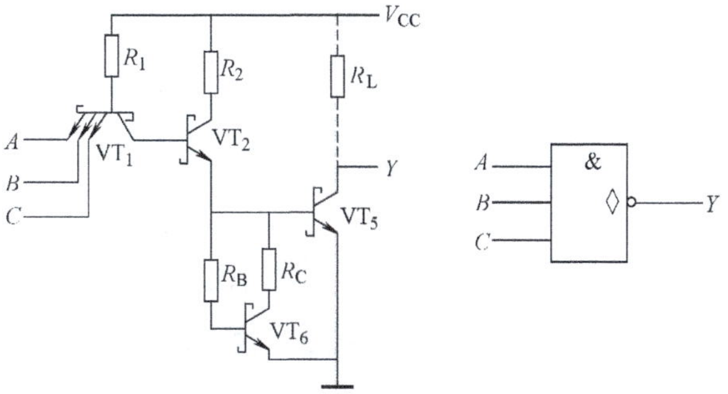

a) 电路图　　b) 逻辑符号

图 1-29　集电极开路与非门电路

② 驱动显示器。如图 1-31 所示，只有在输入都为高电平时，输出才为低电平，发光二极管导通发光，否则，输出高电平，发光二极管熄灭。

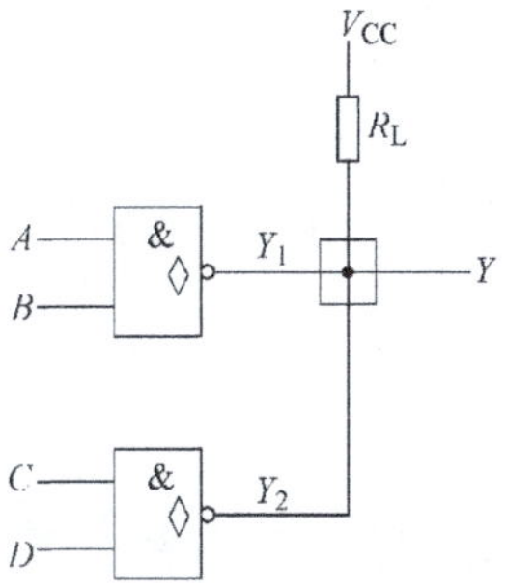

图 1-30　实现线与

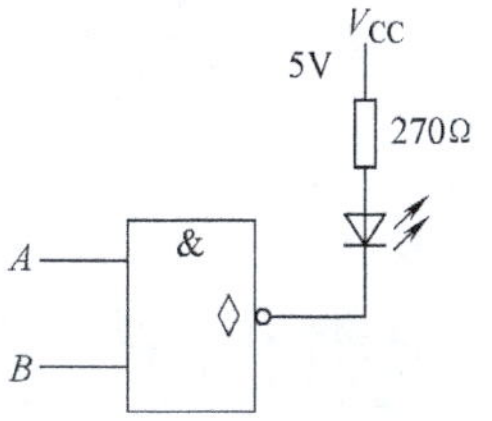

图 1-31　OC 门驱动的电路

此外，OC 门还常用来驱动继电器电路。

③ 实现电平转换。输入 A、B 的信号来自 TTL 与非门的输出电平。它输出的高电平可以适应下一级电路对高电平的要求，输出的低电平仍为 0.3V。电平转换电路如图 1-32 所示。

（2）与或非门　图 1-33 为与或非门的电路图及其逻辑符号。和与非门相比，与或非门增加了一个和 VT_1、VT_2、R_1 电路结构完全相同的由 VT_1'、VT_2'、R_1'组成的电路，且 VT_2'和 VT_2 的集电极和发射极分别连在一起。这样，当输入 A、B、C 或 D、E、F 全为高电平 1 时，VT_2 或 VT_2'和 VT_5 饱和导通，VT_4 截止，输出 Y 为低电平 0；只有当输入 A、B、C 和 D、E、F 中同时都有低电平 0 时，VT_2 和VT_2'同时截止，使 VT_5 也截止，VT_4 导通，输出 Y 才为高电平 1。因此，该电路具有与或非功能，故称为与或非门，其逻辑表达式为 $Y=\overline{ABC+DEF}$。

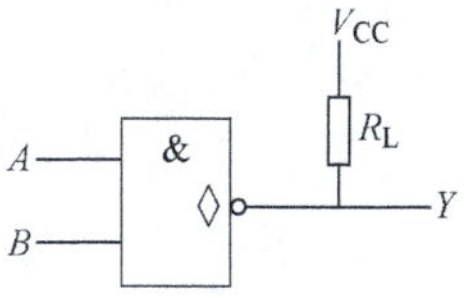

图 1-32　电平转换电路

（3）三态输出门

1）电路组成及工作原理。三态输出门的电路图及其逻辑符号如图 1-34 所示。三态输出门是指输出不仅有高电平、低电平两个状态，而且还可呈高阻状态的门电路。

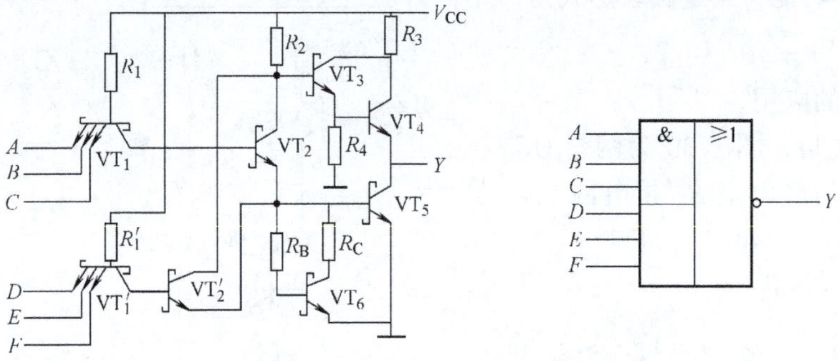

a) 电路图　　b) 逻辑符号

图 1-33　与或非门

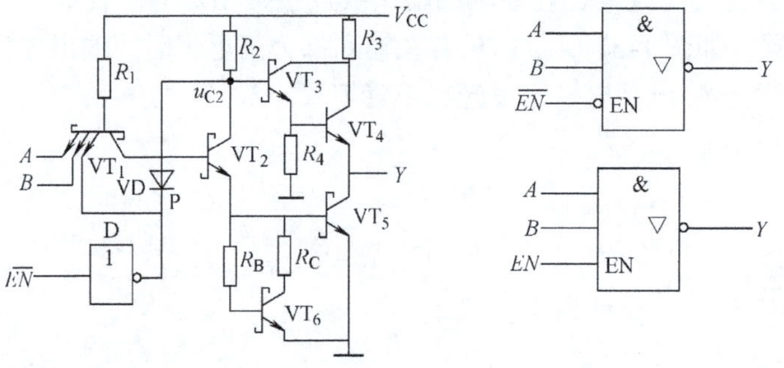

a) 电路图　　b) 逻辑符号

图 1-34　三态输出门

当$\overline{EN}=0$时，D 输出 $P=1$，VD 截止，输出 $Y=\overline{AB}$，三态门处于工作状态，这时称低电平有效。

当$\overline{EN}=1$时，$u_{C2}=u_P+U_{VD}=1V$，VT_4 截止，另一方面 $u_{B1}=u_P+u_{BE1}=1V$，使 VT_2 和 VT_5 截止。这时，从输出端 Y 看进去，对地和对电源 V_{CC} 都相当于开路，输出呈现高阻。

在三态输出门呈高阻状态时，它既不像输出 0 状态那样允许负载灌入电流，也不像输出 1 状态那样向负载提供电流，它实际上是一种悬浮状态。

若将图 1-34 中的非门 D 去掉，则使能端 $EN=1$ 时，三态门工作，$Y=\overline{AB}$；$EN=0$ 时，输出 Y 呈现高阻，这时称 EN 高电平有效。

2）三态输出门的应用。用三态输出门构成单向总线如图 1-35 所示。

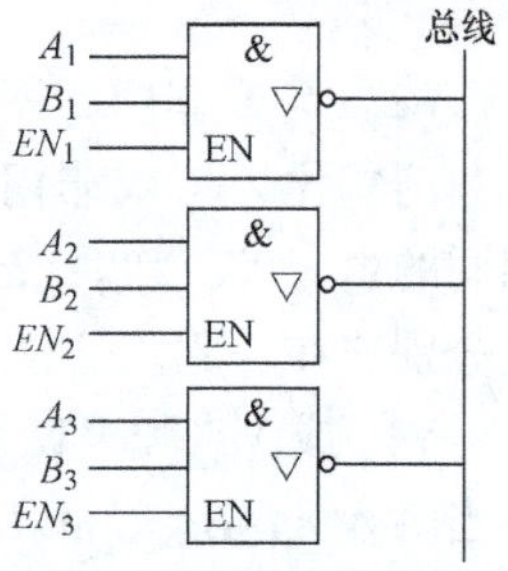

图 1-35　用三态输出门构成单向总线

当 EN_1、EN_2、EN_3 轮流为高电平 1，且任何时刻只能有一个三态输出门工作时，输入信号 A_1B_1、A_2B_2、A_3B_3 轮流以与非关系将信号送到总线上，而其它三态输出门由于 $EN=0$ 而处于高阻状态。

用三态输出门构成双向总线如图 1-36 所示。当 $EN=1$ 时，D_1 工作，D_2 输出呈高阻态，输出数据经 D_1 反相后送到总线上；当 $EN=0$ 时，D_1 输出呈高阻态，D_2 工作，总线上的数据经 D_2 反相后输入。可见，通过 EN 的不同取值可控制数据的双向传输。

1.3.4 CMOS 门电路

CMOS 门电路是互补金属-氧化物-半导体场效应晶体管门电路的简称。它是由增强型 PMOS 管和增强型 NMOS 管组成的互补对称 MOS 门电路。

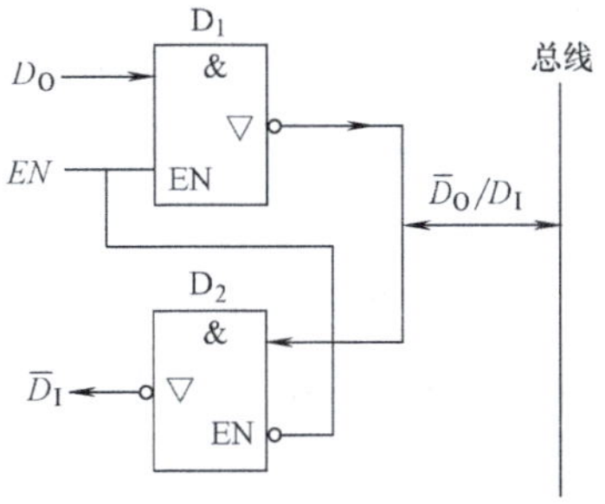

图 1-36 用三态输出门构成双向总线

1. MOS 管介绍

CMOS 反相器由增强型 NMOS 管和增强型 PMOS 管组成，它们在数字电路中工作在开关状态。

NMOS 管的开启电压用 U_{TN}表示，为正值。当 $u_{GS}>U_{TN}$时，NMOS 管导通；当 $u_{GS}<U_{TN}$时，NMOS 管截止，如图1-37a 所示。

PMOS 管的开启电压用 U_{TP}表示，为负值。当$|u_{GS}|>|U_{TP}|$时，PMOS 管导通；当$|u_{GS}|<|U_{TP}|$时，PMOS 管截止，如图 1-37b 所示。

2. CMOS 管的各种门电路

（1）CMOS 反相器　如图 1-38 所示，VF_N 为驱动管，VF_P 为负载管，两管栅极连在一起作输入端，漏极连在一起作输出端。要求 $V_{DD}>|U_{TN}|+|U_{TP}|$，且 $U_{TN}=|U_{TP}|$。

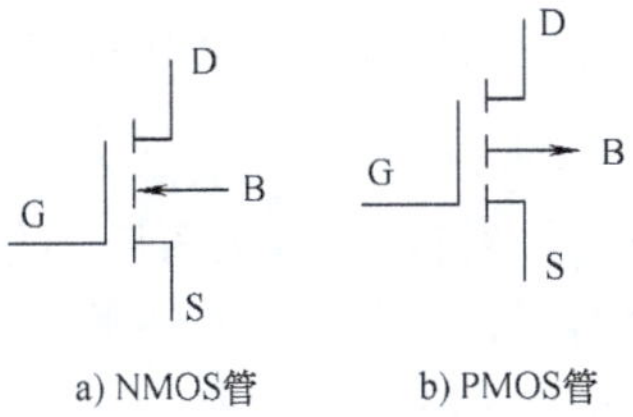

图 1-37 MOS 管

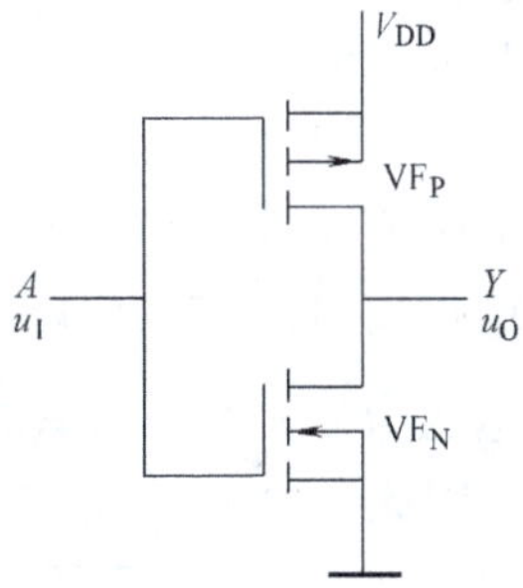

图 1-38 CMOS 反相器

当 $u_I=U_{IL}=0V$ 时，$u_{GSN}=0V<U_{TN}$，VF_N 截止。$u_{GSP}=|0-V_{DD}|=|-V_{DD}|>|U_{TP}|$，$VF_P$ 导通，所以输出 $u_O=U_{OH}\approx V_{DD}$。

当 $u_I=U_{IH}=V_{DD}$时，$u_{GSN}=V_{DD}>U_{TN}$，VF_N 导通。$u_{GSP}=V_{DD}-V_{DD}=0V<|U_{TP}|$，$VF_P$ 截止，所以输出 $u_O=U_{OL}\approx 0V$。

（2）CMOS 与非门　如图 1-39 所示，两个串联的增强型 NMOS 管 VF_{N1}和 VF_{N2}为驱动管，两个并联的增强型 PMOS 管 VF_{P1}和 VF_{P2}为负载管。

当输入 $A=B=0$ 时，VF_{N1}和 VF_{N2}都截止，VF_{P1}和 VF_{P2}同时导通，输出 $Y=1$。

当输入 $A=0$、$B=1$ 时，VF_{N1}截止，VF_{P1}导通，输出 $Y=1$。

当输入 $A=1$、$B=0$ 时，VF_{N2}截止，VF_{P2}导通，输出 $Y=1$。

当输入 $A=B=1$ 时，VF_{N1} 和 VF_{N2}同时导通，而 VF_{P1} 和 VF_{P2}都截止，这时输出 $Y=0$。

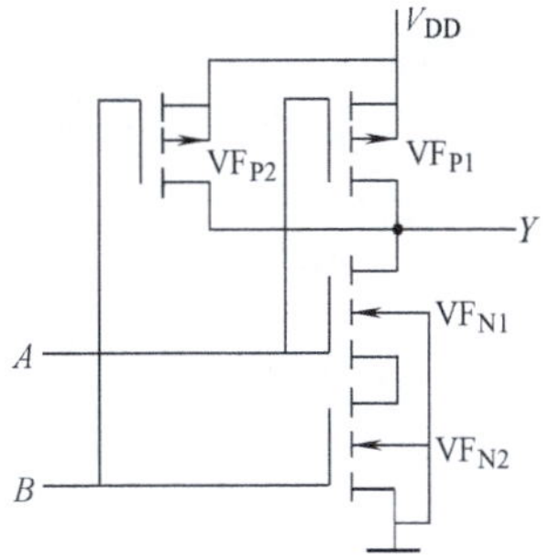

图 1-39 CMOS 与非门

（3）CMOS 或非门　如图 1-40 所示，两个并联的增强型

NMOS 管 VF_{N1} 和 VF_{N2} 为驱动管，两个串联的增强型 PMOS 管 VF_{P1} 和 VF_{P2} 为负载管。

当输入 A、B 中有高电平 1 时，则接高电平的驱动管导通，输出 Y 为低电平 0；只有当输入 A、B 都为低电平 0 时，驱动管 VF_{N1} 和 VF_{N2} 都截止，负载管 VF_{P1} 和 VF_{P2} 同时导通，输出 Y 为高电平 1。

（4）CMOS 漏极开路与非门（OD 门）　如图 1-41 所示，该电路具有与非功能，$Y=\overline{AB}$。当输出低电平 $U_{OL}<0.5V$ 时，输出端可吸收 50mA 的灌电流。

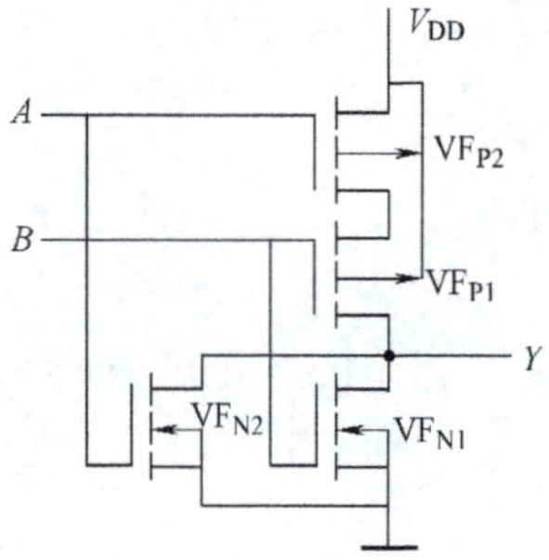

图 1-40　CMOS 或非门

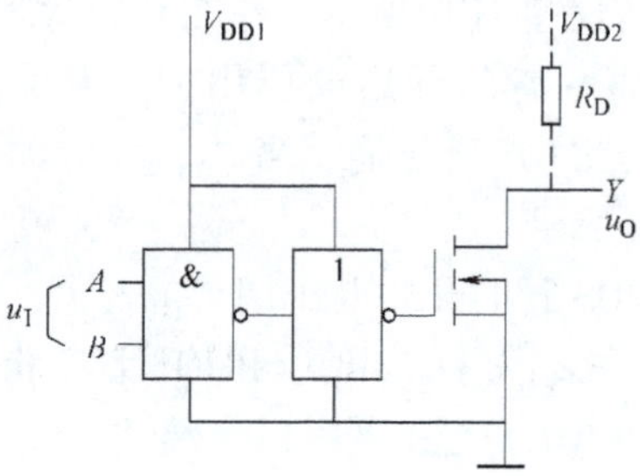

图 1-41　CMOS 漏极开路与非门（OD 门）

当输入 A、B 都为高电平 $U_{IH}=V_{DD1}$ 时，输出 Y 为低电平 $U_{OL}\approx 0V$；当输入 A、B 中有低电平 $U_{IL}=0V$ 时，输出 Y 为高电平 $U_{OH}=V_{DD2}$。可见，该电路可将 $V_{DD1}\sim 0V$ 的输入电压转换为 $0V\sim V_{DD2}$ 的输出电压，从而实现了电平转换。

（5）CMOS 传输门　将两个参数对称一致的增强型 NMOS 管 VF_N 和 PMOS 管 VF_P 并联可构成 CMOS 传输门，如图 1-42 所示。

当控制电压为 $C=V_{DD}$、$\overline{C}=0V$ 时，VF_N 导通，$u_O=u_I$。当 $|U_{TP}|\leqslant u_I\leqslant V_{DD}$ 时，VF_P 导通，$u_O=u_I$。因此，输入 u_I 在 $0V\sim V_{DD}$ 范围变化时，VF_N 和 VF_P 中至少有一管导通，输出和输入之间呈现低阻，相当于开关闭合，使输入电压 u_I 传输到输出端，即 $u_O=u_I$，这时称传输门开通。

当控制电压 $C=0V$、$\overline{C}=V_{DD}$，且输入 u_I 在 $0V\sim V_{DD}$ 范围变化时，VF_N 和 VF_P 都截止，输出和输入之间呈现高阻，相当于开关断开，使输入电压 u_I 不能传输到输出端，这时称传输门关闭。

（6）CMOS 三态输出门　CMOS 三态输出门如图 1-43 所示。

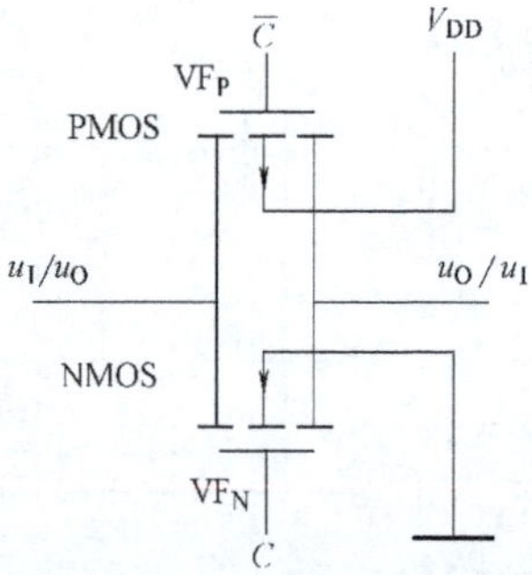

图 1-42　CMOS 传输门

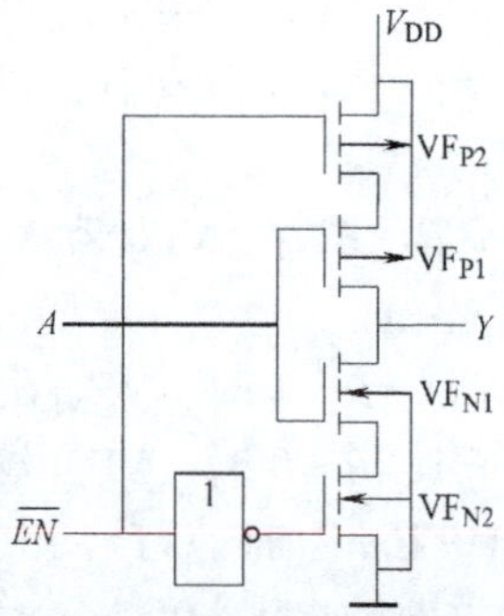

图 1-43　CMOS 三态输出门

当$\overline{EN}=0$时，VF_{P2}和VF_{N2}导通，VF_{N1}和VF_{P1}组成的CMOS反相器工作，所以，$Y=A$。

当$\overline{EN}=1$时，VF_{P2}和VF_{N2}截止，输出Y对地和对电源V_{DD}都呈现高阻。

3. CMOS数字集成电路的特点

国产CMOS数字集成电路主要有4000系列和高速系列。高速CMOS电路主要有CC54HC/CC74HC和CC54HCT/CC74HCT两个子系列。与TTL数字集成电路相比，CMOS数字集成电路主要有如下特点。

（1）功耗低　CMOS数字集成电路的静态功耗极小，当电源电压$V_{DD}=5V$时，门电路的静态功耗小于5μW，中规模数字集成电路小于100μW。

（2）工作电源电压范围宽　CMOS4000系列的电源电压为3～18V，HCMOS电路为2～6V，这给电路电源电压的选择带来了很大方便。

（3）噪声容限大　CMOS数字集成电路的噪声容限最大可达电源电压的45%，最小不低于电源电压的30%，而且随着电压的提高而增大。因此，它的噪声容限比TTL电路大得多。

（4）逻辑摆幅大　CMOS数字集成电路输出的高电平接近电源电压V_{DD}，输出的低电平又近于0V。因此，输出逻辑电平幅度的变化接近电源电压V_{DD}。电源的电压越高，逻辑摆幅越大。

（5）输入阻抗高　在正常工作电源电压范围内，输入阻抗可达几百至几千兆欧。因此，其驱动功率极小，可忽略不计。

（6）扇出系数大　CMOS4000系列输出端可带50个以上的同类门电路，HCMOS电路可带10个LSTTL负载门，如带同类门电路还可多些。

4. CMOS集成电路的使用注意事项

（1）电源电压　CMOS电路的电源电压极性不可接反，否则，可能会造成电路永久性失效。

CC4000系列的电源电压可在3～18V的范围内选择，但最大不允许超过极限值18V。电源电压选择得越高，抗干扰能力也越强。

高速CMOS电路中，HC系列的电源电压在2～6V的范围内选用；HCT系列的电源电压在4.5～5.5V的范围内选用，但最大不允许超过极限值7V。

当进行CMOS电路实验或对CMOS数字系统进行调试、测量时，应先接入直流电源，后接信号源；使用结束时，应先关信号源，后关直流电源。

（2）闲置输入端的处理　闲置输入端不允许悬空。对于与门和与非门，闲置输入端应接正电源或高电平；对于或门和或非门，闲置输入端应接地或低电平。

闲置输入端不宜与使用输入端并联使用，因为这样会增大输入电容，从而使电路的工作速度下降。但在工作速度很低的情况下，允许输入端并联使用。

（3）输出端的连接　输出端不允许直接与电源V_{DD}或地V_{SS}相连。因为电路的输出级通常为CMOS反相器结构，这会使输出级的NMOS管或PMOS管可能因电流过大而损坏。

为提高电路的驱动能力，可将集成芯片上相同门电路的输入端、输出端并联使用。

当CMOS电路输出端接大容量的负载电容时，流过管子的电流很大，可能使管子损坏。因此，需在输出端和电容之间串接一个限流电阻，以保证流过管子的电流不超过允许值。

（4）其它注意事项　焊接时，电烙铁必须接地良好，必要时可将电烙铁的电源插头拔下，利用余热焊接。

CMOS 集成电路在存放和运输时，应放在导电容器或金属容器内。组装、调试时，应使所有的仪表、工作台面等有良好的接地。

1.3.5　TTL 与 CMOS 接口电路

在数字系统中，经常会遇到 TTL 电路和 CMOS 电路相互连接的问题，这就要求驱动电路能为负载提供符合要求的高电平、低电平和驱动电流。通常采用相应的接口电路解决这类问题。

1. TTL 电路驱动 CMOS 电路

用 TTL 电路驱动 CMOS 电路时，主要是考虑 TTL 电路输出的电平是否符合 CMOS 电路输入电平的要求。当电源电压为 5V 时，CT74S 和 CT74LS 系列 TTL 电路输出的高电平 U_{OH} 都为 2.7V，而 CMOS4000 系列和 CC74HC 系列的输入高电平 U_{IH} 都为 3.5V，这使它们之间的接口产生了问题。

解决 TTL 电路驱动 CMOS 电路接口问题的方法是将 TTL 电路输出的高电平提升到 3.5V 以上。

所用电源电压相同时的连接方式如图 1-44 所示。

所用电源电压不同时的连接方式如图 1-45 所示。

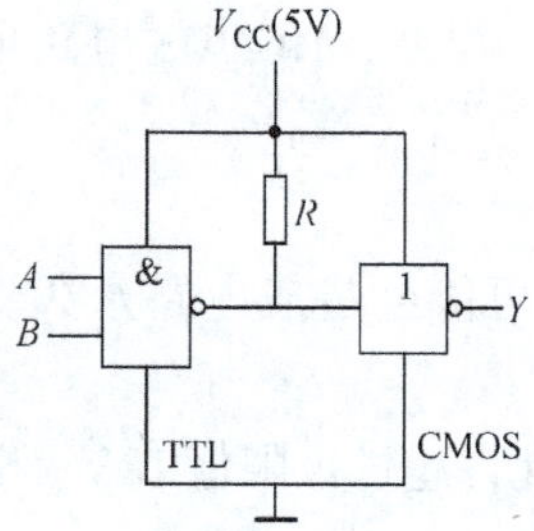

图 1-44　所用电源电压相同时的连接方式

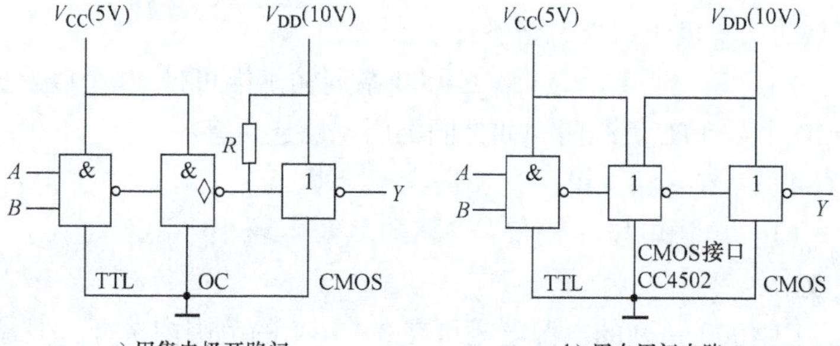

a) 用集电极开路门　b) 用专用门电路

图 1-45　所用电源电压不同时的连接方式

2. CMOS 电路驱动 TTL 电路

如图 1-46 所示，将同一芯片上的多个 CMOS 门电路并联，可提高驱动电流。

在 CMOS 电路输出端与 TTL 电路输入端之间接入 CMOS 驱动器，如图 1-47 所示。

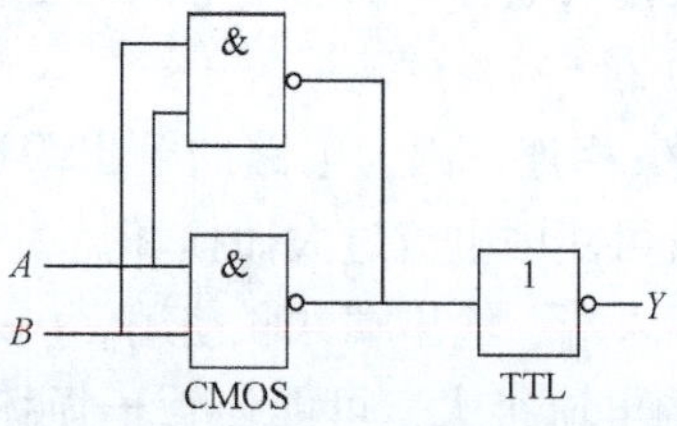

图 1-46　CMOS 电路驱动 TTL 电路

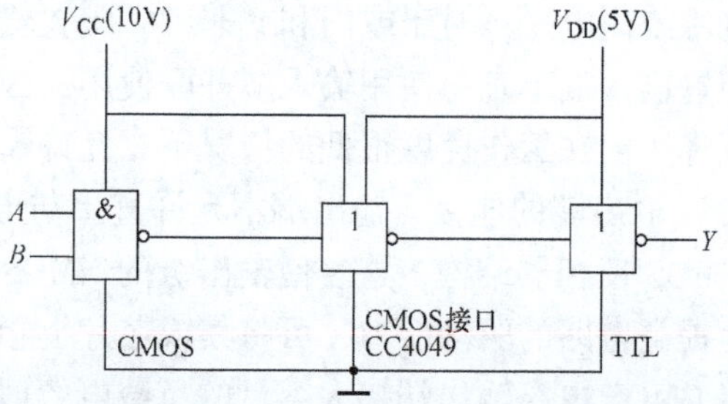

图 1-47　用驱动器实现 CMOS 电路与 TTL 电路的连接

当高速 CMOS 电路和 TTL 电路的电源电压 $V_{DD}=V_{CC}=5V$ 时，CC74HC 和 CC74HCT 系列可直接驱动 TTL 电路。

想一想：

1. 晶体管在数字电路与模拟电路中应用时有何不同？
2. CMOS 电路和 TTL 电路可以放一起混用吗？

任务　三人表决器电路的设计与调试

任务要求：

用 74LS00、74LS20、74LS04 等集成电路设计三人表决器电路并验证电路的逻辑功能。

任务目标：

- ■ 掌握常用逻辑门电路的功能及使用方法；
- ■ 正确连接电路，并学会验证其逻辑功能是否正确；
- ■ 能够排除电路中出现的故障。

1.4.1　集成电路的识别与检测

1. 集成电路引脚识别

方法 1：74 系列集成电路一侧有一缺口，将其引脚向下，有字面向上，缺口在观察者的左边，从上往下看集成电路，左下脚为 1 脚，逆时针依次为 2、3、4、5、…。

方法 2：将集成电路引脚向下，有字面向上，集成电路正面凹坑或色点对应的引脚为 1 脚，逆时针依次为 2、3、4、5、…。

方法 3：若集成电路无缺口、凹坑或色点，将其引脚向下，集成电路厂标、型号正对观察者，则从上往下看左下脚为 1 脚，逆时针依次为 2、3、4、5、…。

2. 集成电路功能检测

74LS00 是四-二输入与非门，它内部有四个与非门，每个与非门有两个输入端、一个输出端。74LS20 是二-四输入与非门，它内部有两个与非门，每个与非门有四个输入端、一个输出端。74LS00、74LS20 引脚及内部电路如图 1-48 所示。

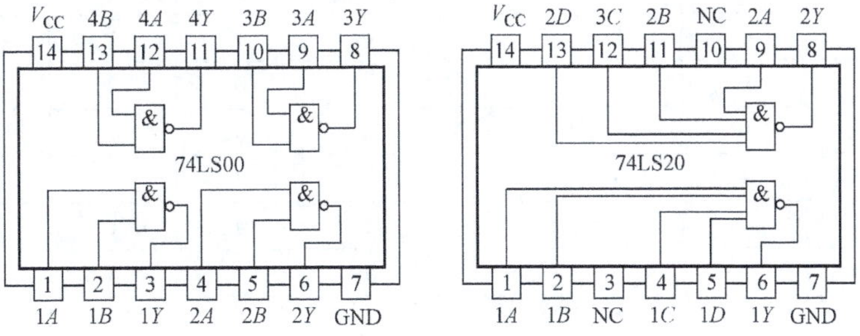

a) 74LS00　　b) 74LS20

图 1-48　74LS00、74LS20 引脚及内部电路

在数字电路实验箱电源关闭的情况下，分别将 74LS00 和 74LS20 插入实验箱中适当的集成电路插座中，用实验箱中的连接导线将集成电路的 V_{CC}、GND 分别连接到实验箱直流电源

部分的5V处和接地处，先选择一个与非门将其每一个输入端对应连接一个电平开关，其输出端连接到电平指示灯插孔中。

接通数字电路实验箱电源，拨动与非门输入端的电平开关进行不同的组合。电平开关拨到“H”处表示输入高电平，或者说输入为“1”；电平开关拨到“L”处表示输入低电平，或者说输入为“0”。观察电平指示灯是否点亮，电平指示灯亮表示输出为高电平，不亮表示输出为低电平。依次检测74LS00和74LS20中的每一个与非门，将74LS00的检测结果记入表1-19中，74LS20的检测结果记入表1-20中。

表1-19　74LS00的检测记录

1*A*	1*B*	1*Y*	2*A*	2*B*	2*Y*
0	0		0	0	
0	1		0	1	
1	0		1	0	
1	1		1	1	
3*A*	3*B*	3*Y*	4*A*	4*B*	4*Y*
0	0		0	0	
0	1		0	1	
1	0		1	0	
1	1		1	1	

表1-20　74LS20的检测记录

1*A*	1*B*	1*C*	1*D*	1*Y*	2*A*	2*B*	2*C*	2*D*	2*Y*
0	0	0	0		0	0	0	0	
0	0	0	1		0	0	0	1	
0	0	1	0		0	0	1	0	
0	0	1	1		0	0	1	1	
0	1	0	0		0	1	0	0	
0	1	0	1		0	1	0	1	
0	1	1	0		0	1	1	0	
0	1	1	1		0	1	1	1	
1	0	0	0		1	0	0	0	
1	0	0	1		1	0	0	1	
1	0	1	0		1	0	1	0	
1	0	1	1		1	0	1	1	
1	1	0	0		1	1	0	0	
1	1	0	1		1	1	0	1	
1	1	1	0		1	1	1	0	
1	1	1	1		1	1	1	1	

对于与非门来说，输入信号中如果有一个或一个以上是0则输出为1，所有输入信号全部是1时输出为0，此时可以判断该与非门逻辑功能正常，否则说明这个与非门已经损坏，

应避免使用。总结与非门的逻辑功能是“有0得1，全1得0”。

1.4.2　电路连接

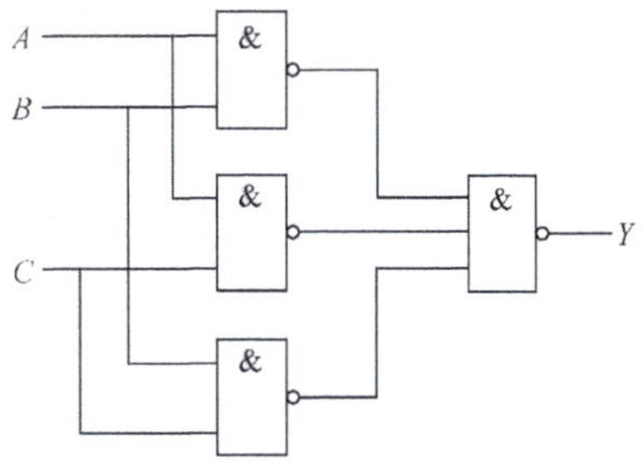

图1-49　三人表决器电路原理图

图1-49是三人表决器电路原理图，这个电路需要使用三个两输入与非门和一个三输入与非门，可以在74LS00中选择三个两输入与非门，在74LS20中选择一个四输入与非门来连接电路，输入端 A、B、C 分别连接到三个电平开关上，输出端 Y 连接到电平指示灯插孔中。

注意：74LS00和74LS20的 V_{CC}、GND必须分别连接到实验箱直流电源部分的5V处和接地处，否则集成电路将无法工作。

74LS20中的四输入与非门只能用到三个输入端，对于多余的输入端可采用下述方法中的一种进行处理：

1）并联到其它输入端上。

2）接电源“+”极或者接高电平。

3）悬空。

注意：74系列集成电路属于TTL门电路，其输入端悬空可视为输入高电平；CMOS门电路的多余输入端是禁止悬空的，否则容易损坏集成电路。

1.4.3　调试与检修

拨动输入端 A、B、C 的电平开关进行不同的组合，观察电平指示灯的亮灭，验证电路的逻辑功能并记入表1-21中。

表1-21　三人表决器电路功能检测记录

A	B	C	Y	A	B	C	Y
0	0	0		1	0	0	
0	0	1		1	0	1	
0	1	0		1	1	0	
0	1	1		1	1	1	

如果输出结果与输入中的多数一致，则表明电路功能正确，即多数人同意(电路中用“1”表示)，表决结果为同意；多数人不同意(电路中用“0”表示)，表决结果为不同意。

如果电路功能不正确，应从以下几方面检查来排除故障：

检查电路连接是否有误。实训中大部分电路故障都是由于电路连接错误造成的，电路出现故障后首先应对照电路原理图，根据信号的流程由输入到输出逐级检查，找出引起故障的原因。

重新检测所使用的与非门是否有损坏。在实训中许多元器件是重复使用的，所使用的集成电路即使型号、外观都无异常，但它的内部可能已经损坏，因此，在确认电路没有连接故障后，如果仍不能正常工作，这时应检测集成电路本身是否损坏。

实验箱的插孔、电平开关连接是否松动。长期使用及使用不当容易造成实验箱面板上的插孔、电平开关等与实验箱内部电路之间的连接脱落，特别是一些松动的插孔。可以用万用表来检查嫌疑点与理论上应该连接的地方连接是否正常，必要时可以在老师的指导下打开实验箱检查、排除故障。

想一想：

1. 如何判断一个74LS20门电路的好坏？
2. 你能设计一个五人表决器电路吗？

项 目 小 结

人们日常生活中使用十进制数，在数字系统中多数情况下使用二进制数，本项目介绍了二进制数、八进制数、十六进制数，以及它们与十进制数之间的转换，介绍了在数字电路中常用的几种编码。

在数字电路中，半导体器件一般都工作在开关状态。晶体管的可靠截止条件为 $U_{BE} \leqslant 0V$，晶体管的饱和条件为 $i_B \geqslant I_{B(sat)} = V_{CC}/\beta R_C$。

最基本的逻辑门电路有与门、或门和非门。在数字集成电路中，常用的门电路有与非门、或非门、与或非门、异或门、三态输出门等。门电路是组成各种复杂逻辑电路的基础，掌握常用逻辑门电路的逻辑功能和外部电气特性对学习和使用数字电路是很有帮助的。

本项目介绍了目前广泛应用的TTL和CMOS两类逻辑门电路，重点应把握它们的输出与输入之间的逻辑关系和外部电气特性。

在实际使用逻辑门电路时，应注意闲置输入端的正确连接。此外，还应注意TTL门电路和CMOS门电路之间的接口问题。

思考与练习

1.1　将下列二进制数转换为十进制数。

(1) $(11011)_2$　　(2) $(101111.01)_2$　　(3) $(11010.1)_2$

1.2　试将下列十进制数转换为二进制数(取小数点后6位)。

(1) $(37)_{10}$　　(2) $(49.625)_{10}$　　(3) $(8.152)_{10}$

1.3　试将下列二进制数分别转换为八进制数和十六进制数。

(1) $(1010111)_2$　　(2) $(1101110110)_2$　　(3) $(10110.01101)_2$

1.4　试将下列数转换为二进制数。

(1) $(136.45)_8$　　(2) $(69C)_{16}$　　(3) $(57B.F2)_{16}$

1.5　试将下列十进制数转换为8421BCD码。

(1) $(47)_{10}$　　(2) $(93.14)_{10}$　　(3) $(13)_{10}$

1.6　试将下列8421BCD码转换为十进制数。

(1) $(010101111001)_{8421BCD}$

(2) $(001110101100.1001)_{8421BCD}$

(3) $(10001011.0101)_{8421BCD}$

1.7　写出下列逻辑函数的对偶式 Y' 及反函数 $\overline{Y}$。

(1) $Y = \overline{A}\,\overline{B} + CD$

（2）$Y=[(A\bar{B}+C)D+E]G$

（3）$Y=\overline{A\bar{B}+C}+\overline{A+\overline{BC}}$

1.8　将下列逻辑表达式化为最小项之和的形式。

（1）$Y=A\bar{B}+A\bar{C}+B$

（2）$Y=\overline{(A+B)(\bar{B}+\bar{C})}$

（3）$Y=A\bar{B}D+\bar{A}CD+BCD$

1.9　用公式化简法将下列逻辑表达式化简为最简与或形式。

（1）$Y=A\bar{B}+B+\overline{A+\bar{C}}$

（2）$Y=\bar{A}\bar{B}\bar{C}+AD+(B+C)D$

（3）$Y=\bar{B}\bar{D}+\bar{D}+D(B+C)(\overline{AD}+\bar{B})$

1.10　用卡诺图化简法将下列逻辑表达式化简为最简与或形式。

（1）$Y=AD+BC\bar{D}+(\bar{A}+\bar{B})C$

（2）$Y(A,B,C,D)=\sum m(0,1,2,4,6,10,14,15)$

（3）$Y(A,B,C,D)=\sum m(0,1,8,9,10)$

（4）$Y(A,B,C,D)=\sum m(1,3,5,7,9)+\sum d(10,11,12,13,14,15)$

1.11　在实际应用时，TTL与非门的多余输入端可以悬空，此时视为输入高电平，为什么？CMOS门电路多余输入端能否悬空？

1.12　OC门和三态输出门各有什么特点及应用？

1.13　已知各逻辑电路如图1-50所示，写出其输出逻辑表达式。

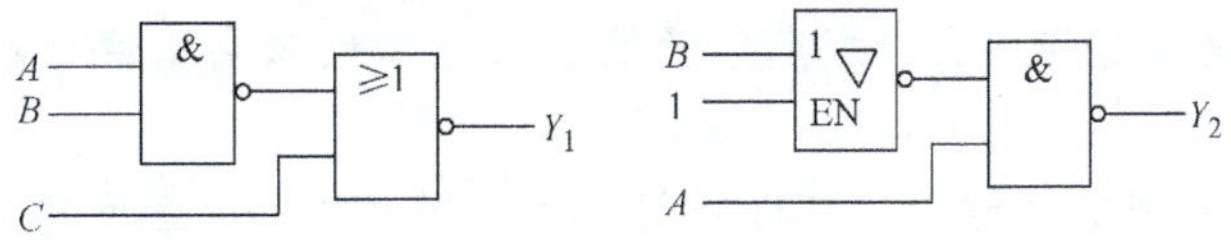

图1-50　思考与练习1.13图

1.14　电路如图1-51所示，已知A、B、C的输入波形，试写出输出逻辑表达式并画出Y端的输出波形。

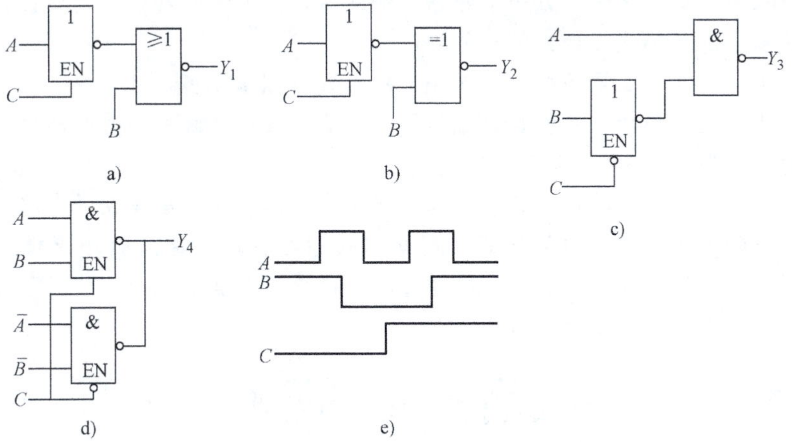

图1-51　思考与练习1.14图

1.15　TTL门电路与CMOS门电路如何解决接口问题？

项目2 抢答器电路设计与装调

引言 触发器是构成时序逻辑电路的基本单元，它具有记忆功能。触发器有两个稳定的输出状态，在一定的外加信号作用下，触发器可从一种状态转变到另一种状态。

本项目主要用基本 RS 触发器设计具有记忆功能的三人抢答器电路，要顺利完成此项目电路，大家需要熟悉几种常用触发器的基本组成、逻辑功能、触发方式等内容。

◆ 项目要求：

用 RS 触发器设计一个具有记忆功能的三人抢答器电路。

◆ 项目目标：

■ 了解触发器的组成结构；

■ 熟悉触发器的功能特点及应用；

■ 掌握触发器电路功能的表示方法；

■ 了解时序逻辑电路的基本概念。

◆ 项目介绍：

在组合逻辑电路设计的抢答器电路中，由于电路本身不具有记忆功能，抢答开关必须用手按住不动，指示灯才会点亮，若手松开指示灯就熄灭，这种操作方式十分不便。在本项目中，通过引入基本 RS 触发器，很好地解决了这一问题。

数字电路按照逻辑功能可以分为组合逻辑电路(简称组合电路)和时序逻辑电路(简称时序电路)。时序逻辑电路是指任意时刻电路的输出状态不仅取决于该时刻的输入信号，还与电路原来的状态有关。

在数字电路中，将能够存储1位二进制信息的逻辑电路称为触发器，每个触发器都有两个互补的输出端 Q 和 $\overline{Q}$，一般定义 Q 端的状态为触发器的输出状态。触发器有0和1两个稳定的工作状态。在没有外加信号作用时，触发器维持原来的稳定状态不变；在一定外加信号作用下，可以从一个稳态转变为另一个稳态。触发器是具有记忆功能的逻辑器件，是构成时序逻辑电路的基本逻辑单元。

触发器有很多种，按逻辑功能可分为 RS 触发器、JK 触发器、D 触发器、T 触发器等；按结构可分为主从型、维持阻塞型和边沿型等触发器；按有无统一动作的时间节拍可分为基本触发器和时钟触发器等。

本项目详细介绍了各种触发器的基本结构和功能表示方法，触发器的电路原理、功能与电路特点是学习的主要内容。对触发器专题知识的学习有助于建立时序逻辑电路的基本概念，通过对项目任务的实践操作有助于提升对触发器功能的理性认识，这对于学习后面的时序逻辑电路有非常重要的基础性作用。

专题1 RS 触发器

专题要求：

通过 RS 触发器电路及功能的分析，对时序逻辑电路的基本单元和描述方法有初步的了解。

专题目标：

- 了解 RS 触发器的基本结构；
- 熟悉 RS 触发器的功能特点及应用；
- 掌握触发器电路功能的表示方法。

2.1.1　基本 RS 触发器

基本 RS 触发器也称为 RS 锁存器，是各种触发器中最简单、最基本的组成部分。

1. 电路组成

图 2-1 是由两个与非门交叉连接组成的基本 RS 触发器，$\overline{S}_d$、$\overline{R}_d$ 是两个输入端，Q 和 $\overline{Q}$ 是两个互补的输出端。$\overline{S}_d$、$\overline{R}_d$ 文字符号上的“非号”和输入端上的“小圆圈”均表示这种触发器的触发信号是低电平有效。

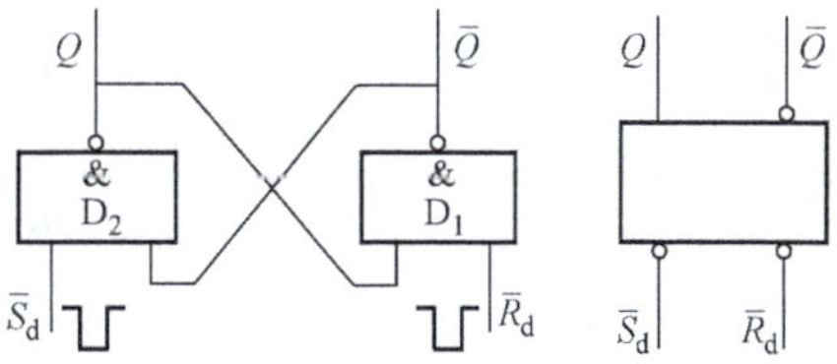

a) 逻辑图　　b) 逻辑符号

图 2-1　基本 RS 触发器

2. 逻辑功能分析

触发器有两个输出状态，即 0 态和 1 态，它在输入信号 $\overline{S}_d$ 和 $\overline{R}_d$ 的作用下，可进行状态转换。

（1）$\overline{S}_d=\overline{R}_d=1$　若初始状态 $Q=1$，$\overline{Q}=0$，因 $\overline{R}_d=1$，D_1 输入端全为 1，则 D_1 的输出 $\overline{Q}=0$，D_2 输入端有 0，其输出保持为 1；若初始状态 $Q=0$，$\overline{Q}=1$，则 D_1 输入端有 0，其输出 $\overline{Q}=1$，D_2 输入端全为 1，其输出保持为 0。可以看出，在这种情况下触发器的输出状态保持不变。

（2）$\overline{R}_d=0$、$\overline{S}_d=1$　$\overline{R}_d=0$ 使 D_1 的输出 $\overline{Q}=1$，而 $\overline{S}_d=1$ 与 $\overline{Q}=1$ 使 D_2 的输出 $Q=0$，这时触发器的输出端被置为 0 态。

（3）$\overline{R}_d=1$、$\overline{S}_d=0$　$\overline{S}_d=0$ 使 D_2 的输出 $Q=1$，而 $\overline{R}_d=1$ 与 $Q=1$ 使 D_1 的输出 $\overline{Q}=0$，这时触发器的输出端被置为 1 态。

可见，在 $\overline{S}_d$ 端加有效输入信号(低电平 0)时，触发器为 1 态；在 $\overline{R}_d$ 端加有效输入信号(低电平)时，触发器为 0 态。所以，$\overline{S}_d$ 端被称为置 1 端或置位端，$\overline{R}_d$ 端被称为置 0 端或复位端。

（4）$\overline{R}_d=\overline{S}_d=0$　此时 D_1、D_2 输入端均有低电平输入，则 $Q=\overline{Q}=1$，这对触发器来说是一种不正常状态。首先，它不符合触发器输出端 Q 与 $\overline{Q}$ 的互补关系。其次，当输入的低电平信号同时撤消时(即 $\overline{S}_d$、$\overline{R}_d$ 同时由 0 变为 1 时)，则触发器输出的新状态会由于两个门 D_1、D_2 延时时间的不同和当时所受外界干扰不同等因素而无法判定，即会出现不定状态。这是不允许的，应尽量避免。

综上所述，可列出基本 RS 触发器的功能真值表，见表 2-1。

表 2-1　基本 RS 触发器的功能真值表

$\overline{R}_d$	$\overline{S}_d$	Q^n	Q^{n+1}	逻辑功能	$\overline{R}_d$	$\overline{S}_d$	Q^n	Q^{n+1}	逻辑功能
0	1	0	0	置 0	1	1	0	0	保持
0	1	1	0		1	1	1	1	
1	0	0	1	置 1	0	0	0	×	不允许
1	0	1	1		0	0	1	×	

【例 2.1】　使用 RS 触发器构成无抖动开关。

解：用 RS 触发器构成的无抖动开关和普通机械开关的比较如图 2-2 所示，无抖动开关在电源和输出之间加入一个基本 RS 触发器，单刀双掷开关使触发器工作于置 0 或置 1 状态，使输出端产生一次性的阶跃电压，避免了机械开关在扳动（或按动）过程中因接触抖动而引起的输出波形的紊乱。

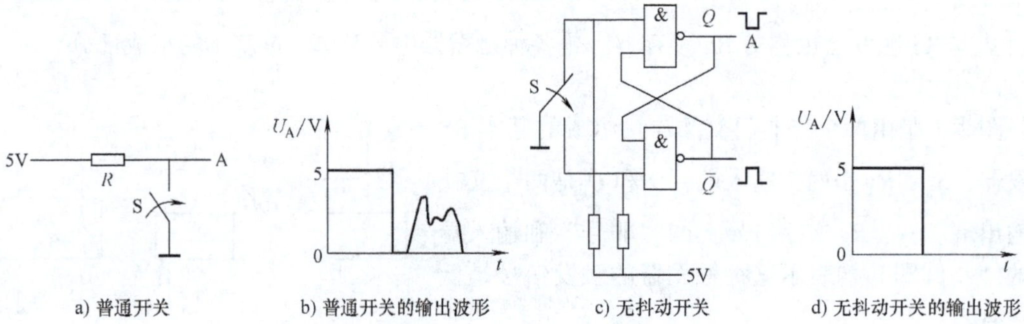

a) 普通开关　b) 普通开关的输出波形　c) 无抖动开关　d) 无抖动开关的输出波形

图 2-2　无抖动开关和普通机械开关的比较

这种无抖动开关称为逻辑开关，若将开关 S 来回扳动一次，则可在 Q 端得到无抖动的单拍负脉冲，而在 $\overline{Q}$ 端可得到一个单拍正脉冲。

2.1.2　同步 RS 触发器

在实际应用中，通常要求触发器的状态翻转在统一的时间节拍控制下完成，为此，需要在输入端设置一个控制端。控制端引入的信号称为同步信号，也称为时钟脉冲信号，简称为时钟信号，用 CP(Clock Pulse) 表示。

1. 电路组成

图 2-3 所示为同步 RS 触发器的逻辑电路和逻辑符号。由 D_1、D_2 门组成基本 RS 触发器，D_3、D_4 门组成输入控制门电路。

2. 逻辑功能分析

当 $CP=0$（低电平）时，D_3、D_4 门关闭，输入信号 R、S 不起作用，触发器状态不变，处于保持状态。

当 $CP=1$（高电平）时，D_3、D_4 门开启，输入信号 R、S 反相后被送至基本 RS 触发器的输入端，触发器的状态取决于 R、S 的状态变化。

结合基本 RS 触发器的功能真值表可得同步 RS 触发器的功能真值表，见表 2-2。

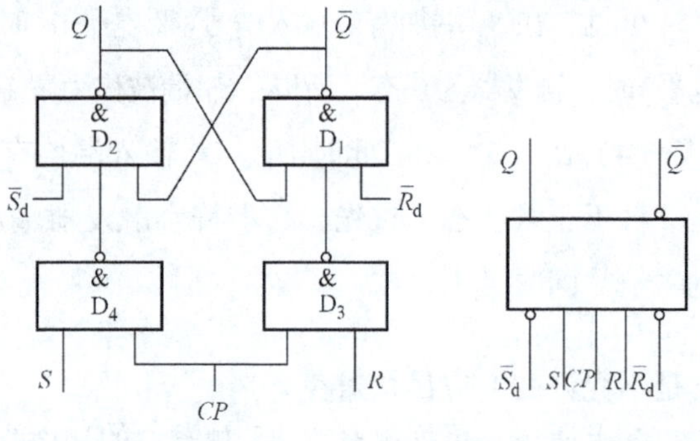

a) 逻辑图　b) 逻辑符号

图 2-3　同步 RS 触发器

表 2-2　同步 RS 触发器的功能真值表

R	S	Q^n	Q^{n+1}	逻辑功能	R	S	Q^n	Q^{n+1}	逻辑功能
0	0	0	0	保持	0	1	0	1	置 1
0	0	1	1		0	1	1	1	

（续）

R	S	Q^n	Q^{n+1}	逻辑功能	R	S	Q^n	Q^{n+1}	逻辑功能
1	0	0	0	置 0	1	1	1	×	不允许
1	0	1	0		1	1	0	×	

3. 触发器初始状态的预置

在实际应用中，经常需要在 CP 脉冲到来之前，将触发器预置成某一初始状态。为此，同步 RS 触发器中设置了专用的直接置位端 $\overline{S}_d$ 和直接复位端 $\overline{R}_d$，通过在 $\overline{S}_d$ 或 $\overline{R}_d$ 端加低电平直接作用于基本 RS 触发器，完成置 1 或置 0 的工作，而不受 CP 脉冲的限制，故称其为异步置位端和异步复位端。初始状态预置后，应使 $\overline{S}_d$ 和 $\overline{R}_d$ 处于高电平，触发器即可进入正常工作状态。

4. 同步触发器的空翻问题

时序逻辑电路增加时钟脉冲的目的是为了统一电路动作的节拍。对触发器而言，在一个时钟脉冲作用下，要求触发器的状态只能翻转一次。而对于同步触发器在一个时钟脉冲作用下(即 $CP=1$ 期间)，如果输入信号 R、S 多次发生变化，则可能引起输出端 Q 状态翻转两次或两次以上，时钟失去控制作用，这种现象称为空翻。要避免空翻现象，就要求在时钟脉冲作用期间，不允许输入信号 R、S 发生变化。另外，必须要求 CP 的脉宽不能太大，显然，这种要求是较为苛刻的。

由于同步触发器存在空翻问题，限制了其在实际工作中的作用。为了克服该问题，对触发器电路做进一步改进，从而产生了主从型、边沿型等各类触发器。

2.1.3 触发器功能表示方法

1. 术语和符号

1）时钟脉冲 CP：同步脉冲信号。

2）数据输入端：又称控制输入端，RS 触发器的数据输入端是 R 和 S，D 触发器的数据输入端是 D 等。

3）初态 Q^n：某个时钟脉冲作用前触发器的状态，即老状态，也称为“现态”。

4）次态 Q^{n+1}：某个时钟脉冲作用后触发器的状态，即新状态。

2. 触发器逻辑功能的五种表示方法

（1）状态表 状态表以表格的形式表示在一定的控制输入条件下，时钟脉冲作用前后，初态向次态的转化规律，称为状态转换真值表，简称为状态表，也称为功能真值表。

以同步 RS 触发器为例，因触发器的次态 Q^{n+1} 与初态 Q^n 有关，因此将初态 Q^n 作为次态 Q^{n+1}的一个输入逻辑变量，那么，同步 RS 触发器 Q^{n+1} 与 R、S、Q^n 间的逻辑关系可用表 2-2 表示。

表 2-2 中，当 $R=S=1$ 时，无论 Q^n 状态如何，在正常工作情况下是不允许出现的，所以在对应输出 Q^{n+1}处打“×”，化简时作为约束项处理。

（2）特性方程 特性方程以方程的形式表示在时钟脉冲作用下，次态 Q^{n+1} 与初态 Q^n 及控制输入信号间的逻辑函数关系。

结合状态表2-2可以画出RS触发器的次态卡诺图，如图2-4所示，化简可得同步RS触发器的特性方程为

$$Q^{n+1}=S+\overline{R}Q^n \quad (CP=1\ 有效)$$
$$RS=0 \quad (约束条件)$$

(3) 激励表　激励表以表格的形式表示在时钟脉冲作用下，为实现一定的状态转换(由初态 Q^n 到次态 Q^{n+1})，应施加怎样的控制输入条件。同步RS触发器的激励表可由表2-2转化而来，见表2-3。

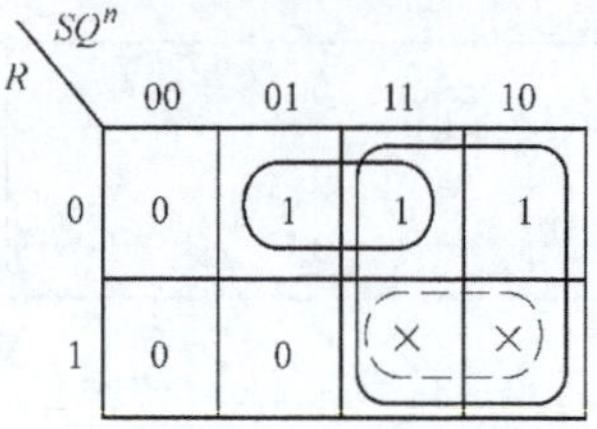

图2-4　同步RS触发器次态 Q^{n+1} 的卡诺图

表2-3　同步RS触发器的激励表

Q^n	→	Q^{n+1}	R	S	Q^n	→	Q^{n+1}	R	S
0		0	×	0	1		0	1	0
0		1	0	1	1		1	0	×

举例说明：激励表中第1行表明，触发器现态为0，若要求 CP 脉冲作用后，次态 Q^{n+1} 仍然为0，则从状态表中可发现，当 $R=S=0$ 时触发器保持原态，可满足此要求；$R=1$、$S=0$ 时触发器置0，也可满足次态为0的要求。因此，R 的取值是任意的，用“×”表示，而 $S=0$。

(4) 状态图　状态图是以图形的形式表示在时钟脉冲作用下，状态变化与控制输入之间的关系，又称为状态转换图。图2-5所示为同步RS触发器的状态转换图。

(5) 时序图　反映时钟脉冲 CP、控制输入及触发器状态 Q 对应关系的工作波形图称为时序图。时序图能够清楚地表明时钟信号与控制输入信号之间的即时控制关系。图2-6所示为已知 CP、R、S 波形的情况下，触发器 Q 端的输出波形。

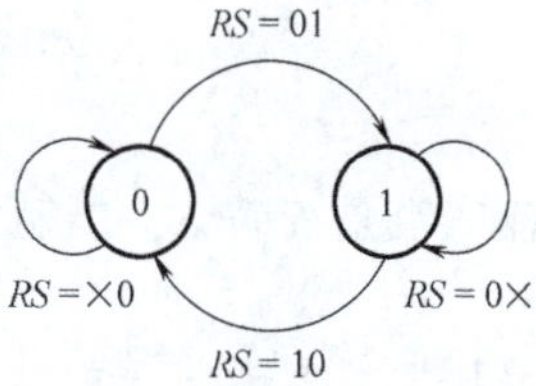

图2-5　同步RS触发器的状态转换图

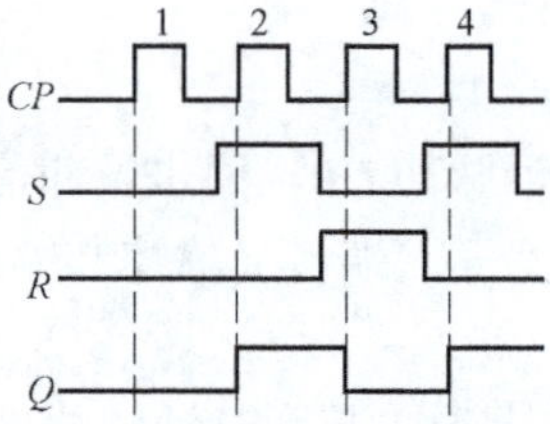

图2-6　同步RS触发器时序图

想一想：

1. 基本RS触发器有几种输出状态？如何实现状态转换？
2. 如果将基本RS触发器的与非门改成或非门，那么功能将如何变化？

专题2　JK、D、T、T′触发器

专题要求：

通过学习，掌握触发器的分类、工作原理及基本应用。

专题目标：

■ 了解JK、D、T、T′触发器的基本结构；

■ 熟悉 JK、D、T、T′触发器的功能特点及应用；

■ 了解触发器的使用注意事项。

2.2.1 JK 触发器

1. 主从型 JK 触发器

（1）电路结构　图 2-7 所示为主从型 JK 触发器的逻辑图和逻辑符号。它由两个同步 RS 触发器组成，FF_1 称为主触发器，FF_2 称为从触发器。主触发器的 S_1 端是 $\overline{Q}$ 端和 J 端信号的逻辑关系与运算，即 $S_1=\overline{Q}\cdot J$。R_1 端是 Q 端和 K 端信号的逻辑关系与运算，即 $R_1=Q\cdot K$。$\overline{S}_d$ 是直接置 1 端，$\overline{R}_d$ 是直接置 0 端，用来预置触发器的初始状态，触发器正常工作时，应使 $\overline{R}_d=\overline{S}_d=1$。

互补的时钟脉冲信号分别作用于主触发器和从触发器。

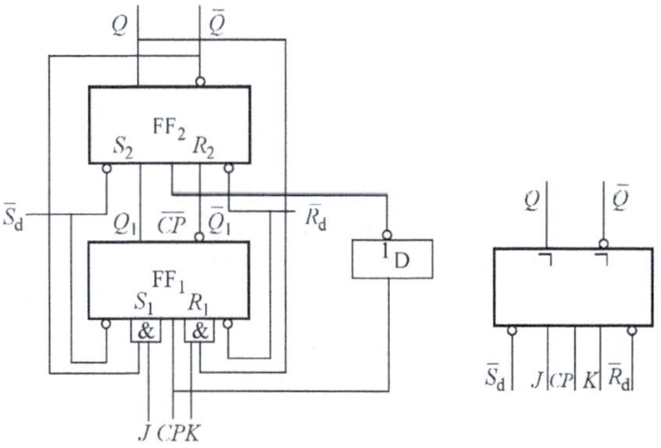

a) 逻辑图　　b) 逻辑符号

图 2-7　主从型 JK 触发器

（2）工作原理　当 $CP=1$ 时，$\overline{CP}=0$，从触发器 FF_2 关闭，输出状态保持不变。此时主触发器 FF_1 正常工作，主触发器的状态随输入信号 J、K 状态的变化而改变。

当 $CP=0$ 时，$\overline{CP}=1$，主触发器关闭，主触发器输出状态不变，而从触发器开始正常工作。由于 $S_2=Q_1$、$R_2=\overline{Q}_1$，所以当主触发器输出 $Q_1=1$ 时，$S_2=1$、$R_2=0$，从触发器置“1”；当主触发器输出 $Q_1=0$ 时，$S_2=0$、$R_2=1$，从触发器置“0”，即从触发器的状态由主触发器决定。

图 2-7b 所示逻辑符号中，时钟脉冲端内部用 C 表示，在 $CP=1$ 期间，触发器输入端接收输入控制信号。输出端 Q 和 $\overline{Q}$ 加“¬”，表示 CP 脉冲由高电平变为低电平时，从触发器接收主触发器的输出状态（即触发器延迟到下降沿时输出）。所以，主从型 JK 触发器在 CP 脉冲为高电平时接收输入信号，CP 脉冲下降沿时使输出发生变化，即主从型 JK 触发器是在 CP 脉冲的下降沿触发动作，克服了 RS 触发器的空翻现象。

（3）逻辑关系功能分析　结合主从型 JK 触发器的结构，分析其逻辑关系功能时只需分析主触发器的功能即可。

1）$J=0$、$K=0$。因主触发器保持初态不变，所以当 CP 脉冲下降沿到来时，触发器保持原态不变，即 $Q^{n+1}=Q^n$。

2）$J=1$、$K=0$。若初态 $Q^n=0$，$\overline{Q}^n=1$，则当 $CP=1$ 时，$Q_1=1$，$\overline{Q}_1=0$。CP 脉冲下降沿到来时，从触发器置“1”，即 $Q^{n+1}=1$。若初态 $Q^n=1$，则也有相同的结论 $Q^{n+1}=1$。

3）$J=0$、$K=1$。若初态 $Q^n=1$，$\overline{Q}^n=0$，则当 $CP=1$ 时，$Q_1=0$，$\overline{Q}_1=1$。CP 脉冲下降沿到来时，从触发器置“0”，即 $Q^{n+1}=0$。若初态 $Q^n=0$，则也有相同的结论 $Q^{n+1}=0$。

4）$J=1$、$K=1$。若初态 $Q^n=0$，$\overline{Q}^n=1$，则当 $CP=1$ 时，$Q_1=1$，$\overline{Q}_1=0$，CP 脉冲下降

沿到来时，从触发器翻转为1；若初态 $Q^n=1$，$\overline{Q}^n=0$，则当 $CP=1$ 时，$Q_1=0$，$\overline{Q}_1=1$，CP 脉冲下降沿到来时，从触发器翻转为0，即次态与初态相反，$Q^{n+1}=\overline{Q}^n$。

可见，JK 触发器是一种具有保持、翻转、置 1、置 0 功能的触发器，它克服了 RS 触发器的禁用状态，是一种使用灵活、功能强、性能好的触发器。JK 触发器的状态表见表 2-4，激励表见表 2-5，图 2-8 为 JK 触发器的状态转换图和时序图。

表 2-4　JK 触发器的状态表

J	K	Q^n	Q^{n+1}	逻辑功能	J	K	Q^n	Q^{n+1}	逻辑功能
0	0	0	0	保持	1	0	0	1	置 1
0	0	1	1		1	0	1	1	
0	1	0	0	置 0	1	1	1	0	翻转
0	1	1	0		1	1	0	1	

表 2-5　JK 触发器的激励表

Q^n	→	Q^{n+1}	J	K	Q^n	→	Q^{n+1}	J	K
0		0	0	×	1		0	×	1
0		1	1	×	1		1	×	0

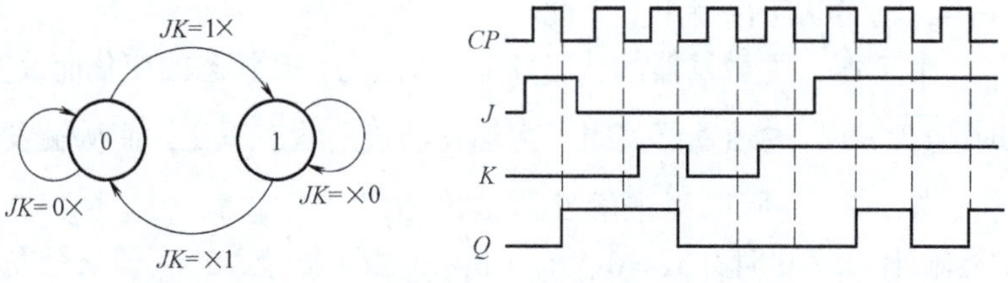

a) 状态转换图　　b) 时序图

图 2-8　JK 触发器的状态转换图和时序图

结合 JK 触发器的状态表和卡诺图化简规则可得到其特性方程为

$$Q^{n+1}=J\overline{Q}^n+\overline{K}Q^n$$

（4）主从型 JK 触发器的一次翻转问题　主从型 JK 触发器采用分步工作方式，解决了同步触发器的空翻问题，提高了电路性能，但在实际应用中仍有一些限制。

例如，假设触发器的现态 $Q^n=0$，当 $J=0$、$K=0$ 时，根据 JK 触发器的逻辑功能触发器应维持原状态不变。但是，在 $CP=1$ 期间，若遇到外界干扰，使 J 由 0 变为 1，主触发器则被置成 1 状态，发生了一次空翻现象。当正脉冲干扰消失后，输入又回到 $J=K=0$，此时主触发器已被置成 1 状态。其后，$Q^n=0$ 锁闭 K 端信号，K 端信号变化不起作用，主触发器状态不再变化。而当 CP 脉冲下降沿到来时，从触发器接收主触发器输出，状态变为 1 状态，而不是维持原来的 0 状态不变。显然，$CP=1$ 期间的外界干扰导致了状态变化。

在 $CP=1$ 期间，主从型 JK 触发器的主触发器能且仅能翻转一次的现象叫一次翻转。由于一次翻转问题的存在，降低了主从型 JK 解发器的抗干扰能力，因而限制了主从型触发器的使用。

为了避免这种现象出现，要求在 $CP=1$ 期间 J、K 状态不能改变。

2. 抗干扰能力更强的触发器

（1）维持阻塞型触发器　维持阻塞型触发器是利用电路内的维持-阻塞线所产生的维持阻塞作用来克服空翻现象的时钟触发器。它的触发方式是边沿触发(国产的维持阻塞型触发器一般为上升沿触发)，即仅在时钟脉冲上升沿或下降沿接收控制输入信号并改变输出状态。在一个时钟脉冲作用下，维持阻塞型触发器在 CP 脉冲作用边沿最多改变一次状态，因此不存在空翻现象，抗干扰能力更强。

（2）边沿型触发器　边沿型触发器是利用电路内部的传输延迟时间实现边沿触发，克服空翻现象的时钟触发器。它采用边沿触发，一般集成电路采用下降沿触发方式(即负边沿)，触发器的输出状态是由 CP 脉冲触发边沿到来时刻输入信号的状态来决定的。边沿型触发器只要求在时钟脉冲的触发边沿到来时的几个门延迟时间内保持激励信号不变即可，因而这种触发器的抗干扰能力较强。

维持阻塞型和边沿型触发器内部结构复杂，因此不再讲述其内部结构和工作原理，只需掌握其触发特点，会灵活应用即可。

【例 2.2】　74LS112 为双下降沿 JK 触发器(带预置和清除端)，74LS111 为双主从 JK 触发器，其外引线端子如图 2-9a、b 所示，图 2-9c 为负边沿 JK 触发器的逻辑符号。当输入信号 J、K 的波形如图 2-9d 所示时，请分别画出两种触发器的输出波形(假设各触发器初态均为 0 态)。

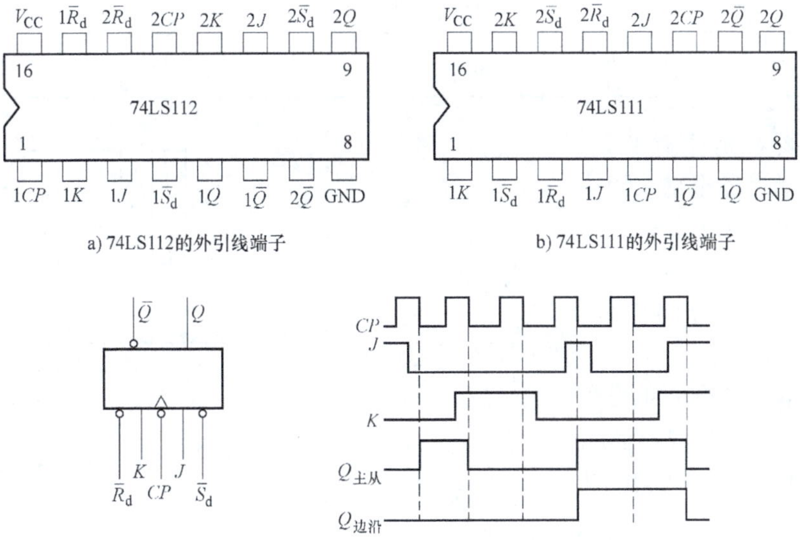

a) 74LS112的外引线端子　　b) 74LS111的外引线端子

c) 负边沿JK触发器逻辑符号　　d) 主从和边沿型JK触发器的时序图

图 2-9　例 2.2 图

解：按照 JK 触发器的逻辑功能和触发特点，分别画出两种触发器的输出波形如图 2-9d 所示。由主从型触发器和边沿型触发器的时序图可以看出：

1）在 $CP=1$ 期间，主从型触发器接收输入信号 J、K 并决定主触发器输出；当 $CP=0$ 时，主触发器输出传送给从触发器。因此，触发器状态的改变发生在 CP 脉冲的下降沿。

对于主从型触发器，在 $CP=1$ 期间，当输入信号 J、K 有变化时，主触发器按其逻辑功能判断，仅第 1 次状态变化有效，以后 J、K 再改变时将不起作用。

2）因为是下降沿触发方式，所以边沿型触发器仅在 *CP* 脉冲负跳变时接收控制端输入信号并改变触发器输出状态。

2.2.2　D、T、T′触发器

1. D 触发器

D 触发器可以由 JK 触发器转换而来。图 2-10 所示即为由负边沿 JK 触发器转换成的 D 触发器，将 JK 触发器的 *J* 端通过一级非门与 *K* 端相连，定义为 *D* 端。

由 JK 触发器的逻辑功能可知：当 $D=1$，即 $J=1$、$K=0$ 时，时钟脉冲下降沿到来时触发器置“1”；当 $D=0$，即 $J=0$、$K=1$ 时，时钟脉冲下降沿到来时触发器置“0”。可见，D 触发器在时钟脉冲作用下，其输出状态与 *D* 端的输入状态一致，显然，D 触发器的特性方程为 $Q^{n+1}=D$。

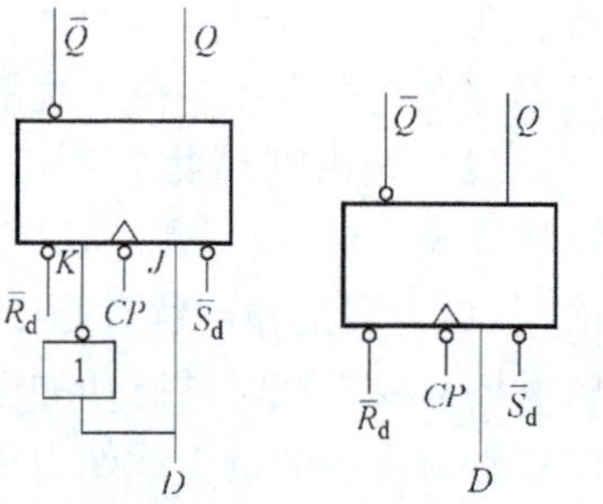

a) 逻辑图　　b) 逻辑符号

图 2-10　D 触发器

可见，在 *CP* 脉冲作用下，D 触发器具有置 0、置 1 逻辑功能。表 2-6 为 D 触发器的状态表。这种由负边沿 JK 触发器转换而来的 D 触发器也是由 *CP* 下降沿触发翻转的。图 2-11 为 D 触发器的状态转换图和时序图。

表 2-6　D 触发器的状态表

D	Q^n	Q^{n+1}	逻辑功能	*D*	Q^n	Q^{n+1}	逻辑功能
0	0	0	置 0	1	0	1	置 1
0	1	0		1	1	1	

使用时要特别注意的是，国产集成 D 触发器全部采用维持阻塞型结构，它的逻辑功能与上述完全相同，不同之处只是在 *CP* 脉冲上升沿到达时触发。

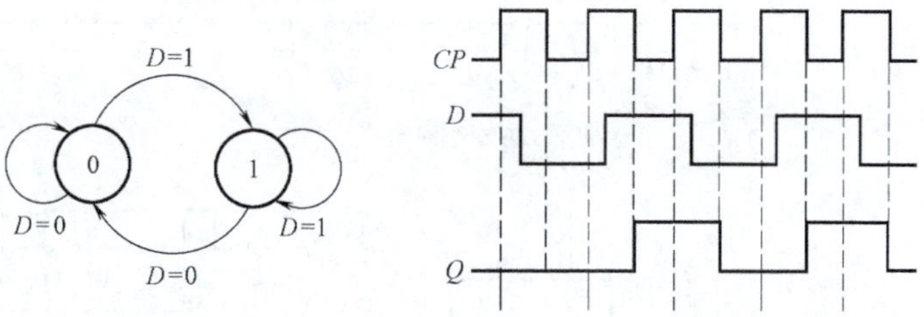

a) 状态转换图　　b) 时序图

图 2-11　D 触发器的状态转换图和时序图

74LS74 双上升沿 D 触发器的外引线端子如图 2-12a 所示，图 2-12b 为其逻辑符号，在 *CP*

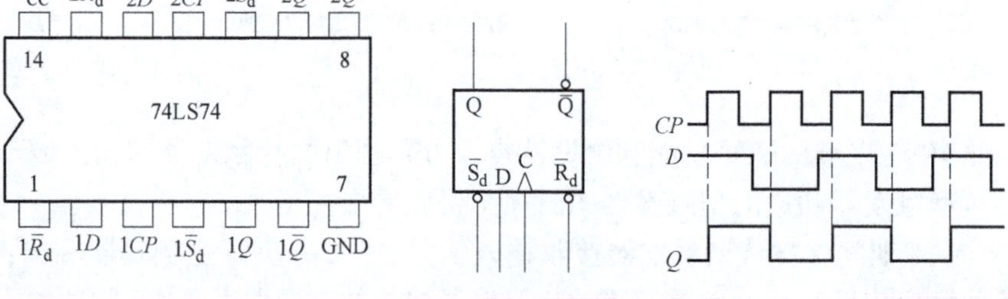

a) 74LS74外引线端子　　b) 逻辑符号　　c) 时序图

图 2-12　双上升沿触发的 D 触发器

输入端没有小圆圈，表示上升沿触发，图 2-12c 为其时序图。

2. T 触发器

把 JK 触发器的 J、K 端连接起来作为 T 端输入，则构成 T 触发器，如图 2-13 所示。T 触发器的逻辑功能是：$T=1$ 时，每来一个 CP 脉冲，触发器状态翻转一次，为计数工作状态；$T=0$ 时，保持原状态不变，即该触发器具有可控制计数功能。表 2-7 为 T 触发器的状态表。

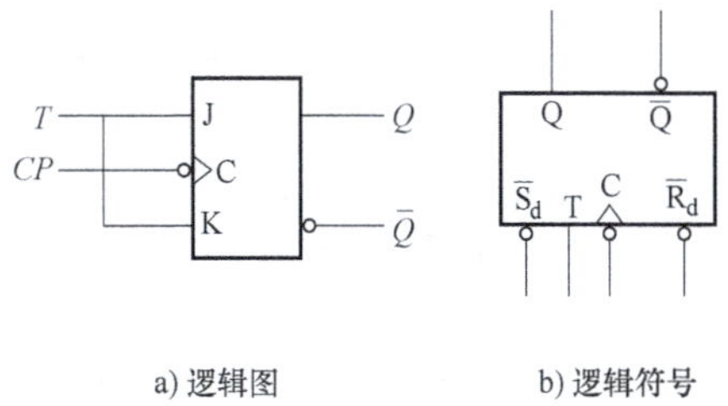

图 2-13 T 触发器

表 2-7 T 触发器的状态表

T	Q^{n+1}	T	Q^{n+1}
0	Q^n	1	$\overline{Q}^n$

3. T′触发器

若将 T 触发器的输入端 T 接成固定高电平“1”，则 T 触发器就变成了翻转型触发器或计数型触发器，每来一个 CP 脉冲，触发器状态就改变一次，这样的 T 触发器有些资料上称其为 T′触发器。

将 D 触发器的 $\overline{Q}$ 端接至 D 输入端，可构成 T′触发器，如图 2-14 所示。

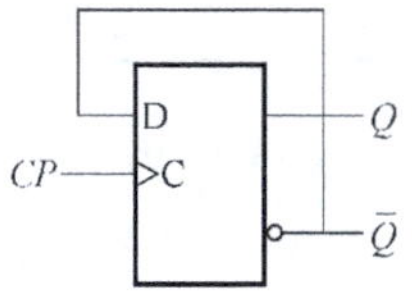

图 2-14 由 D 触发器转换的 T′触发器

实际应用的触发器电路中不存在 T 和 T′触发器，而是由其它功能的触发器转换而来的。

2.2.3 触发器使用注意事项

1. 品种和类型

目前，市场上出现的触发器按工艺分有 TTL、CMOS4000 系列和高速 CMOS 系列等，其中 TTL 电路中 LS 系列的市场占有率最高。

LS 系列的 TTL 触发器具有高速、低功耗的特点，工作电源为 4.5 ~ 5.5V。CMOS4000 系列具有微功耗、抗干扰性能强的特点，工作电源一般为 3 ~ 18V，但其工作速度较低，一般小于 5MHz。高速 CMOS 系列保持了 CMOS4000 系列的微功耗特性，速度与 LS 系列 TTL 电路相当，可达 50MHz，外引线端子与相同代号的 TTL 电路相同。高速 CMOS 系列有两个常用的子系列：HC 系列，工作电源为 2 ~ 6V；HCT 系列，与 TTL 电路兼容，工作电源为 4.5 ~ 5.5V。

2. 触发器的逻辑符号

实用的触发器种类繁多，各种功能的触发器又具有不同的电路结构。因而，对于一般使用者来说，熟悉触发器逻辑符号的定义规律对分析电路功能和实际应用是有帮助的。现将各种触发器的逻辑符号列于表 2-8。鉴于目前器件手册及部分教科书中仍采用惯用符号，因此将惯用符号和本书采用的新标准符号一起列出，以便对照。

表 2-8 触发器的逻辑符号

触发器类型	由与非门构成的基本 RS 触发器	由或非门构成的基本 RS 触发器	同步式时钟触发器(以 RS 功能触发器为例)	维持阻塞触发器和上升沿触发的边沿触发器(以 D 功能触发器为例)	边沿型触发器及下降沿触发的维持阻塞触发器(以 JK 功能触发器为例)	主从型触发器(以 JK 功能触发器为例)
惯用符号	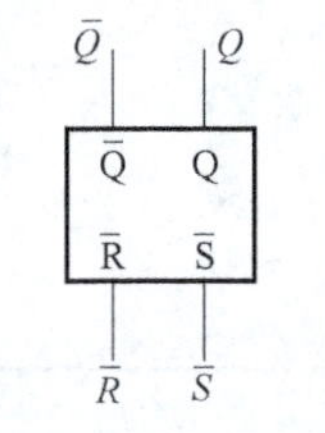	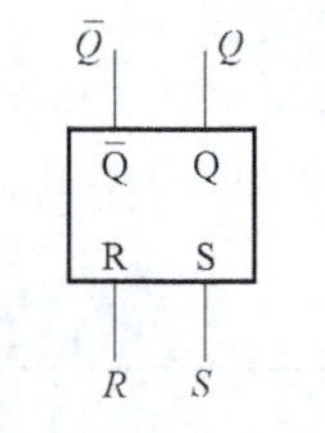	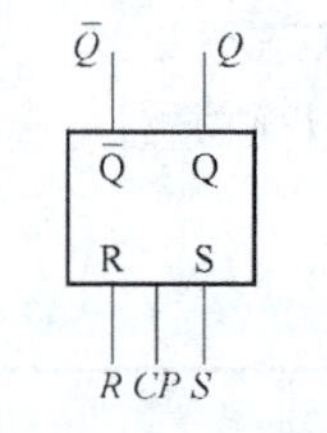	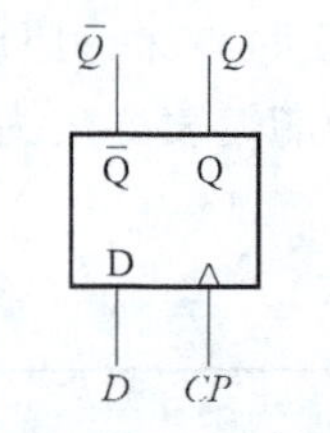	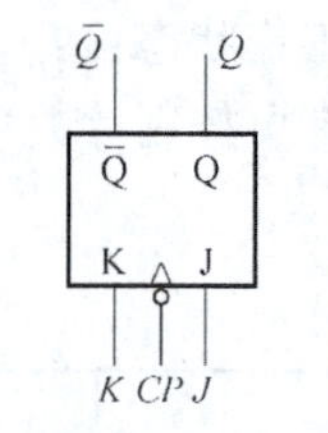	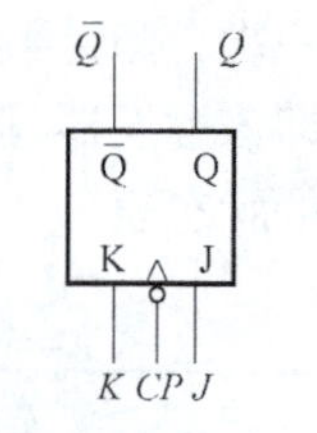
新标准符号	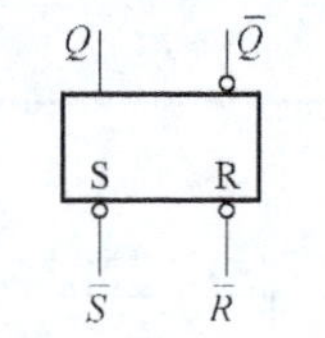	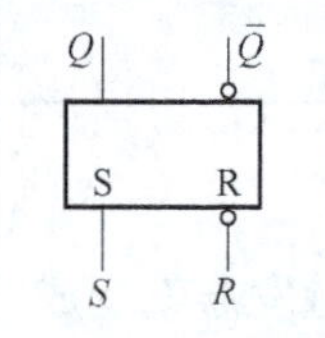	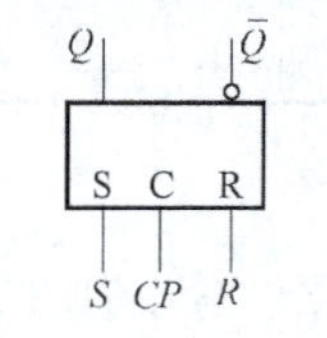	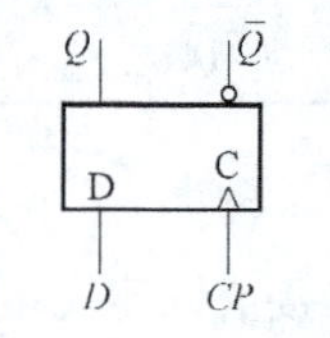	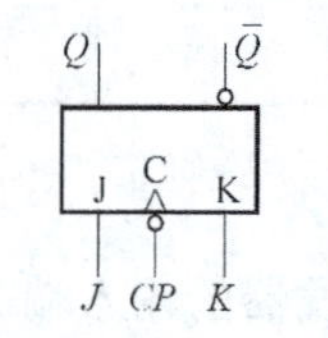	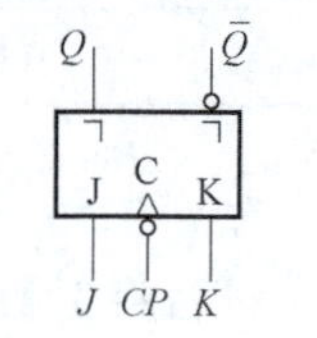

从表中可以看出：触发器逻辑符号中 CP 端加“>”（或“∧”），表示边沿触发；不加“>”则表示电平触发。CP 端加入“>”且有“○”表示下降沿触发；不加“○”表示上升沿触发。

表 2-8 中，用惯用符号表示主从型 JK 触发器与边沿型触发器是相同的，但在新标准符号中则能表示出主从型触发器的特点：CP 端不加“>”也不加“○”，表示为高电平时主触发器接受输入控制信号并决定主触发器输出；输出端 $\overline{Q}$ 和 Q 加“¬”表示 CP 脉冲由高电平变为低电平时，从触发器向主触发器看齐，表示延迟输出。

想一想：

1. 如何将 JK 触发器转换为 D 触发器、T 触发器？
2. 写出 JK 触发器、D 触发器及 T′触发器的特性方程。

任务 1 抢答器电路的仿真

任务要求：

用四个开关、两个 74LS00 二输入与非门、两个 74LS20 四输入与非门和灯泡模拟一个带总清零及抢答控制开关的三人抢答器。J_1 为总清零及抢答控制开关，当被按下时抢答电路清零，松开后则允许抢答。由抢答开关 J_2 ~ J_4 实现抢答信号的输入。当 J_2 ~ J_4 中的任何一个开关被按下时，即有抢答信号输入，与之对应的指示灯被点亮。此时再按其它任何一个抢答开关均无效，指示灯仍“保持”第 1 个开关按下时所对应的状态不变。

任务目标：

- 学会用开关、74LS00、74LS20、灯泡等组成三人抢答器；
- 熟悉 Multisim 10 的操作环境，掌握用 Multisim 10 对三人抢答器进行仿真。

仿真内容：

1）启动 Multisim 10，单击电子仿真软件 Multisim 10 基本界面元器件工具条上的“Place TTL”按钮，从弹出的对话框“Family”栏中选择“74LS”，再在“Component”栏中选取二输入与非门“74LS00N”两个、四输入与非门“74LS20N”两个，将它们放置在电子平台上。

2）单击元器件工具条上的“Place Indicator”按钮，从弹出的对话框“Family”栏中选择“LAMP”，再在“Component”栏中选取“5V _1W”，如图 2-15 所示，单击对话框右上角的“OK”按钮，将灯泡放置在电子平台上。

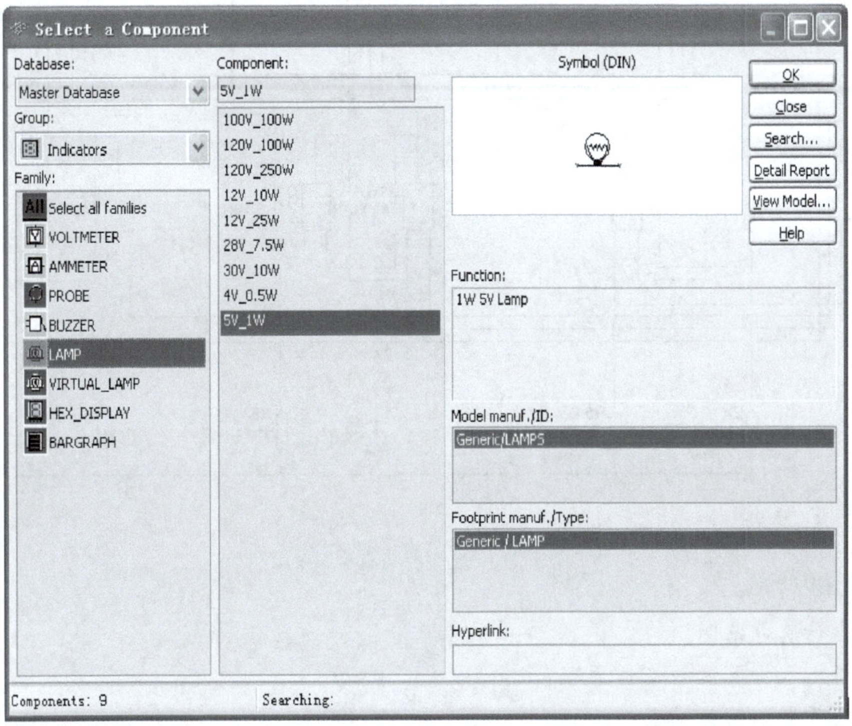

图 2-15　仿真软件中元器件的选择

3）将其它元器件全部选好，并按图 2-16 连成仿真电路。

4）开启仿真开关，将仿真结果记录在表 2-9 中，并分析仿真结果。

表 2-9　抢答器仿真结果记录表

输　入				输出（灯亮记为“1”、灯灭记为“0”）		
J_1	J_2	J_3	J_4	X_2	X_3	X_4
0	×	×	×			
0→1	1	0	0			
0→1	0	1	0			
0→1	0	0	1			

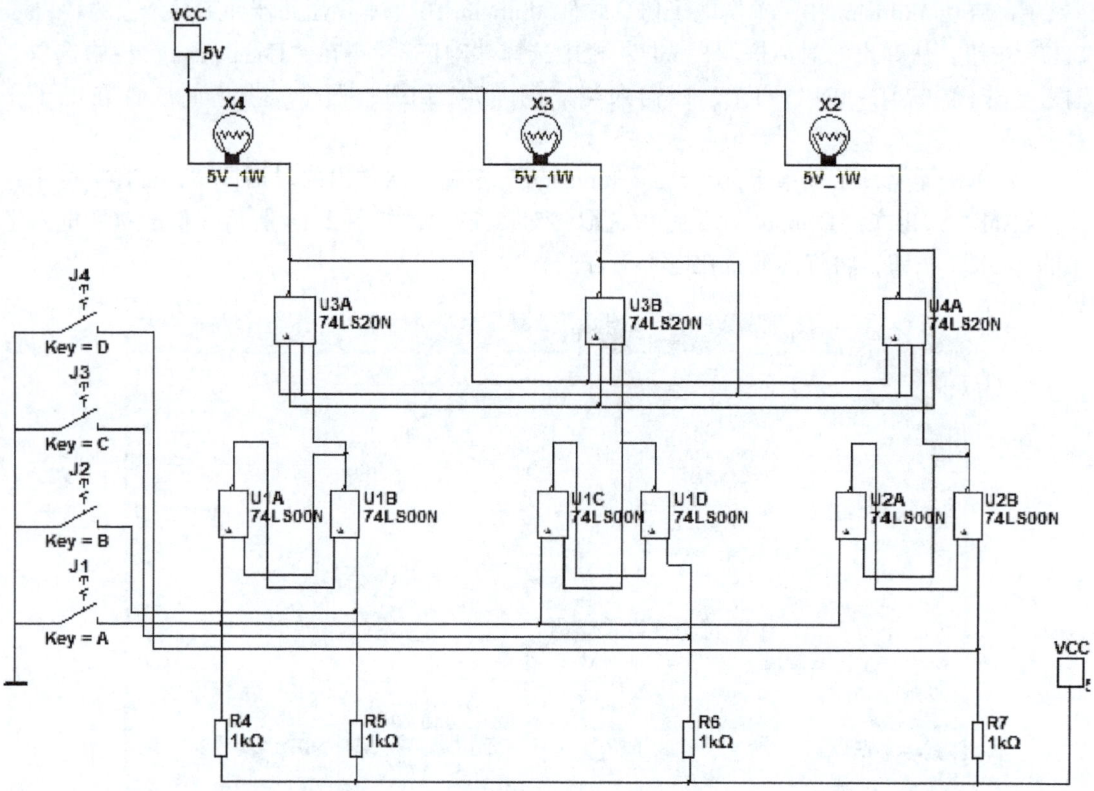

图 2-16　抢答器仿真电路图

实训报告：

1. 画出仿真电路图。
2. 分析三人抢答器的工作原理。
3. 记录并分析仿真结果。

分析与讨论：

1. 总结本次仿真实训中遇到的问题及其解决方法。
2. 要实现四人抢答器，上面的仿真电路会有哪些修改？

任务 2　抢答器电路的设计与调试

任务要求：

结合触发器的功能特点，用 RS 触发器设计一个具有记忆功能的三人抢答器电路。

任务目标：

■ 掌握常用逻辑门电路的功能与应用；

■ 正确连接电路并实现其逻辑功能。

2.4.1 电路功能介绍

抢答器电路如图 2-17 所示，S 为手动清零控制开关，S_1 ~ S_3 为抢答开关。

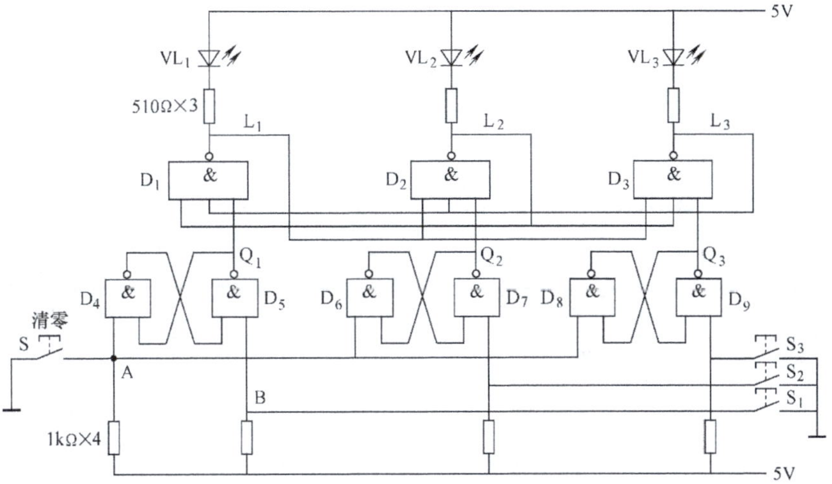

图 2-17 抢答器电路

该电路具有如下功能：

1）开关 S 为总清零及抢答控制开关(可由主持人控制)。当开关 S 被按下时抢答电路清零，松开后则允许抢答。由抢答开关 S_1 ~ S_3 实现抢答信号的输入。

2）当有抢答信号输入(开关 S_1 ~ S_3 中的任何一个开关被按下)时，与之对应的指示灯被点亮。此时再按其它任何一个抢答开关均无效，指示灯仍“保持”第 1 个开关按下时所对应的状态不变。

2.4.2 电路连接与调试

1. 电路连接

检测所用的芯片(74LS00、74LS20)，按图 2-17 连接电路。先在电路板上插接好 IC 芯片。在插接器件时，要注意 IC 芯片的豁口方向(都朝左侧)，同时要保证 IC 芯片的引脚与插座接触良好，引脚不能弯曲或折断。指示灯的正、负极不能接反。在通电前先用万用表检查各 IC 芯片的电源接线是否正确。

2. 电路调试

首先按抢答器功能进行操作，若电路满足要求，则说明电路没有故障；若某些功能不能实现，就要设法查找并排除故障。排除故障可按信号流程的正向(由输入到输出)查找，也可按信号流程的逆向(由输出到输入)查找。

例如，当有抢答信号输入时，观察对应指示灯是否点亮，若不亮，则可用万用表分别测量相关与非门输入、输出端电平状态是否正确，由此检查线路的连接及芯片的好坏。

若抢答开关按下时指示灯亮，松开时又灭掉，则说明电路不能保持，此时应检查与非门相互间的连接是否正确，直至排除全部故障为止。

3. 电路功能试验

1）按下清零开关S后，所有指示灯灭。

2）按下 S_1 ~ S_3 中的任何一个开关（如 S_1），与之对应的指示灯（VL_1）应被点亮，此时再按其它开关均无效。

3）按下总清零开关S，所有指示灯应全部熄灭。

4）重复步骤2）和3），依次检查各指示灯是否被点亮。

将测试结果记录到表2-10中。

表2-10　逻辑功能表

S	S_3	S_2	S_1	Q_3	Q_2	Q_1	L_3	L_2	L_1
0	0	0	1						
0	0	1	0						
0	1	0	0						
0	0	0	0						
1	0	0	1						
1	0	1	0						
1	1	0	0						
1	0	0	0						

想一想：

1. 若改成六路抢答器，则电路将有哪些改动？
2. 能否增加其它功能，使抢答器更加实用？

项目小结

触发器是数字逻辑电路的基本单元电路，一般定义 Q 端的状态为触发器的输出状态，它有0和1两个稳定的工作状态。当没有外加信号作用时，触发器维持原来的稳定状态不变，在一定外加信号作用下，可以从一个稳态转变为另一个稳态。触发器可用于存储二进制数据。

触发器的种类很多，按逻辑功能分常见的有RS触发器、JK触发器、D触发器、T触发器及T′触发器等；按触发方式分常见的有电平触发、主从触发和边沿触发等。

RS触发器是一个基本的触发器，JK触发器和D触发器是两个应用较多的触发器，学习时要掌握它们的逻辑功能表。要牢记：触发器的翻转条件是由触发输入与时钟脉冲共同决定的，即当时钟脉冲作用时触发器可能翻转，而是否翻转和如何翻转则取决于触发器的输入。

触发器的逻辑功能可用状态表、激励表、特性方程、状态图和时序图来表示。

目前，各种触发器大多通过集成电路来实现。对这类集成电路的内部情况不必十分关心，因为学习数字电路的目的不是设计集成电路的内部电路。学习时，只需将集成电路触发器视为一个整体，掌握它所具有的功能、特点等外部特性，能够合理选择并正确使用各种集成电路触发器就可以了。

思考与练习

2.1　一个 N 进制计数器也可以称为________分频器。

2.2　设 JK 触发器的初态 $Q^n=1$，若令 $J=1$、$K=0$，则 $Q^{n+1}=$__________；若令 $J=1$、$K=1$，则 $Q^{n+1}=$_________。

2.3　T 触发器是在 CP 脉冲作用下，具有________和________功能的触发器。

2.4　JK 触发器的特性方程为________，D 触发器的特性方程为________。

2.5　已知下降沿触发的边沿 JK 触发器的 CP、J、K 波形如图 2-18 所示，设初态 $Q=0$，试画出在 CP 脉冲作用下输出端 Q 的波形。

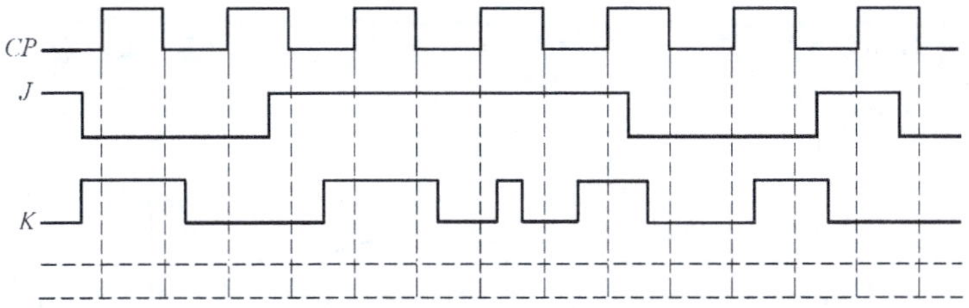

图 2-18　思考与练习 2.5 图

2.6　已知下降沿触发的边沿 D 触发器的输入波形如图 2-19 所示，设初态 $Q=0$，试画出在 CP 脉冲作用下相应的输出波形。

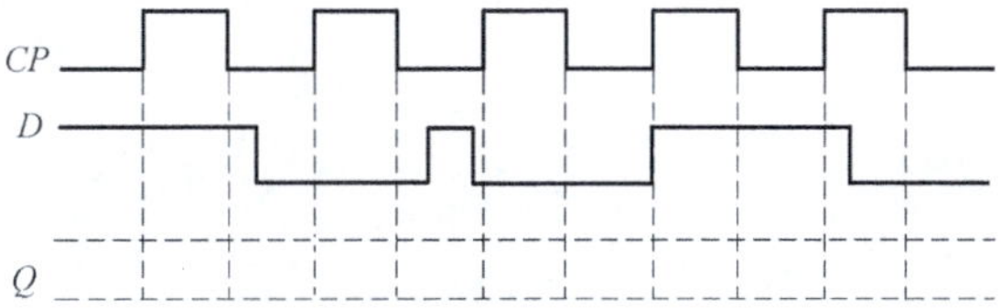

图 2-19　思考与练习 2.6 图

2.7　有一上升沿触发的边沿 D 触发器，已知 D 端的输入波形如图 2-20 所示，设 Q 的初始值为 0，试画出在 CP 脉冲作用下相应的输出波形。

2.8　已知 D 触发器的 D 端和 CP 端电压波形如图 2-21 所示，试画出 Q 端的输出信号（设初态为 1）。

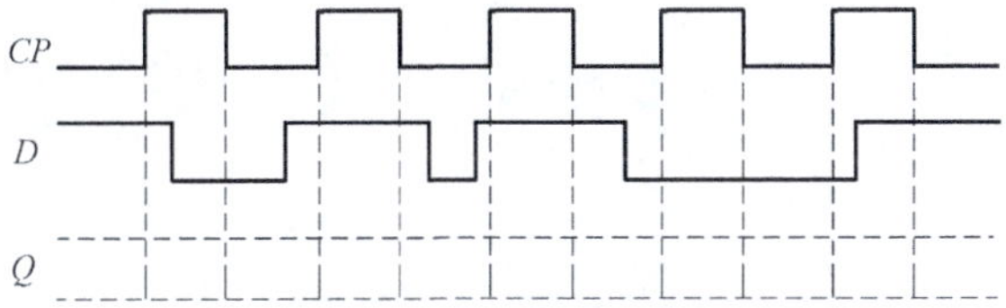

图 2-20　思考与练习 2.7 图

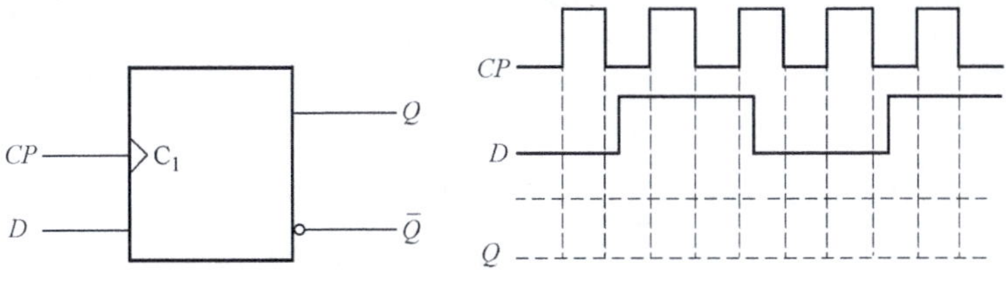

图 2-21　思考与练习 2.8 图

2.9　电路如图 2-22 所示，已知 CP 端和 A 端的波形，设 D 触发器初态 $Q=0$，试画出 D 端和 Q 端的波形。

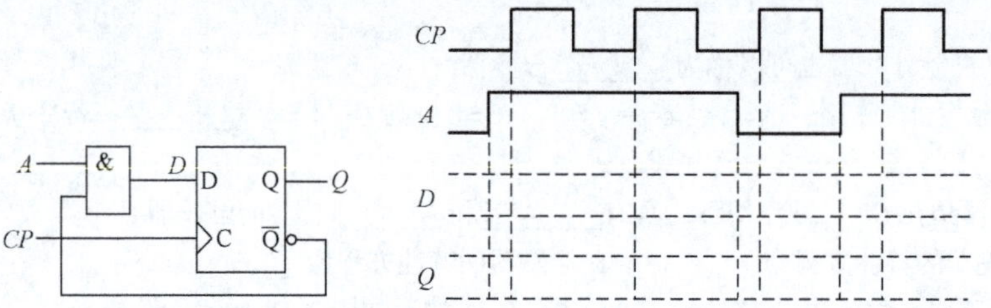

a) 逻辑图　　b) 波形图

图 2-22　思考与练习 2.9 图

2.10　图 2-23 中各触发器的初态均为 0，试画出在连续时钟脉冲作用下，输出端的波形。

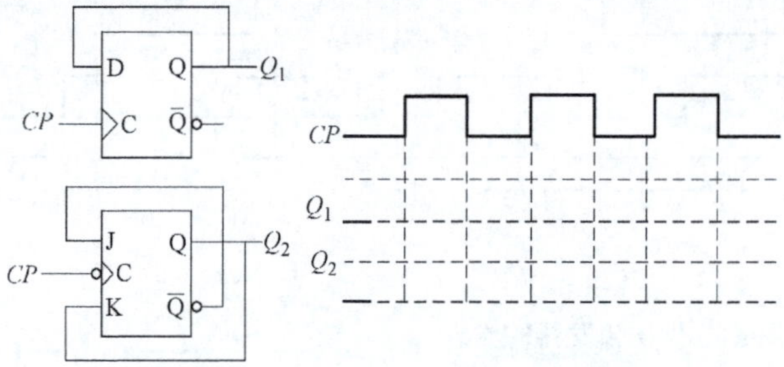

a) 逻辑图　　b) 波形图

图 2-23　思考与练习 2.10 图

项目3 数码显示电路设计与装调

引言 数码显示电路是电子系统中必不可少的组成单元，通过数码显示电路，可以方便读者更直观地了解电路中的参数性能等。数码显示电路的学习成为数字电子技术学习中的一个重要环节。

本项目介绍了组合逻辑电路的基本特点、基本概念和分析设计方法；介绍了组合逻辑电路中带有特征意义的编码器电路、译码器电路、数据选择器和数据分配器电路等，为本项目的实现打好坚实的理论基础，在此基础之上完成本项目的电路设计与装调。

◆ 项目要求：

用组合逻辑电路设计一个能够显示数字信号的电路。

◆ 项目目标：

- 掌握组合逻辑电路的功能和电路结构的特点；
- 掌握组合逻辑电路的分析和设计方法；
- 掌握几种常用组合逻辑电路的基本功能和使用方法；
- 运用组合逻辑电路的知识完成项目要求。

◆ 项目介绍：

在数字系统中信号都以二进制数形式表示，并以各种编码的形态传递或保存。本项目将数字系统中的各种数码，通过数码显示电路直观地以十进制数形式显示出来。

数码显示电路的实现有多种途径，其基本思路就是将数字信号进行译码，使译码结果驱动七段数码显示管，显示出与输入相对应的十进制数或符号。

能实现数码显示的方法有很多种，通过本项目各专题的介绍，最终将给出数码显示电路的一种方案。通过这种方案的实现，可以更好地理解数码显示电路。

数码显示电路在实际生活中随处可见。例如，红绿灯的剩余时间显示电路，可以用数字倒计时显示出红绿灯的持续时间；医院病房的呼叫系统也有数码显示电路，显示呼叫发出者的房间、床号信息等。通过本项目的简单数码显示电路，大家可以自行设计日常生活中的各种常见数码显示电路。

专题1 组合逻辑电路

专题要求：

在学习组合逻辑电路分析方法和设计方法的基础上，能够独立设计简单组合逻辑电路。

专题目标：

- 了解组合逻辑电路的基本概念；
- 掌握组合逻辑电路的分析方法；
- 掌握组合逻辑电路的设计方法；
- 熟悉加法器的工作原理。

3.1.1　组合逻辑电路的概念

在逻辑电路中，任意时刻的输出状态只取决于该时刻的输入状态，而与输入信号作用之前的电路状态无关，这种电路称为组合逻辑电路，如图3-1所示。

由图3-1可以看出，组合逻辑电路可以有多个输入端、多个输出端。输出与输入之间的关系可以表示为

$$\begin{cases} Y_1 = f_1(A_1, A_2, \cdots, A_n) \\ Y_2 = f_2(A_1, A_2, \cdots, A_n) \\ \vdots \\ Y_n = f_n(A_1, A_2, \cdots, A_n) \end{cases}$$

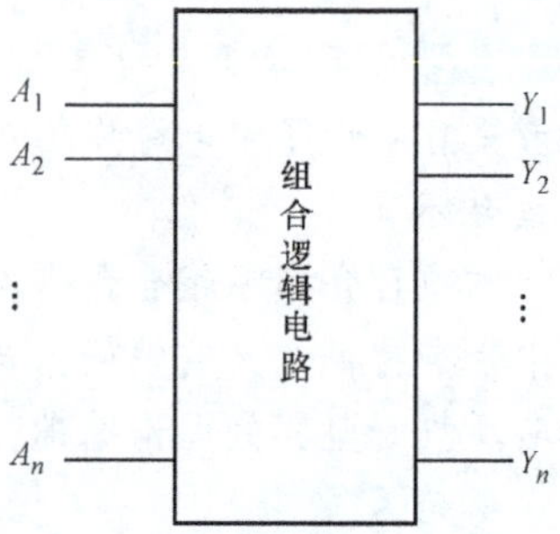

图3-1　组合逻辑电路示意图

组合逻辑电路由各类最基本的逻辑门电路组合而成。

特点：电路的输出值只与当时的输入值有关，没有记忆功能(即电路结构中没有存储单元)，输出状态随着输入状态的变化而变化，类似于电阻性电路，加法器、译码器、编码器、数据选择器等都属于此类。

3.1.2　组合逻辑电路的分析方法

组合逻辑电路的分析就是根据给定的逻辑电路，通过分析找出电路的逻辑功能，或是检验所设计的电路是否能实现预定的逻辑功能，并对功能进行表示。分析的一般步骤如下：

(1) 根据逻辑图写出输出逻辑表达式　由输入端逐级向后推(或从输出端向前推到输入端)，写出每个门的输出逻辑表达式，最后写出组合逻辑电路的输出与输入之间的逻辑表达式。有时需要对逻辑表达式进行适当的化简或变换，以使逻辑关系简单明了。

(2) 列出真值表　列出输入逻辑变量的全部取值组合，求出对应的输出值，列出真值表。

(3) 说明电路的逻辑功能　根据逻辑表达式或真值表确定电路的逻辑功能，并对功能进行表示。

组合逻辑电路的分析步骤如图3-2所示。

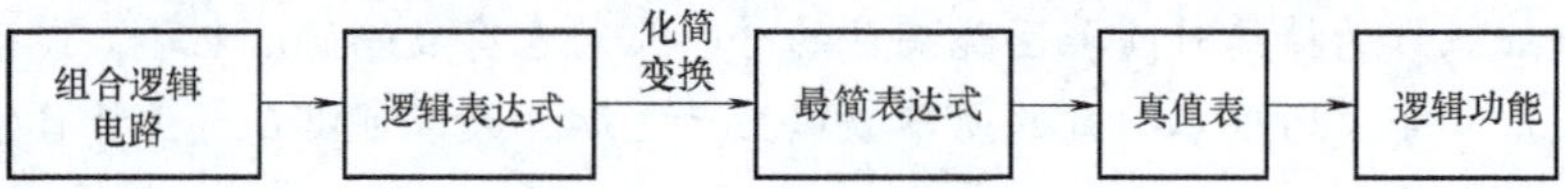

图3-2　组合逻辑电路的分析步骤

【例3.1】　组合逻辑电路如图3-3所示，试分析该电路的逻辑功能。

解： 1) 由逻辑图逐级写出输出逻辑表达式。为了写表达式方便，借助中间变量 P。

$$P = \overline{ABC}$$

$$\begin{aligned} L &= AP + BP + CP \\ &= A\,\overline{ABC} + B\,\overline{ABC} + C\,\overline{ABC} \end{aligned}$$

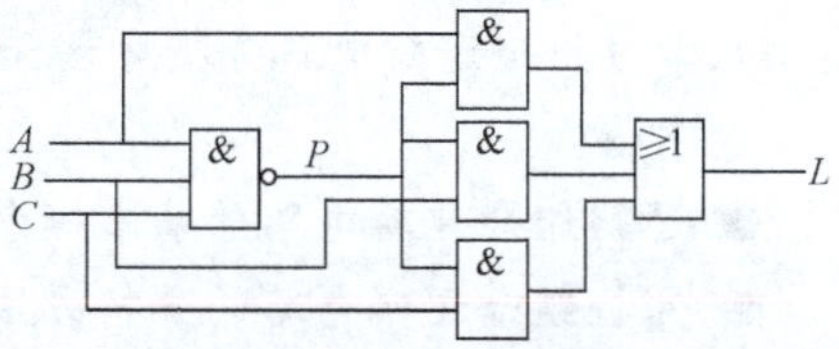

图3-3　例3.1电路图

2) 化简与变换：

$$L = \overline{ABC}(A+B+C) = \overline{ABC + \overline{A+B+C}} = \overline{ABC + \bar{A}\bar{B}\bar{C}}$$

3) 由逻辑表达式列出真值表，见表3-1。

表 3-1　例 3.1 真值表

A	B	C	L	A	B	C	L
0	0	0	0	1	0	0	1
0	0	1	1	1	0	1	1
0	1	0	1	1	1	0	1
0	1	1	1	1	1	1	0

4）分析逻辑功能。当 A、B、C 三个变量不一致时，电路输出为“1”，所以这个电路称为“判一致电路”。

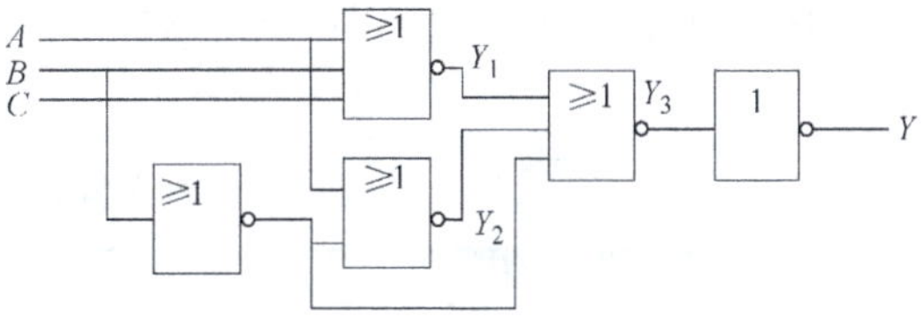

图 3-4　例 3.2 电路图

【例 3.2】　组合逻辑电路如图 3-4 所示，试分析其逻辑功能。

解：1）由逻辑图写出输出逻辑表达式：

$$Y_1 = \overline{A+B+C} \qquad Y_2 = \overline{A+\overline{B}} \qquad Y_3 = \overline{Y_1+Y_2+\overline{B}}$$

$$Y = \overline{Y_3} = Y_1 + Y_2 + \overline{B} = \overline{A+B+C} + \overline{A+\overline{B}} + \overline{B}$$

2）变换与化简：

$$Y = \overline{A}\,\overline{B}\,\overline{C} + \overline{A}B + \overline{B} = \overline{A}B + \overline{B} = \overline{A} + \overline{B}$$

3）列真值表，见表 3-2。

表 3-2　例 3.2 真值表

A	B	C	Y	A	B	C	Y
0	0	0	1	1	0	0	1
0	0	1	1	1	0	1	1
0	1	0	1	1	1	0	0
0	1	1	1	1	1	1	0

4）电路的逻辑功能。电路的输出 Y 只与输入 A、B 有关，而与输入 C 无关。Y 和 A、B 的逻辑关系为：A、B 中只要一个为 0，$Y=1$；A、B 全为 1 时，$Y=0$。所以 Y 和 A、B 的逻辑关系为与非运算的关系。

3.1.3　组合逻辑电路的设计方法

组合逻辑电路的设计就是根据给定的逻辑要求，求出最合理地实现该逻辑功能的逻辑图。最合理指的是以电路简单，所用器件个数最少，而且连线最少为目标，即逻辑表达式中乘积项的个数最少，且乘积项中变量的个数也最少。因此，在设计过程中要用到前面介绍的公式化简法和卡诺图化简法来化简或转换逻辑函数。根据以上要求，设计组合逻辑电路的一般步骤大致如下：

（1）根据对电路逻辑功能的要求，列出真值表　在列真值表之前，要根据给出的逻辑功能选定哪些作为逻辑变量(一般把原因、条件等作为逻辑变量)，哪些作为逻辑函数(把结果作为逻辑函数)，并且要给这些逻辑变量和逻辑函数赋值(规定 0、1 的具体含义)。这是列真值表的依据，是必不可少的。

(2) 由真值表写出逻辑表达式　如果用公式化简法对逻辑函数进行化简，则必须写出逻辑表达式，然后再化简；如果用卡诺图化简法进行化简，则可以由真值表直接填卡诺图。

(3) 简化和变换逻辑表达式，从而画出逻辑图　对逻辑函数进行化简，可以得到最简单的逻辑表达式，使设计出来的电路最合理。如果对电路有特殊的要求，例如只可以用与非门实现逻辑函数，就需要对得到的最简单的与或表达式进行相应的变换。

组合逻辑电路的设计步骤如图 3-5 所示。

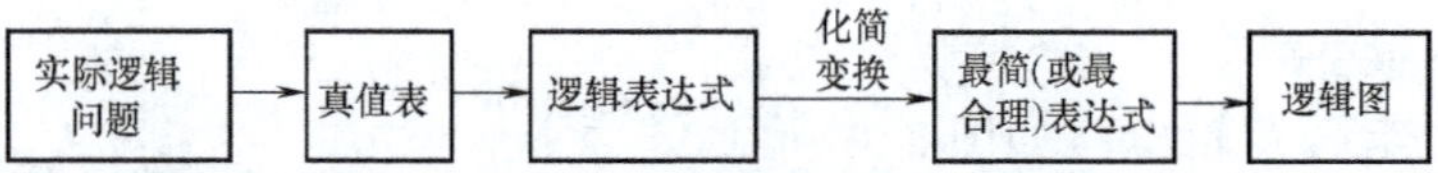

图 3-5　组合逻辑电路的设计步骤

从组合逻辑电路的设计过程中可以看出其与分析过程恰好相反。

【例 3.3】　设计一个三人表决器电路，结果按“少数服从多数”的原则决定。

解： 1) 根据设计要求建立该逻辑函数的真值表。设三人的意见为变量 A、B、C，表决结果为函数 L。对变量及函数进行如下状态赋值：对于变量 A、B、C，设同意为逻辑“1”，不同意为逻辑“0”。对于函数 L，设事情通过为逻辑“1”，没通过为逻辑“0”。列出真值表，见表 3-3。

表 3-3　例 3.3 真值表

A	*B*	*C*	*L*	*A*	*B*	*C*	*L*
0	0	0	0	1	0	0	0
0	0	1	0	1	0	1	1
0	1	0	0	1	1	0	1
0	1	1	1	1	1	1	1

2) 由真值表写出逻辑表达式：$L=\overline{A}BC+A\overline{B}C+AB\overline{C}+ABC$。该逻辑表达式不是最简的。

3) 化简。由于卡诺图化简法较方便，故一般用卡诺图化简法进行化简。将该逻辑函数填入卡诺图，如图 3-6 所示。合并最小项，得最简与或表达式：$L=AB+BC+AC$。

4) 画出逻辑图如图 3-7a 所示。

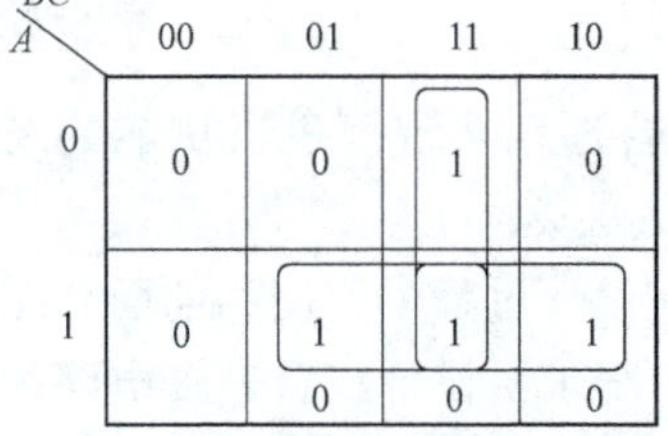

图 3-6　例 3.3 逻辑表达式的卡诺图化简

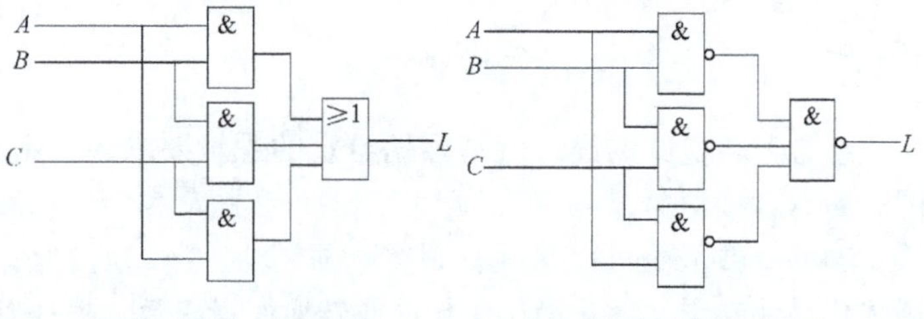

a) 与或门实现的三人表决器　　b) 与非门实现的三人表决器

图 3-7　例 3.3 逻辑图

如果要求用与非门实现该逻辑电路，就应将表达式转换成与非表达式：

$$L = AB + BC + AC = \overline{\overline{AB} \cdot \overline{BC} \cdot \overline{AC}}$$

由表达式画出逻辑图，如图3-7b所示。

【例3.4】 用与非门设计一个楼上、楼下开关的控制逻辑电路，来控制楼梯上的电灯。在上楼前用楼下开关打开电灯，上楼后用楼上开关关灭电灯；或者在下楼前用楼上开关打开电灯，下楼后用楼下开关关灭电灯。

解： 1）列真值表。设楼上开关为A，楼下开关为B，灯泡为Y。并设A、B闭合时为1，断开时为0；灯亮时Y为1，灯灭时Y为0。根据逻辑要求列出真值表，见表3-4。

表3-4　例3.4真值表

A	B	Y	A	B	Y
0	0	0	1	0	1
0	1	1	1	1	0

2）由真值表写出逻辑表达式：

$$Y = \overline{A}B + A\overline{B}$$

3）变换：

$$Y = \overline{\overline{\overline{A}B} \cdot \overline{A\overline{B}}}$$

4）画出逻辑图，如图3-8所示。

此设计也可由异或门实现，如图3-9所示。

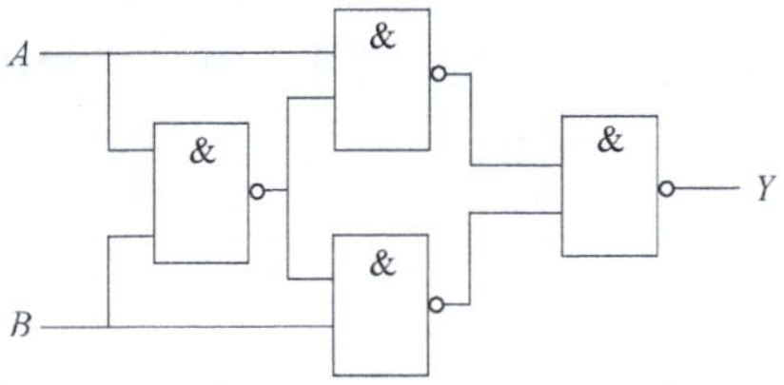

图3-8　例3.4逻辑图

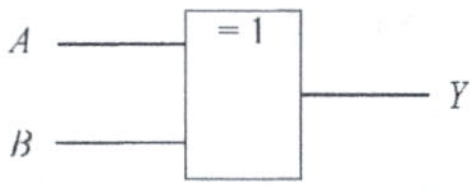

图3-9　用异或门实现的逻辑图

【例3.5】 设计一个电话机信号控制电路，电路有I_0（火警）、I_1（盗警）和I_2（日常业务）三种输入信号，通过排队电路分别从L_0、L_1、L_2输出，在同一时间只能有一个信号通过。如果同时有两个以上信号出现，应首先接通火警信号，其次为盗警信号，最后是日常业务信号。试按照上述轻重缓急设计该信号控制电路，要求用与非门实现。

解： 1）列真值表，见表3-5。对于输入，设有信号为逻辑“1”，无信号为逻辑“0”。对于输出，设允许通过为逻辑“1”，不允许通过为逻辑“0”。

表3-5　例3.5真值表

输入			输出			输入			输出		
I_0	I_1	I_2	L_0	L_1	L_2	I_0	I_1	I_2	L_0	L_1	L_2
0	0	0	0	0	0	0	1	×	0	1	0
1	×	×	1	0	0	0	0	1	0	0	1

2）由真值表写出各输出的逻辑表达式：

$$L_0 = I_0 \qquad L_1 = \bar{I}_0 I_1 \qquad L_2 = \bar{I}_0 \bar{I}_1 I_2$$

这三个表达式已经是最简了，无需化简。但需要同时用非门和与门实现，且 L_2 需要用三输入与门才能实现，故不符合设计要求。

3）根据要求，将上式转换为与非表达式：

$$L_0 = I_0$$

$$L_1 = \overline{\overline{\bar{I}_0 I_1}}$$

$$L_2 = \overline{\overline{\bar{I}_0 \bar{I}_1 I_2}} = \overline{\overline{\overline{\overline{\bar{I}_0 \bar{I}_1}} \cdot I_2}}$$

4）画出逻辑图，如图3-10所示。

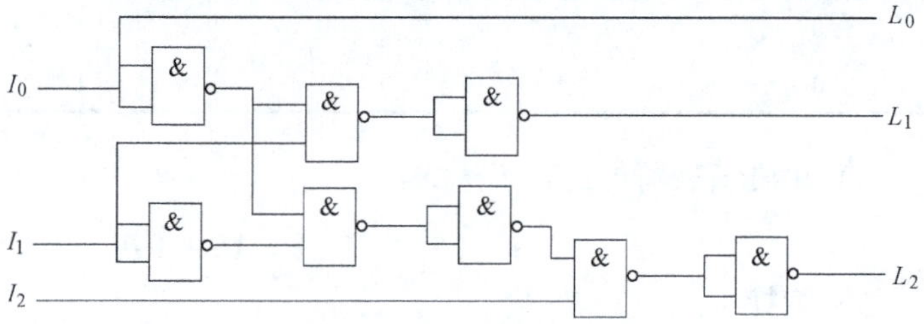

图 3-10　例 3.5 逻辑图

可见，在实际设计逻辑电路时，有时并不是表达式最简单，就能满足设计要求，还应考虑所使用集成器件的种类，将表达式转换为能用所要求的集成器件实现的形式，并尽量使所用集成器件最少，就是设计步骤框图中所说的“最合理表达式”。

3.1.4　加法器

完成二进制数加法运算的单元电路称为加法器。在数字系统中算术运算都是利用加法进行的，因此加法器是数字系统中最基本的运算单元。加法器按照所实现的逻辑功能不同，分为半加器和全加器。

1. 1 位加法器

（1）半加器　半加指的是只考虑将两个二进制数相加，不考虑低位向本位的进位。实现半加逻辑功能的单元电路称为半加器。半加器不考虑低位向本位的进位，因此它有两个输入端和两个输出端。设加数(输入端)为 A、B，和为 S，向高位的进位为 C_o。半加器的真值表见表 3-6。

表 3-6　半加器的真值表

输　入		输　出		输　入		输　出	
A	B	S	C_o	A	B	S	C_o
0	0	0	0	1	0	1	0
0	1	1	0	1	1	0	1

由真值表写出各输出的逻辑表达式为

$$S = \bar{A}B + A\bar{B}$$

$$C_o = AB$$

画出半加器的逻辑图，如图 3-11a 所示(用异或门和与门构成)，半加器的逻辑符号如图 3-11b 所示。

(2) 全加器　两个多位二进制数进行加法运算时，除了最低一位(可以使用半加器)以外，每一位相加时，不仅需要考虑两个加数的相加，还要考虑低位向本位的进位，即两个加数和低位的进位，三个数相加。这样的加法称为全加。完成全加逻辑功能的单元电路称为全加器。设一个加数为 A，另一个加数为 B，用 C_i 表示低位向本位的进位，和为 S，向高位的进位为 C_o。全加器的真值表见表 3-7。

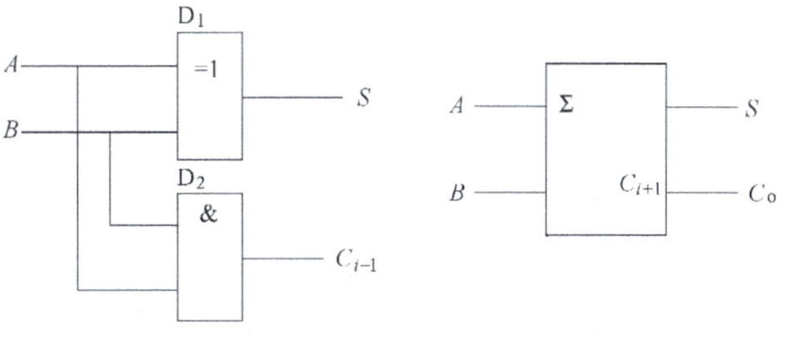

a) 逻辑图　　b) 逻辑符号

图 3-11　半加器的逻辑图及逻辑符号

表 3-7　全加器的真值表

输入			输出		输入			输出	
A	B	C_i	S	C_o	A	B	C_i	S	C_o
0	0	0	0	0	1	0	0	1	0
0	0	1	1	0	1	0	1	0	1
0	1	0	1	0	1	1	0	0	1
0	1	1	0	1	1	1	1	1	1

从真值表可得到如下逻辑表达式：

$$S=\sum m(1,2,4,7)$$

$$C_o=\sum m(3,5,6,7)$$

化简后为

$$S=A\oplus B\oplus C_i$$

$$C_o=AB+AC_i+BC_i$$

由逻辑表达式可画出全加器的逻辑图及逻辑符号，如图 3-12 所示。

该电路能完成 1 位二进制数的全加运算，所以为全加器。全加器和半加器的主要区别在于半加器不考虑低位送来的进位，全加器要考虑低位送来的进位。

2. 多位加法器

(1) 串行进位加法器　两个多位二进制数进行加法运算时，上述的 1 位二进制数加法器是不能完成的，必须把多个这样的全加器连接起来使用。由全加器的串联可构成 n 位加法器，每个全加器表示 1 位二进制数，构成方法是依次将低位全加器的进位输出端 CO 连接到高位全加器的进位输入端 CI。对于这种加法器，每一位的相加结果都必须等到低位的进位产生之后才能形成，即进位在各级之间是串联关系，所以称为串行进位加法器，其结构示意图如图 3-13 所示。

由于此电路的进位是从低位到高位依次连接而成的，必须等到低位的进位产生并送到相邻的高位以后，相邻的高位才能进行加法运算，所以这种加法器的运算速度比较慢，只能用于对工作速度要求不高的场合。但这种形式的加法器具有结构简单的优点。

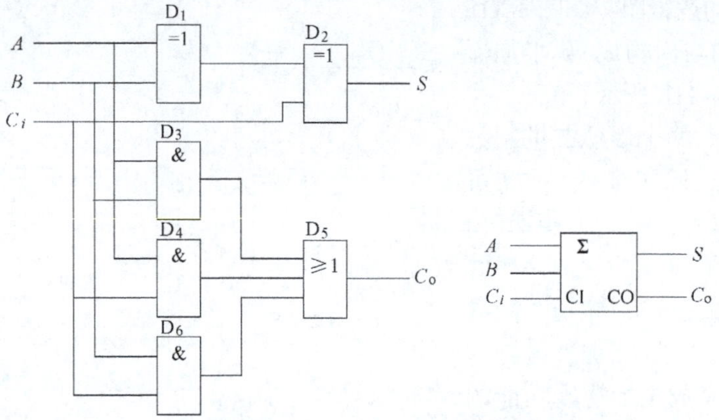

a) 逻辑图　　　b) 逻辑符号

图 3-12　全加器的逻辑图及逻辑符号

(2) 先行进位加法器　为了提高运算速度，必须设法减小由于进位引起的时间延迟，方法就是事先由两个加数构成各级加法器所需要的进位。集成加法器 74LS283 就是先行进位加法器，其逻辑符号如图 3-14 所示。

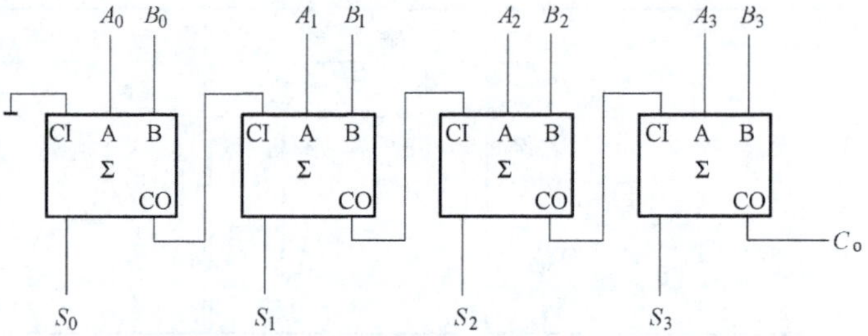

图 3-13　串行进位加法器的结构示意图

74LS283 执行两个 4 位二进制数加法，每位有一个和输出，最后的进位 C_4 由第 4 位提供，产生进位的时间一般为 22ns。

一块 74LS283 只能完成 4 位二进制数的加法运算，但把若干块级联起来，就可以构成更多位数的加法器电路。由两块 74LS283 级联构成的 8 位加法器电路如图 3-15 所示，其中块(1)为低位块，块(2)为高位块。同理，可以把四块 74LS283 级联起来，构成 16 位加法器电路。

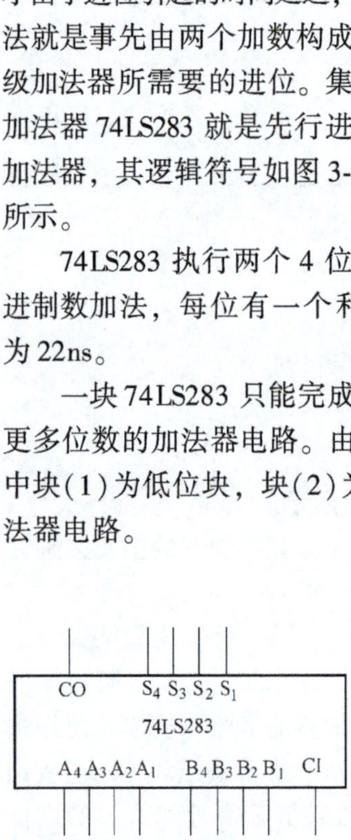

图 3-14　74LS283 的逻辑符号

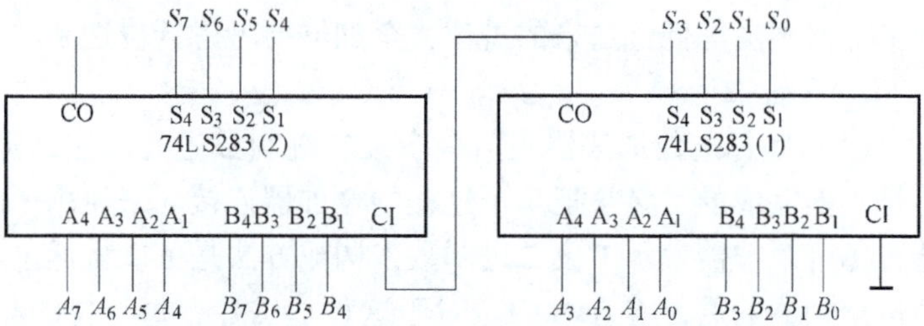

图 3-15　由两块 74LS283 级联构成的 8 位加法器电路

想一想：

1. 组合逻辑电路在结构和功能上有什么特点？
2. 如何用两个半加器电路外加额外的门构成全加器电路？

专题2 编 码 器

专题要求：

通过学习编码方法和常用编码器功能分析，掌握编码器的使用。

专题目标：

- 了解编码器的基本概念；
- 熟悉编码器的工作原理；
- 掌握编码器的使用方法。

广义上讲，编码就是用文字、数码或者符号表示特定的对象。例如，为街道命名、给学生编学号、写莫尔斯电码等，都是编码。但本专题所讨论的编码是指以二进制代码来表示给定的数字、字符或信息。二进制编码由于在电路上实现起来最容易，因此是目前数字领域中使用最多的一类编码。在本项目中采用的编码就是二进制编码。1 位二进制代码称为一个码元，它有 0、1 两种状态。n 个码元可以有 2^n 种不同的组合。每种组合称为一个码字。用不同码字表示各种各样的信息，就是二进制编码。能够完成编码工作的器件称为编码器(Encoder)，它是一种多输入、多输出的组合逻辑电路。例如计算器上的键盘编码器，按下一个按键，编码器将该键产生的信号编成相应的数码送入机器中，以便进行处理。在数字系统中广泛使用的是二进制编码器。

3.2.1 二进制编码器

能够将各种输入信息编成二进制代码的电路称为二进制编码器。由于 n 位二进制代码可以表示 2^n 种不同的状态，所以，2^n 个输入信号只需要 n 个输出就可以完成编码工作。

编码器是一种多输入、多输出的组合逻辑电路，在任意时刻编码器一般只能有一个输入端有效(存在有效输入信号)。例如，当确定输入高电平有效时，则应当只有一个输入信号为高电平，其余输入信号均为低电平(无效信号)。

【例 3.6】 设计一个 8 线-3 线编码器。

解：由题意知，该电路应有 8 个输入端，3 个输出端，是一个二进制编码器。用 $X_0 \sim X_7$ 表示 8 路输入，$Y_0 \sim Y_2$ 表示 3 路输出。原则上编码方式是随意的，比较常见的编码方式是按二进制数的顺序编码。设输入、输出信号均为高电平有效，列出 8 线-3 线编码器的真值表，见表 3-8。

表 3-8 8 线-3 线编码器真值表

输入								输出		
X_7	X_6	X_5	X_4	X_3	X_2	X_1	X_0	Y_2	Y_1	Y_0
0	0	0	0	0	0	0	1	0	0	0
0	0	0	0	0	0	1	0	0	0	1
0	0	0	0	0	1	0	0	0	1	0
0	0	0	0	1	0	0	0	0	1	1
0	0	0	1	0	0	0	0	1	0	0
0	0	1	0	0	0	0	0	1	0	1
0	1	0	0	0	0	0	0	1	1	0
1	0	0	0	0	0	0	0	1	1	1

由真值表可以发现，8 个输入变量之间是互相排斥的关系(即一组变量中只有一个取 1)，所以可以求出

$$Y_2 = X_4 + X_5 + X_6 + X_7$$
$$Y_1 = X_2 + X_3 + X_6 + X_7$$
$$Y_0 = X_1 + X_3 + X_5 + X_7$$

图 3-16 即为分别用或门和与非门实现该逻辑功能的逻辑图。

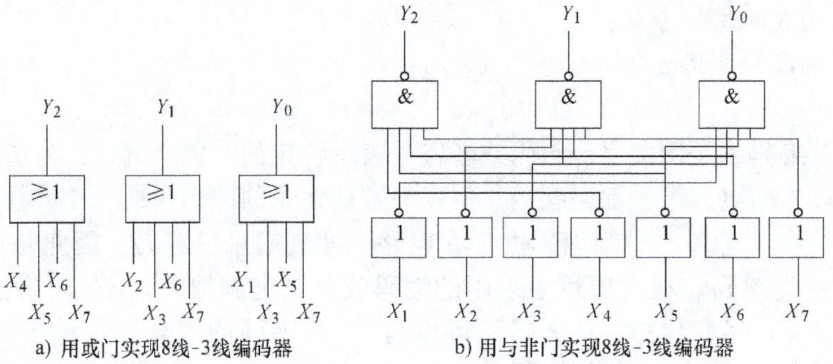

图 3-16　8 线-3 线编码器的逻辑图

3.2.2　优先编码器

一般编码器在工作时仅允许一个输入端输入有效信号，否则编码电路将不能正常工作，使输出发生错误。而优先编码器则不同，它允许几个信号同时加至编码器的输入端，但是由于各个输入端的优先级别不同，编码器只接受优先级别最高的一个输入信号，而对其它输入信号不予考虑。

【例 3.7】 设计一个 8421BCD 优先编码器。

解：由题意知，8421BCD 优先编码器具有 10 个输入，分别用 $Y_0 \sim Y_9$ 表示十进制数 0 ~ 9；有 4 个输出，分别用 A、B、C、D 表示输出的 8421BCD 码。由于优先编码器只对输入信号中优先级别最高的输入信号编码，这里设定数值越大，优先级别越高，即不管低位信号取何值，只要高位信号有效，则编码器就接受高位信号的请求。而优先级别的高低，完全是由设计人员根据具体情况人为设定的。列出该优先编码器的真值表，见表 3-9。

表 3-9　8421BCD 优先编码器的真值表

输入										输出			
Y_9	Y_8	Y_7	Y_6	Y_5	Y_4	Y_3	Y_2	Y_1	Y_0	A	B	C	D
0	0	0	0	0	0	0	0	0	1	0	0	0	0
0	0	0	0	0	0	0	0	1	×	0	0	0	1
0	0	0	0	0	0	0	1	×	×	0	0	1	0
0	0	0	0	0	0	1	×	×	×	0	0	1	1
0	0	0	0	0	1	×	×	×	×	0	1	0	0
0	0	0	0	1	×	×	×	×	×	0	1	0	1
0	0	0	1	×	×	×	×	×	×	0	1	1	0
0	0	1	×	×	×	×	×	×	×	0	1	1	1
0	1	×	×	×	×	×	×	×	×	1	0	0	0
1	×	×	×	×	×	×	×	×	×	1	0	0	1

根据真值表，可以直接写出 A、B、C、D 的逻辑表达式：

$$A = Y_9 + \overline{Y}_9 Y_8 = Y_9 + Y_8$$

$$\begin{aligned} B &= \overline{Y}_9\,\overline{Y}_8 Y_7 + \overline{Y}_9\,\overline{Y}_8\,\overline{Y}_7 Y_6 + \overline{Y}_9\,\overline{Y}_8\,\overline{Y}_7\,\overline{Y}_6 Y_5 + \overline{Y}_9\,\overline{Y}_8\,\overline{Y}_7\,\overline{Y}_6\,\overline{Y}_5 Y_4 \\ &= \overline{Y}_9\,\overline{Y}_8 (Y_7 + Y_6 + Y_5 + Y_4) \end{aligned}$$

$$\begin{aligned} C &= \overline{Y}_9\,\overline{Y}_8 Y_7 + \overline{Y}_9\,\overline{Y}_8\,\overline{Y}_7 Y_6 + \overline{Y}_9\,\overline{Y}_8\,\overline{Y}_7\,\overline{Y}_6\,\overline{Y}_5\,\overline{Y}_4 Y_3 + \overline{Y}_9\,\overline{Y}_8\,\overline{Y}_7\,\overline{Y}_6\,\overline{Y}_5\,\overline{Y}_4\,\overline{Y}_3 Y_2 \\ &= \overline{Y}_9\,\overline{Y}_8 (Y_7 + Y_6 + \overline{Y}_5\,\overline{Y}_4 Y_3 + \overline{Y}_5\,\overline{Y}_4 Y_2) \end{aligned}$$

$$\begin{aligned} D &= Y_9 + \overline{Y}_9\,\overline{Y}_8 Y_7 + \overline{Y}_9\,\overline{Y}_8\,\overline{Y}_7\,\overline{Y}_6 Y_5 + \overline{Y}_9\,\overline{Y}_8\,\overline{Y}_7\,\overline{Y}_6\,\overline{Y}_5\,\overline{Y}_4 Y_3 + \overline{Y}_9\,\overline{Y}_8\,\overline{Y}_7\,\overline{Y}_6\,\overline{Y}_5\,\overline{Y}_4\,\overline{Y}_3\,\overline{Y}_2 Y_1 \\ &= Y_9 + \overline{Y}_8 (Y_7 + \overline{Y}_6 Y_5 + \overline{Y}_6\,\overline{Y}_4 Y_3 + \overline{Y}_6\,\overline{Y}_4\,\overline{Y}_2 Y_1) \end{aligned}$$

根据以上逻辑表达式和提供的门电路，就可以画出 8421BCD 优先编码器的逻辑图。

将十进制数 0 ~ 9 编成二进制代码的电路就是二-十进制编码器。下面以项目 3 中采用的 74LS147 二-十进制(8421BCD)优先编码器为例加以介绍。

74LS147 编码器的逻辑功能表见表 3-10。由该表可见，编码器有 9 个输入端($\overline{I}_1 \sim \overline{I}_9$)和 4 个输出端($\overline{Y}_3$、$\overline{Y}_2$、$\overline{Y}_1$、$\overline{Y}_0$)。其中，$\overline{I}_9$ 状态信号级别最高，$\overline{I}_1$ 状态信号级别最低。$\overline{Y}_3$、$\overline{Y}_2$、$\overline{Y}_1$、$\overline{Y}_0$ 为编码器输出端，以反码输出，$\overline{Y}_3$ 为最高位，$\overline{Y}_0$ 为最低位。一组 4 位二进制代码表示 1 位十进制数。有效输入信号为低电平。若无有效信号输入，即 9 个输入信号全为"1"，代表输入的十进制数是 0，则输出 $\overline{Y}_3\,\overline{Y}_2\,\overline{Y}_1\,\overline{Y}_0 = 1111$(0 的反码)。若 $\overline{I}_1 \sim \overline{I}_9$ 有有效信号输入，则根据输入信号的优先级别输出级别最高的信号的编码。

表 3-10　74LS147 编码器的逻辑功能表

输入									输出			
$\overline{I}_9$	$\overline{I}_8$	$\overline{I}_7$	$\overline{I}_6$	$\overline{I}_5$	$\overline{I}_4$	$\overline{I}_3$	$\overline{I}_2$	$\overline{I}_1$	$\overline{Y}_3$	$\overline{Y}_2$	$\overline{Y}_1$	$\overline{Y}_0$
1	1	1	1	1	1	1	1	1	1	1	1	1
0	×	×	×	×	×	×	×	×	0	1	1	0
1	0	×	×	×	×	×	×	×	0	1	1	1
1	1	0	×	×	×	×	×	×	1	0	0	0
1	1	1	0	×	×	×	×	×	1	0	0	1
1	1	1	1	0	×	×	×	×	1	0	1	0
1	1	1	1	1	0	×	×	×	1	0	1	1
1	1	1	1	1	1	0	×	×	1	1	0	0
1	1	1	1	1	1	1	0	×	1	1	0	1
1	1	1	1	1	1	1	1	0	1	1	1	0

74LS147 编码器的引脚图及逻辑符号如图 3-17 所示。

在同类型的编码器中，可以再简单了解 74HC148 的功能及使用。图 3-18 所示为 74HC148 8 线-3 线优先编码器的逻辑符号及引脚图。

图 3-18 中，$\overline{IN}_0 \sim \overline{IN}_7$ 代表 8 位输入，$\overline{A}_0 \sim \overline{A}_2$ 代表 3 位输出。由上图知，输入、输出均为低电平有效。同时，电路增加了使能输入端 $\overline{EI}$、使能输出端 EO、优先标志端 $\overline{GS}$，$\overline{GS}$ 起扩

展电路功能的作用。$\overline{EI}$和$\overline{GS}$均为低电平有效，EO 为高电平有效。当$\overline{EI}=0$时，优先编码器正常工作，接受高级别输入端有效信号，对其进行编码。此时，$EO=1$，$\overline{GS}=0$。当$\overline{EI}=1$时，优先编码器不接受输入信号的请求，停止工作。此时，$EO=1$，$\overline{GS}=1$。该优先编码器的逻辑功能表见表 3-11。

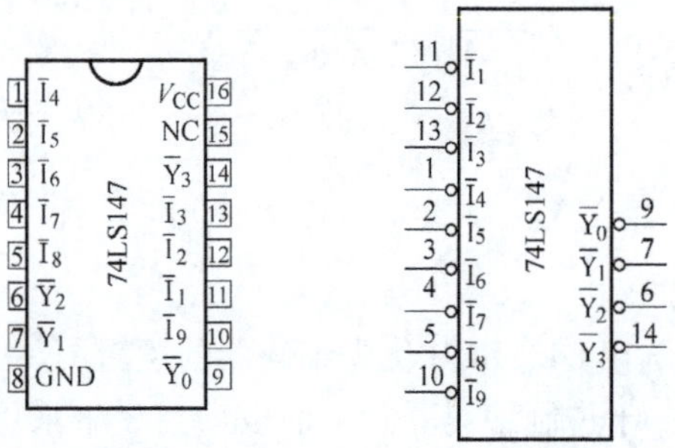

a) 引脚图　　b) 逻辑符号

图 3-17　74LS147 编码器的引脚图及逻辑符号

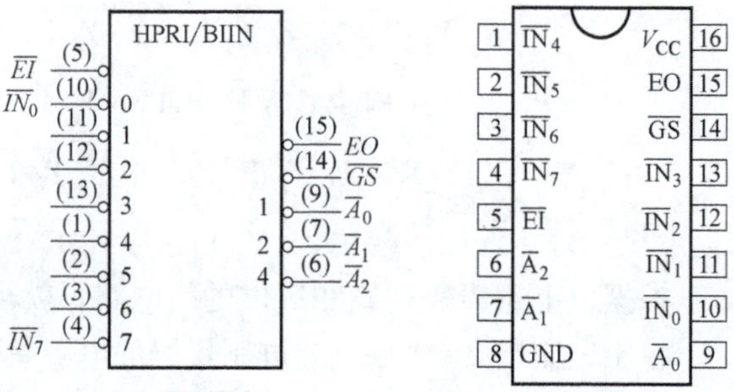

a) 逻辑符号　　b) 引脚图

图 3-18　74HC148 的逻辑符号及引脚图

表 3-11　74HC148 优先编码器的逻辑功能表

输入									输出				
$\overline{EI}$	$\overline{IN_7}$	$\overline{IN_6}$	$\overline{IN_5}$	$\overline{IN_4}$	$\overline{IN_3}$	$\overline{IN_2}$	$\overline{IN_1}$	$\overline{IN_0}$	$\overline{A_2}$	$\overline{A_1}$	$\overline{A_0}$	$\overline{GS}$	EO
1	×	×	×	×	×	×	×	×	1	1	1	1	1
0	1	1	1	1	1	1	1	1	1	1	1	1	0
0	1	1	1	1	1	1	1	0	1	1	1	0	1
0	1	1	1	1	1	1	0	×	1	1	0	0	1
0	1	1	1	1	1	0	×	×	1	0	1	0	1
0	1	1	1	1	0	×	×	×	1	0	0	0	1
0	1	1	1	0	×	×	×	×	0	1	1	0	1
0	1	1	0	×	×	×	×	×	0	1	0	0	1
0	1	0	×	×	×	×	×	×	0	0	1	0	1
0	0	×	×	×	×	×	×	×	0	0	0	0	1

【例 3.8】　请用两块 74HC148 8 线-3 线优先编码器，实现 16 线-4 线优先编码功能。

解：将两块 8 线-3 线优先编码器通过功能扩展端适当连接起来，再辅以门电路，即可完成 16 线-4 线优先编码功能。连接图如图 3-19 所示。

电路工作过程如下：

当$\overline{EI_1}=0$，且$\overline{IN_8}\sim\overline{IN_{15}}$中有低电平时，块(1)工作。此时，$EO_1=1$，$\overline{GS_1}=\overline{A_3}=0$。由于$EO_1=\overline{EI_2}=1$，块(2)不工作，其输出$\overline{A_0}\sim\overline{A_2}$均为 1。例如，当$\overline{IN_{12}}=0$时，块(2)不工作，块(1)的$\overline{A_2}=0$，$\overline{A_1}=\overline{A_0}=1$，$\overline{GS_1}=\overline{A_3}=0$，所以，总输出为$\overline{A_3}\ \overline{A_2}\ \overline{A_1}\ \overline{A_0}=0011$。

当块(1)不工作时，输入$\overline{IN_8}\sim\overline{IN_{15}}$全部为高电平，其输出$\overline{A_0}\sim\overline{A_2}$均为 1，$EO_1=\overline{EI_2}=0$，块(2)正常工作。例如，当$\overline{IN_3}=0$时，块(2)的$\overline{A_2}=1$，$\overline{A_1}=\overline{A_0}=0$，所以，总输出为

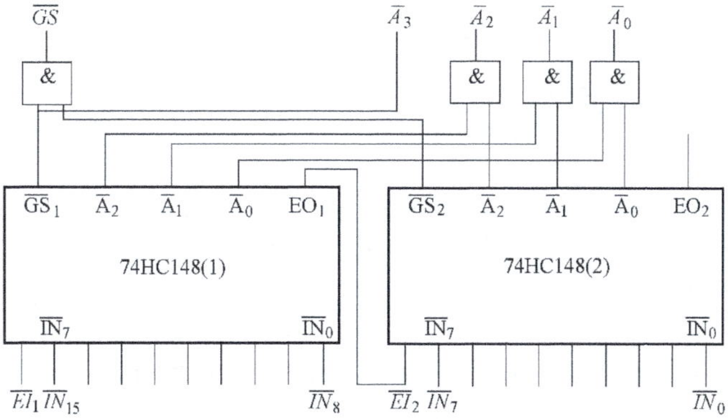

图 3-19 16 线-4 线优先编码器

$\overline{A}_3\,\overline{A}_2\,\overline{A}_1\,\overline{A}_0=1100$。

通过本例题，可以进一步熟悉 74HC148 的逻辑功能和扩展编码的方法。

与 74HC148 类似，74HC147 是一种 10 线-4 线的优先编码器(8421BCD 码输出)。逻辑符号及引脚图如图 3-20 所示。该编码器的特点是将 10 路数据输入变成 4 位 8421BCD 码输出，输入、输出均为低电平有效。当全部数据输入端接高电平时，可认为是输入十进制数 0。该优先编码器具有带负载能力强、工作速度快、适用电压范围宽等特点。74HC147 的逻辑功能表见表 3-12。

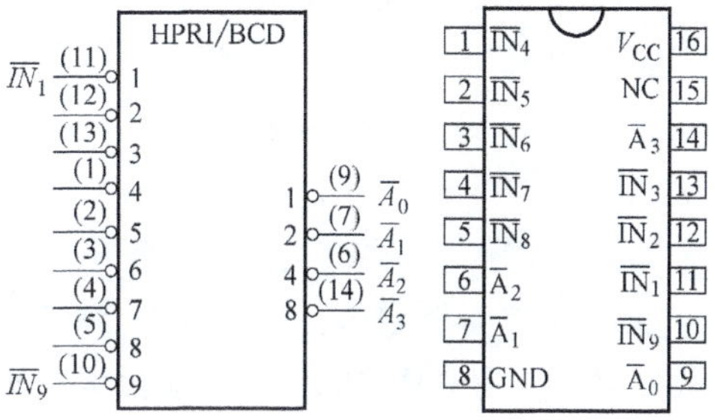

a) 逻辑符号 b) 引脚图

图 3-20 74HC147 的逻辑符号及引脚图

表 3-12 74HC147 的逻辑功能表

输入									输出			
$\overline{IN}_9$	$\overline{IN}_8$	$\overline{IN}_7$	$\overline{IN}_6$	$\overline{IN}_5$	$\overline{IN}_4$	$\overline{IN}_3$	$\overline{IN}_2$	$\overline{IN}_1$	$\overline{A}_3$	$\overline{A}_2$	$\overline{A}_1$	$\overline{A}_0$
1	1	1	1	1	1	1	1	1	1	1	1	1
1	1	1	1	1	1	1	1	0	1	1	1	0
1	1	1	1	1	1	1	0	×	1	1	0	1
1	1	1	1	1	1	0	×	×	1	1	0	0
1	1	1	1	1	0	×	×	×	1	0	1	1
1	1	1	1	0	×	×	×	×	1	0	1	0
1	1	1	0	×	×	×	×	×	1	0	0	1
1	1	0	×	×	×	×	×	×	1	0	0	0
1	0	×	×	×	×	×	×	×	0	1	1	1
0	×	×	×	×	×	×	×	×	0	1	1	0

由于在 8421BCD 编码器中，每一个数字均分别独立编码，不用扩展位数，所以该电路不具备扩展端。

想一想：

1. 普通编码器和优先编码器有何区别？

2. 通过查阅资料了解其它型号的编码器，并总结它们和本专题所介绍的编码器有何相同点和不同点？

专题3 译 码 器

专题要求：

学习二进制译码器、二-十进制译码器和显示译码器电路的工作原理，掌握其用法。

专题目标：

- 了解译码器的基本概念；
- 熟悉译码器的工作原理；
- 掌握译码器的使用方法。

译码是将给定的代码翻译成相应的输出信号或另一种形式代码的过程。能够完成译码工作的器件称为译码器。它也是一种多输入、多输出的组合逻辑电路。译码是编码的逆过程。数字系统处理的是二进制代码，而人们习惯于用十进制，故常常需要将二进制代码翻译成十进制数字或字符，并直接显示出来，这一类译码器在各种数字仪表中被广泛使用。在计算机中普遍使用的地址译码器、指令译码器，在数字通信设备中广泛使用的多路分配器、规则码发生器等也都是由译码器构成的。根据译码信号的特点可把译码器分为二进制译码器、二-十进制译码器、显示译码器等。

3.3.1 二进制译码器

二进制译码器是将二进制代码翻译成相应输出信号的器件。它有 m 个输入端，2^m 个输出端。输入信号是二进制代码，输出信号是一组高、低电平信号。不同的输入代码组，对应着不同的输出电平信号，即不同输入代码组合，在不同的输出端呈现有效电平。

首先以2线-4线译码器为例说明二进制译码器的工作原理。

2线-4线译码器的逻辑功能表见表3-13。输入端为 A_0 和 A_1，输出端为 $Y_0 \sim Y_3$。当 A_1A_0 取不同的值时，$Y_0 \sim Y_3$ 分别处于有效的状态，电路实现译码功能。本例中，输入、输出均为高电平有效。

表3-13 2线-4线译码器的逻辑功能表

输入		输出				输入		输出			
A_1	A_0	Y_3	Y_2	Y_1	Y_0	A_1	A_0	Y_3	Y_2	Y_1	Y_0
0	0	0	0	0	1	1	0	0	1	0	0
0	1	0	0	1	0	1	1	1	0	0	0

根据逻辑功能表，可以求出 $Y_0 \sim Y_3$ 的逻辑表达式：

$$Y_0=\overline{A}_1\overline{A}_0 \qquad Y_1=\overline{A}_1A_0 \qquad Y_2=A_1\overline{A}_0 \qquad Y_3=A_1A_0$$

根据逻辑表达式，画出逻辑图，如图3-21所示。

图3-22所示为74HC138 3线-8线译码器的逻辑符号及引脚图。

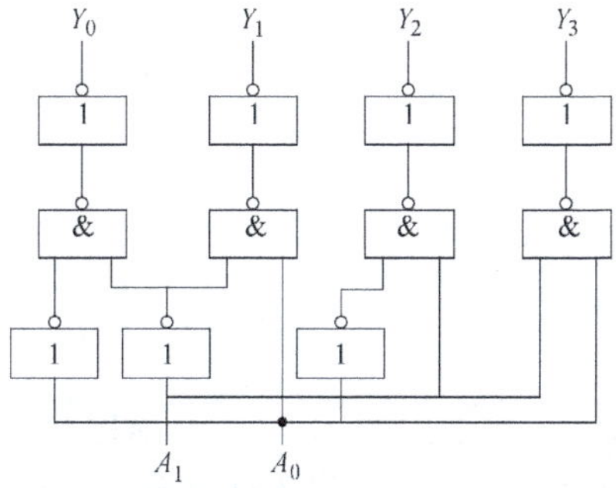

图3-21　用基本门电路实现2线-4线译码器的逻辑图

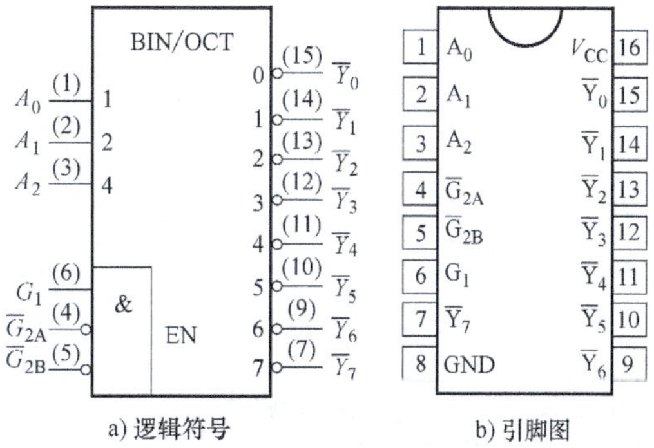

图3-22　74HC138的逻辑符号及引脚图

该电路除了具有 $A_0\sim A_2$ 3路输入、$\overline{Y}_0\sim\overline{Y}_7$ 8路输出之外，还具有三个使能端 G_1、$\overline{G}_{2A}$ 和 $\overline{G}_{2B}$。当 $G_1=1$、$\overline{G}_{2A}=\overline{G}_{2B}=0$ 时，译码器处于正常的工作状态。74HC138的逻辑功能表见表3-14。

表3-14　74HC138的逻辑功能表

输入						输出							
G_1	$\overline{G}_{2A}$	$\overline{G}_{2B}$	A_2	A_1	A_0	$\overline{Y}_7$	$\overline{Y}_6$	$\overline{Y}_5$	$\overline{Y}_4$	$\overline{Y}_3$	$\overline{Y}_2$	$\overline{Y}_1$	$\overline{Y}_0$
0	×	×	×	×	×	1	1	1	1	1	1	1	1
×	1	×	×	×	×	1	1	1	1	1	1	1	1
×	×	1	×	×	×	1	1	1	1	1	1	1	1
1	0	0	0	0	0	1	1	1	1	1	1	1	0
1	0	0	0	0	1	1	1	1	1	1	1	0	1
1	0	0	0	1	0	1	1	1	1	1	0	1	1
1	0	0	0	1	1	1	1	1	1	0	1	1	1
1	0	0	1	0	0	1	1	1	0	1	1	1	1
1	0	0	1	0	1	1	1	0	1	1	1	1	1
1	0	0	1	1	0	1	0	1	1	1	1	1	1
1	0	0	1	1	1	0	1	1	1	1	1	1	1

译码器设置使能端的目的：①为了便于级联扩展，扩大译码器输入端变量数。②可以通过在使能端加控制信号，控制可能出现的冒险现象。

3.3.2　二-十进制译码器

二-十进制译码器是将输入的8421BCD码翻译成10个相应输出信号的电路，有时也称为4线-10线译码器。图3-23所示为74HC42 4线-10线译码器的逻辑符号及引脚图，逻辑功

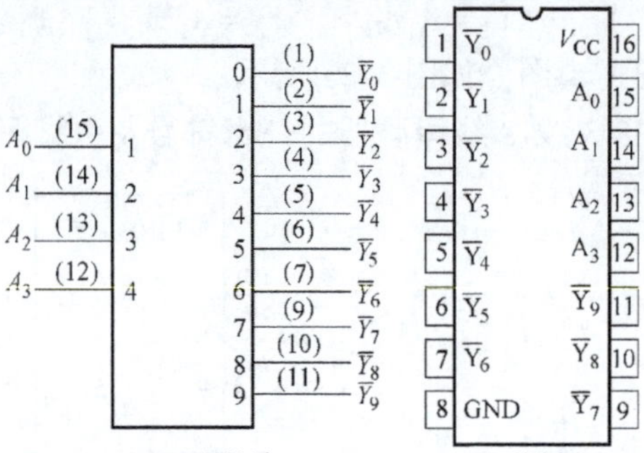

a) 逻辑符号　　b) 引脚图

图 3-23　74HC42 的逻辑符号及引脚图

能表见表 3-15。由于该译码器具有 $m=4$ 个输入端，$n=10$ 个输出端，$n<2^m$，所以将这种译码器称为部分译码器。由表 3-15 知，当输入端出现 1010～1111 六组无效数码(伪数码)时，输出端全部为高电平 1，所以该电路具有拒绝无效数码输入的功能。若将最高位输入 A_3 看作使能端，则该电路可当作 3 线-8 线译码器使用。

表 3-15　74HC42 的逻辑功能表

数码	8421BCD 输入				输出									
	A_3	A_2	A_1	A_0	$\overline{Y}_9$	$\overline{Y}_8$	$\overline{Y}_7$	$\overline{Y}_6$	$\overline{Y}_5$	$\overline{Y}_4$	$\overline{Y}_3$	$\overline{Y}_2$	$\overline{Y}_1$	$\overline{Y}_0$
0	0	0	0	0	1	1	1	1	1	1	1	1	1	0
1	0	0	0	1	1	1	1	1	1	1	1	1	0	1
2	0	0	1	0	1	1	1	1	1	1	1	0	1	1
3	0	0	1	1	1	1	1	1	1	1	0	1	1	1
4	0	1	0	0	1	1	1	1	1	0	1	1	1	1
5	0	1	0	1	1	1	1	1	0	1	1	1	1	1
6	0	1	1	0	1	1	1	0	1	1	1	1	1	1
7	0	1	1	1	1	1	0	1	1	1	1	1	1	1
8	1	0	0	0	1	0	1	1	1	1	1	1	1	1
9	1	0	0	1	0	1	1	1	1	1	1	1	1	1
无效数码	1	0	1	0	全部为1									
	1	0	1	1										
	1	1	0	0										
	1	1	0	1										
	1	1	1	0										
	1	1	1	1										

【例 3.9】　请用两块 74HC138 3 线-8 线译码器实现 4 线-16 线的译码功能。

解：将两块74HC138 3线-8线译码器通过使能端适当级联，便可实现4线-16线的译码功能。设4位输入为$A_3A_2A_1A_0$，16位输出为$\overline{Y}_0 \sim \overline{Y}_{15}$，连接图如图3-24所示。

工作过程如下：

当$A_3=0$时，块(1)工作，根据$A_2A_1A_0$的取值组合，选取一路输出，完成0000～0111的译码工作。

当$A_3=1$时，块(2)工作，根据$A_2A_1A_0$的取值组合，选取一路输出，完成1000～1111的译码工作。

以上两种情况综合在一起，就能完成$A_3A_2A_1A_0$由0000到1111的译码工作。

【例3.10】 请用一块74HC138 3线-8线译码器辅以门电路，实现以下逻辑函数。

$$F_1 = A\overline{B} + \overline{B}C + AC$$

$$F_2 = \overline{A}C + BC + A\overline{C}$$

解：由表3-14可知，当译码器正常工作时满足

$$\overline{Y}_i = \overline{m}_i \text{（}i\text{ 为 }0\sim7, m\text{ 为最小项）}$$

所以，可以将F_1的逻辑表达式变换为

$$F_1 = A\overline{B} + \overline{B}C + AC = m_1 + m_4 + m_5 + m_7 = \overline{\overline{m}_1 \cdot \overline{m}_4 \cdot \overline{m}_5 \cdot \overline{m}_7} = \overline{\overline{Y}_1 \cdot \overline{Y}_4 \cdot \overline{Y}_5 \cdot \overline{Y}_7}$$

同理，F_2的逻辑表达式变换为

$$F_2 = \overline{A}C + BC + A\overline{C} = m_1 + m_3 + m_4 + m_6 + m_7 = \overline{\overline{m}_1 \cdot \overline{m}_3 \cdot \overline{m}_4 \cdot \overline{m}_6 \cdot \overline{m}_7} = \overline{\overline{Y}_1 \cdot \overline{Y}_3 \cdot \overline{Y}_4 \cdot \overline{Y}_6 \cdot \overline{Y}_7}$$

将输入逻辑变量A、B、C分别与译码器输入端A_2、A_1、A_0相对应，可获得实现逻辑函数F_1与F_2的连接图，如图3-25所示。

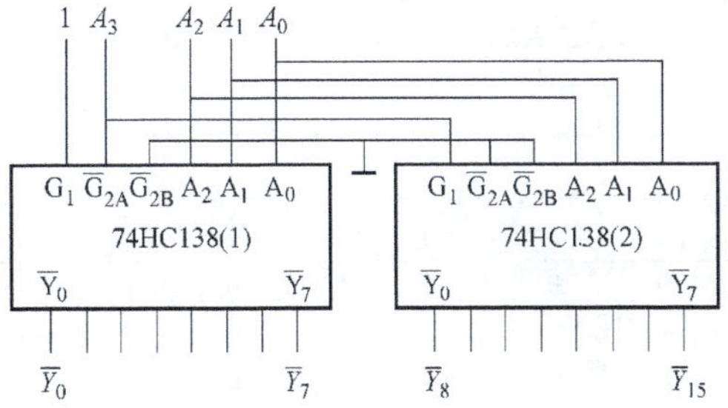

图3-24 4线-16线译码器

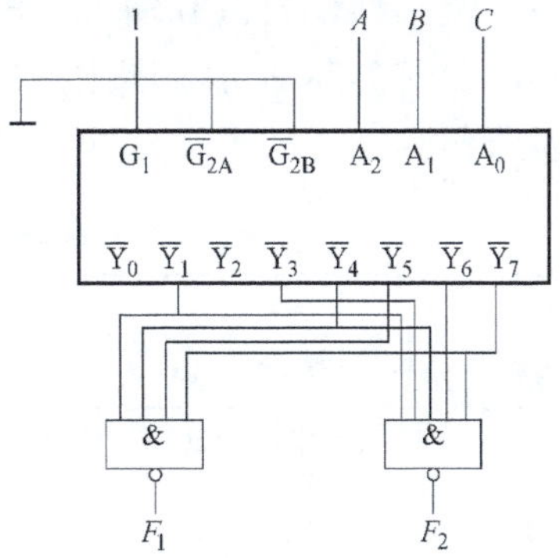

图3-25 例3.10电路图

3.3.3 显示译码器

在数字系统中，常常需要将译码后所获得的结果或数据直接以十进制数字的形式显示出来。为此，需要首先将二-十进制代码送入译码器，用译码器的输出去驱动显示器件，具有这种功能的译码器称为显示译码器。

1. 数码显示器

常见的数码显示器有许多种形式，它的主要作用是用来显示数字和符号，如发光二极管数码管(LED)、液晶数码管(LCD)、荧光数码管、辉光数码管等。

LED 七段数码管是由七个发光二极管按一定的顺序排列而成的。a、b、c、d、e、f、g 七段组成一个“日”字，如图 3-26 所示。

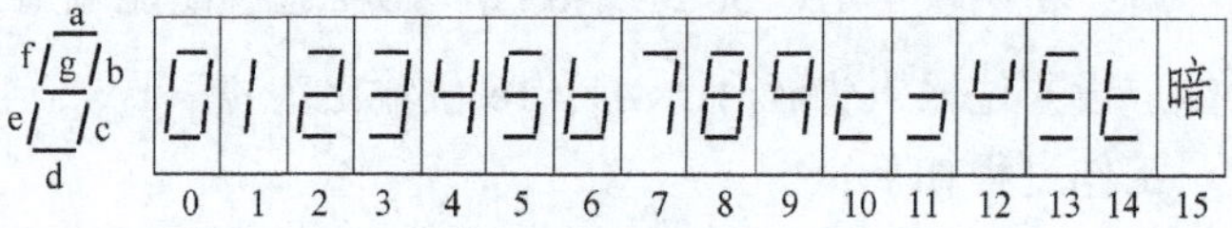

图 3-26　LED 七段数码管显示情况示意图

根据连接方式的不同，LED 七段数码管有共阴极方式与共阳极方式，如图 3-27 所示。采用共阴极方式时(见图 3-27a)，译码器输出高电平可以驱动相应二极管发光显示；采用共阳极方式时(见图 3-27b)，译码器输出低电平可以驱动相应二极管发光显示。为了防止电路中电流过大而烧坏二极管，电路中需串联限流电阻。例如，当采用共阴极方式时，若要显示数字“5”，则 a、c、d、f、g 段加高电平发光，其余各段加低电平熄灭。

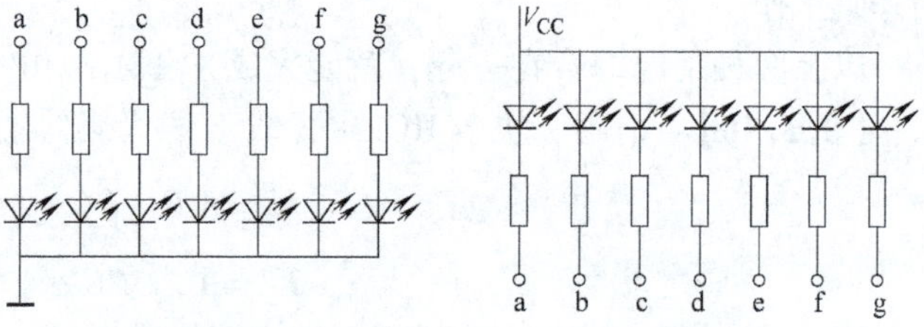

a) 共阴极方式　　b) 共阳极方式

图 3-27　共阴极、共阳极 LED 七段数码管显示示意图

2. 数字显示译码器

下面通过对一种 MSI 8421BCD 译码器/驱动器的介绍，来加深对数字显示译码器的了解。数字显示译码器的主要作用是将输入的代码通过译码器译成相应的高、低电平信号，驱动显示器件发光，并正确显示。

74LS47 是一种 8421BCD 输入、开路输出的 4 线-七段译码器/驱动器。74LS47 的逻辑符号和引脚图如图 3-28 所示。图中，$A_3A_2A_1A_0$ 为四线输入，$\overline{a}\sim\overline{g}$ 为七段输出。74LS47 的逻辑功能表见表 3-16。

表 3-16　74LS47 的逻辑功能表

十进制数	输入						$\overline{BI}/\overline{RBO}$	输出						
	$\overline{LT}$	$\overline{RBI}$	A_3	A_2	A_1	A_0		$\overline{a}$	$\overline{b}$	$\overline{c}$	$\overline{d}$	$\overline{e}$	$\overline{f}$	$\overline{g}$
0	1	1	0	0	0	0	1	0	0	0	0	0	0	1
1	1	×	0	0	0	1	1	1	0	0	1	1	1	1
2	1	×	0	0	1	0	1	0	0	1	0	0	1	0
3	1	×	0	0	1	1	1	0	0	0	0	1	1	0
4	1	×	0	1	0	0	1	1	0	0	1	1	0	0
5	1	×	0	1	0	1	1	0	1	0	0	1	0	0
6	1	×	0	1	1	0	1	1	1	0	0	0	0	0
7	1	×	0	1	1	1	1	0	0	0	1	1	1	1
8	1	×	1	0	0	0	1	0	0	0	0	0	0	0
9	1	×	1	0	0	1	1	0	0	0	1	1	0	0
10	1	×	1	0	1	0	1	1	1	1	0	0	1	0
11	1	×	1	0	1	1	1	1	1	0	0	1	1	0
12	1	×	1	1	0	0	1	1	0	1	1	1	0	0
13	1	×	1	1	0	1	1	0	1	1	0	1	0	0
14	1	×	1	1	1	0	1	1	1	1	0	0	0	0
15	1	×	1	1	1	1	1	1	1	1	1	1	1	1

由表3-16可知，输出低电平有效。当输入 $A_3A_2A_1A_0=0011$ 时，$\overline{a}$、$\overline{b}$、$\overline{c}$、$\overline{d}$、$\overline{g}$ 为低电平，$\overline{e}$、$\overline{f}$ 为高电平，输出显示十进制数“3”。

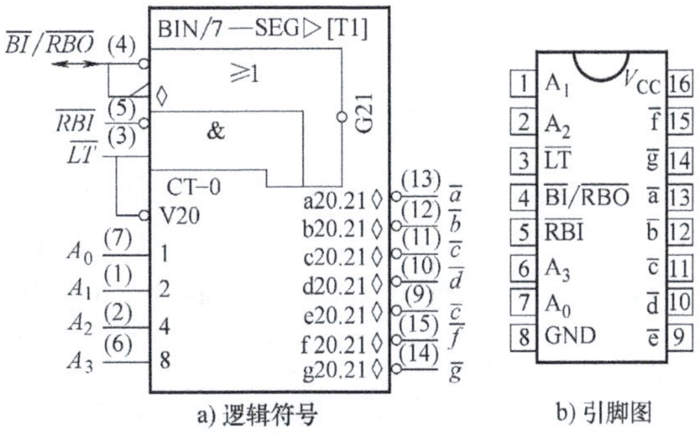

图 3-28　74LS47 的逻辑符号和引脚图

电路中增加了$\overline{LT}$、$\overline{RBI}$、$\overline{BI}/\overline{RBO}$等功能端。$\overline{LT}$端为测试灯输入端，其作用是检查数码管七段显示器件是否都能够正常发光。当$\overline{LT}=0$、$\overline{BI}=1$ 时，七段显示器件应该全亮，显示“日”。当$\overline{LT}=1$ 时，译码器正常工作，根据输入的不同，译码后显示输出。

$\overline{RBI}$端是动态灭灯输入端，其作用是将数码管显示的不用的零熄灭。当$\overline{LT}=1$、$\overline{RBI}=0$、$A_3A_2A_1A_0=0000$ 时，$\overline{a}\sim\overline{g}$ 均为1，数码管不显示，且$\overline{RBO}=0$。当$\overline{LT}=1$、$\overline{RBI}=0$、$A_3A_2A_1A_0\neq 0000$ 时，数码管根据输入正常译码后显示输出。

$\overline{BI}$端为灭灯输入端。当$\overline{BI}=0$ 时，不管输入如何，$\overline{a}\sim\overline{g}$ 均为1，数码管不显示。

$\overline{RBO}$端为动态灭灯输出端，控制低位灭零信号。若$\overline{RBO}=1$，则说明本位处于显示状态；若$\overline{RBO}=0$，且低位为零，则低位零被熄灭。

想一想：

1. 译码器和编码器之间有什么关系？
2. n 位二进制译码器有多少个输入端和多少个输出端？
3. 了解其它型号译码器的使用方法，并总结它们和本专题所学的译码器有哪些区别以及相同点。

专题4　数据选择器与分配器

专题要求：

学习数据选择器和分配器的工作原理、常用芯片的基本使用方法，并能够利用它们实现逻辑函数。

专题目标：

■ 掌握数据选择器的工作原理以及使用方法；

■ 掌握数据分配器的工作原理以及使用方法。

3.4.1　数据选择器

数据选择器是指能够从多路输入数据中选择一路进行传输的电路，是一种多输入、单输出的组合逻辑电路，又称为多路选择器、多路开关或多路调制器。它的作用是将并行数据输入变为串行数据输出，可以用一个单刀多掷开关来形象表示。常见的数据选择器有2选1、4选1、8选1和16选1等。

1. 4 选 1 数据选择器

图 3-29a、b 为 74HC153 双 4 选 1 数据选择器的逻辑符号及引脚图，其作用相当于两个单刀四掷开关，如图 3-29c 所示。图中，$D_0 \sim D_3$ 为数据输入端，其个数称为通道数；$\overline{ST}$为选通输入端；Y 为数据输出端；A_1A_0 为地址输入端，由两个数据选择器共用。当$\overline{ST}$为低电平时，数据选择器正常工作，Y 输出被选数据。地址输入端的个数 m 与通道数 n 应满足 $n=2^m$，A_1A_0 的组合确定 $D_0 \sim D_3$ 中的一个数据被选中，进行传送输出。74HC153 的逻辑功能表见表 3-17。

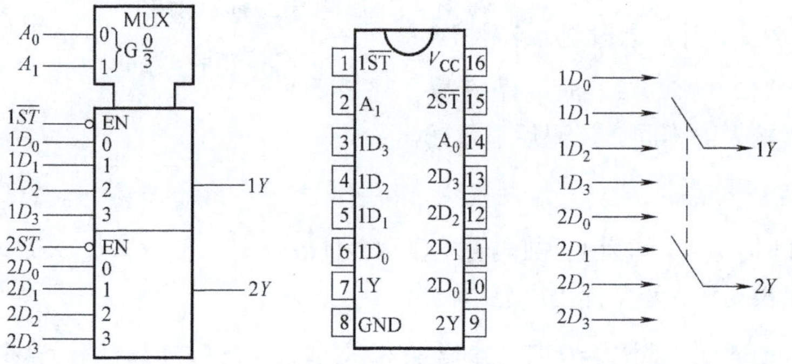

a) 逻辑符号　　b) 引脚图　　c) 两个单刀四掷开关

图 3-29　74HC153 双 4 选 1 数据选择器

表 3-17　74HC153 的逻辑功能表

输入							输出
$\overline{ST}$	A_1	A_0	D_3	D_2	D_1	D_0	Y
1	×	×	×	×	×	×	0
0	0	0	×	×	×	0	0
0	0	0	×	×	×	1	1
0	0	1	×	×	0	×	0
0	0	1	×	×	1	×	1
0	1	0	×	0	×	×	0
0	1	0	×	1	×	×	1
0	1	1	0	×	×	×	0
0	1	1	1	×	×	×	1

根据逻辑功能表，写出输出逻辑表达式为

$$Y=(\overline{A}_1\ \overline{A}_0D_0+\overline{A}_1A_0D_1+A_1\ \overline{A}_0D_2+A_1A_0D_3)ST$$

当地址输入端 A_1A_0 分别取 00、01、10、11 时，输出 Y 分别选中 D_0、D_1、D_2、D_3 进行传送。

2. 数据选择器的应用

数据选择器的应用主要包括通过级联进行通道扩展，扩展数据输入端的个数；配合门电路实现逻辑函数，组成函数发生器。

(1) 通道扩展　当数据选择器输入端个数不足时，可以利用选通端来进行通道扩展。

例如，用74HC153完成8选1的工作，扩展图如图3-30所示。

当$\overline{ST}=0$时，选中数据选择器(1)，根据地址输入端A_1A_0的取值组合，从$D_0\sim D_3$中选取1路进行传送；当$\overline{ST}=1$时，选中数据选择器(2)，根据地址输入端A_1A_0的取值组合，从$D_4\sim D_7$中选取1路进行传送。

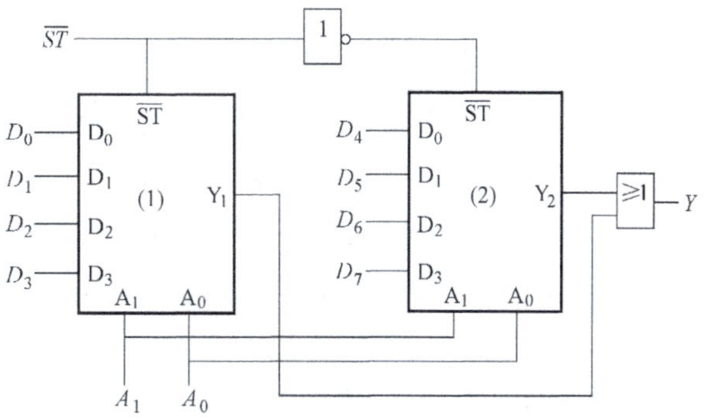

图3-30 8选1数据选择电路

(2) 组成函数发生器 数据选择器的一个重要应用是用来实现逻辑函数。若数据选择器地址输入端的个数为n，则通过数据选择器能够实现含有$n+1$个逻辑变量的逻辑函数。将其中的n个变量作为地址输入变量，剩余的一个变量以原变量或反变量的形式从数据输入端输入。

【例3.11】 74HC151 8选1数据选择器的逻辑符号及引脚图如图3-31所示，逻辑功能表见表3-18，请用其实现逻辑函数：

$$F(A,B,C,D)=\sum m(0,1,5,6,7,9,12,13,14)$$

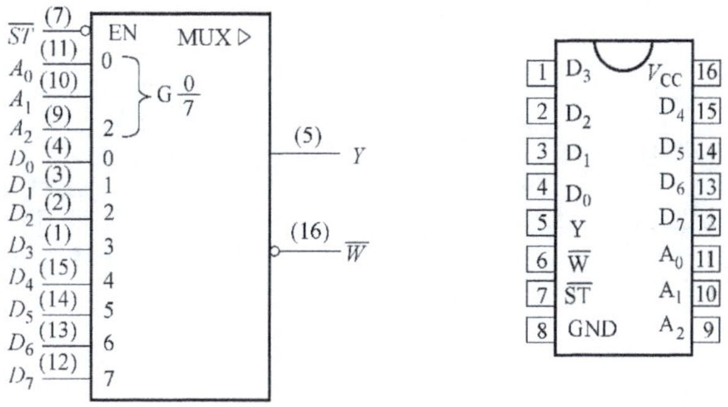

a) 逻辑符号 b) 引脚图

图3-31 74HC151的逻辑符号及引脚图

表3-18 74HC151的逻辑功能表

输入				输出		输入				输出	
$\overline{ST}$	A_2	A_1	A_0	Y	$\overline{W}$	$\overline{ST}$	A_2	A_1	A_0	Y	$\overline{W}$
1	×	×	×	0	1	0	1	0	0	D_4	$\overline{D_4}$
0	0	0	0	D_0	$\overline{D_0}$	0	1	0	1	D_5	$\overline{D_5}$
0	0	0	1	D_1	$\overline{D_1}$	0	1	1	0	D_6	$\overline{D_6}$
0	0	1	0	D_2	$\overline{D_2}$	0	1	1	1	D_7	$\overline{D_7}$
0	0	1	1	D_3	$\overline{D_3}$						

解：$F(A,B,C,D)=\sum m(0,1,5,6,7,9,12,13,14)$

$$=\overline{A}\,\overline{B}\,\overline{C}\,\overline{D}+\overline{A}\,\overline{B}\,\overline{C}D+\overline{A}B\overline{C}D+\overline{A}BC\overline{D}+$$

$$\overline{A}BCD+A\overline{B}\,\overline{C}D+AB\overline{C}\,\overline{D}+AB\overline{C}D+ABC\overline{D}$$

由于该逻辑函数含有四个逻辑变量，因此选取其中的三个作为数据选择器的地址输入变量，一个作为数据输入变量。这里，选取 A、B、C 作为地址输入变量，D 作为数据输入变量，并将数据选择器的输出记作 Y，则

$$Y=\overline{A}\,\overline{B}\,\overline{C}D_0+\overline{A}\,\overline{B}CD_1+\overline{A}B\,\overline{C}D_2+\overline{A}BCD_3+A\,\overline{B}\,\overline{C}D_4+A\,\overline{B}CD_5+AB\,\overline{C}D_6+ABCD_7$$

将逻辑函数 F 整理后与 Y 比较，可得

$$D_0=1\quad D_1=0\quad D_2=D\quad D_3=1\quad D_4=D\quad D_5=0\quad D_6=1\quad D_7=\overline{D}$$

将 $D_0\sim D_7$ 加至数据输入端，在逻辑变量 A、B、C 的控制下，便可实现逻辑函数 F，如图 3-32 所示。

【例 3.12】 用 8 选 1 数据选择器实现逻辑函数 $F=A\,\overline{B}+\overline{A}C+B\,\overline{C}$。

解：

$$\begin{aligned}F&=A\,\overline{B}+\overline{A}C+B\,\overline{C}=A\,\overline{B}(C+\overline{C})+\overline{A}C(B+\overline{B})+B\,\overline{C}(A+\overline{A})\\&=\overline{A}\,\overline{B}C+\overline{A}B\,\overline{C}+\overline{A}BC+A\,\overline{B}\,\overline{C}+A\,\overline{B}C+AB\,\overline{C}\end{aligned}$$

由于该逻辑函数含有三个逻辑变量，因此将其全部作为数据选择器的地址输入变量，可得

$$D_0=0\quad D_1=D_2=D_3=D_4=D_5=D_6=1\quad D_7=0$$

连接图如图 3-33 所示。

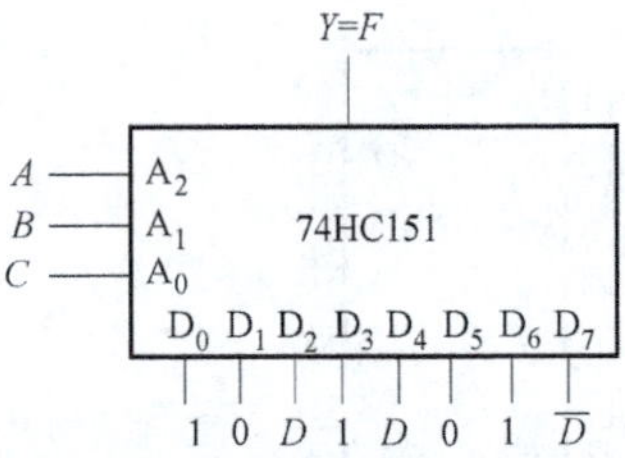

图 3-32　例 3.11 电路图

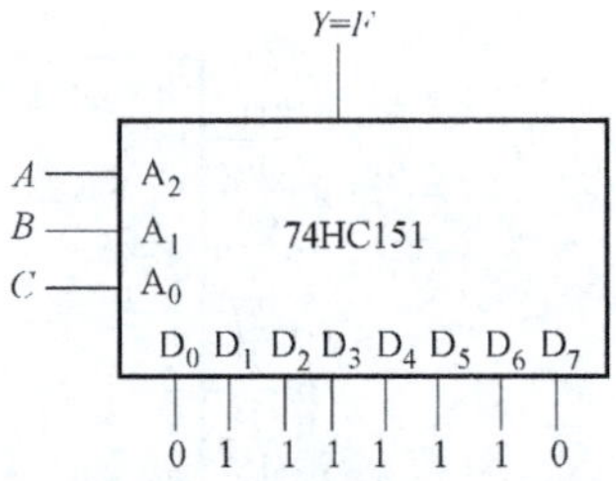

图 3-33　例 3.12 电路图

3.4.2　数据分配器

数据分配器是将一路输入变为多路输出的电路，是一种单输入、多输出的组合逻辑电路，又称为多路解调器。它的作用是将串行数据输入变为并行数据输出，可以用一个单刀多掷开关来形象表示。下面以 4 路数据分配器为例进行说明。

74HC139 是双 4 路数据分配器/2 线-4 线译码器，逻辑符号与引脚图如图 3-34 所示。

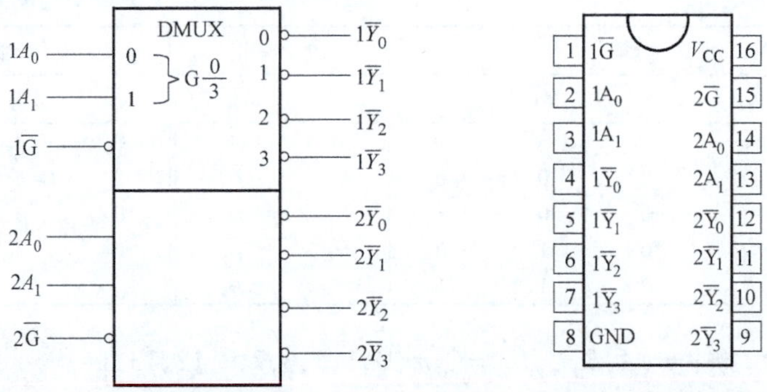

a) 逻辑符号　　b) 引脚图

图 3-34　74HC139 的逻辑符号与引脚图

当用作数据分配器，根据地址输入端 A_1A_0 分别取 00～11 不同的值时，选中 $\overline{Y}_0\sim\overline{Y}_3$ 中的

一路输出，逻辑功能表见表3-19。

表3-19 74HC139的逻辑功能表

输入			输出			
G	A_1	A_0	$\overline{Y}_3$	$\overline{Y}_2$	$\overline{Y}_1$	$\overline{Y}_0$
1	×	×	1	1	1	1
0	0	0	1	1	1	0
0	0	1	1	1	0	1
0	1	0	1	0	1	1
0	1	1	0	1	1	1

该器件与2线-4线译码器功能一致。若将A_1A_0看作译码器输入端，G看作使能端，则该器件就是一个2线-4线译码器。所以任何带使能端的全译码器（区别于部分译码器）均可以用作数据分配器。

数据分配器也能实现多级级联，例如用五个4路数据分配器可以实现16路数据的分配功能。

想一想：

1. 16选1数据选择器应当有几位地址输入变量？
2. 数据选择器输入地址的位数和输入数据的位数之间有什么定量关系？

任务1 数码显示电路的仿真

任务要求：

该电路用于实现四人抢答的数码显示。以J_1、J_2、J_3、J_4分别表示四路抢答输入信号，当有一个开关被按下时，即输入一个低电平，经过编码、显示译码器并最终在共阴极数码管上显示对应的数字号（J_1 ~ J_4依次对应数字1 ~ 4）。

任务目标：

- 掌握74LS147、74LS04、74LS48和共阴极数码管的设置与使用；
- 熟悉数码显示电路的工作原理；
- 掌握用Multisim 10对数码显示电路进行仿真。

仿真内容：

1）启动Multisim 10，单击电子仿真软件Multisim 10基本界面元器件工具条上的“Place TTL”按钮，从弹出的对话框“Family”栏中选择“74LS”，再在“Component”栏中选取“74LS04N”、显示译码器“74LS48N”和74LS147N二-十进制编码器各一个，如图3-35所示，将它们放置在电子平台上。

2）单击元器件工具条上的“Place Source”按钮，从中调出TTL电源和地线；单击元器件工具条上的“Place Basic”按钮，从中调出四个单刀双掷开关，并修改它们的控制键；单击元器件工具条上的“Place Indicator”按钮，从弹出的对话框“Family”栏中选择“HEX_DISPLAY”，再在“Component”栏中选取“SEVEN_SEG_COM_K”，如图3-36所示，单击对话框右上角的“OK”按钮，将共阴极数码管放置在电子平台上。

3）按图3-37所示连接成仿真电路。

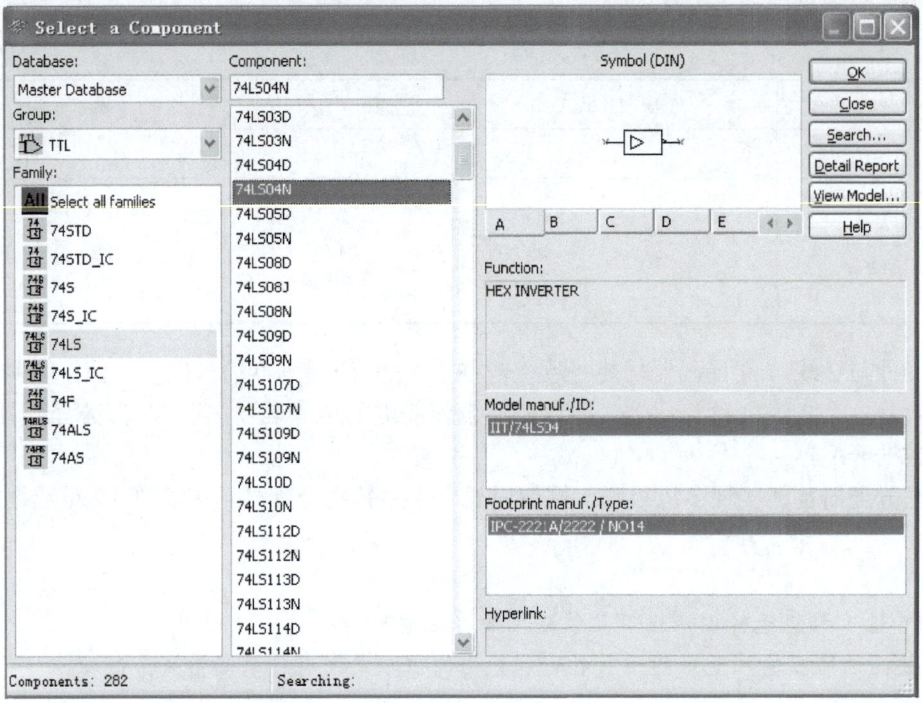

图 3-35 仿真软件中集成电路选择图

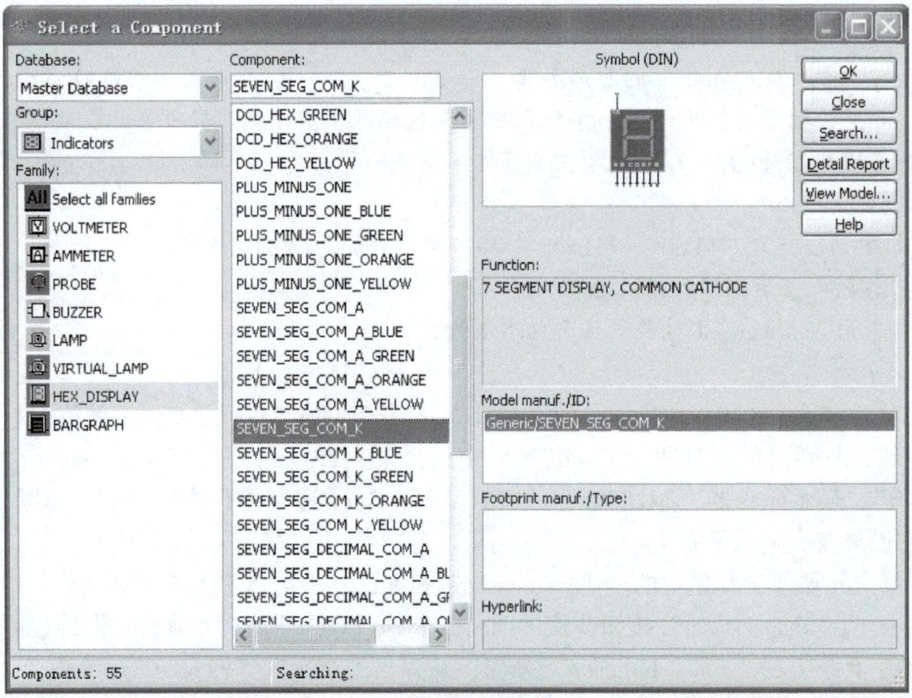

图 3-36 仿真软件中显示器件选择图

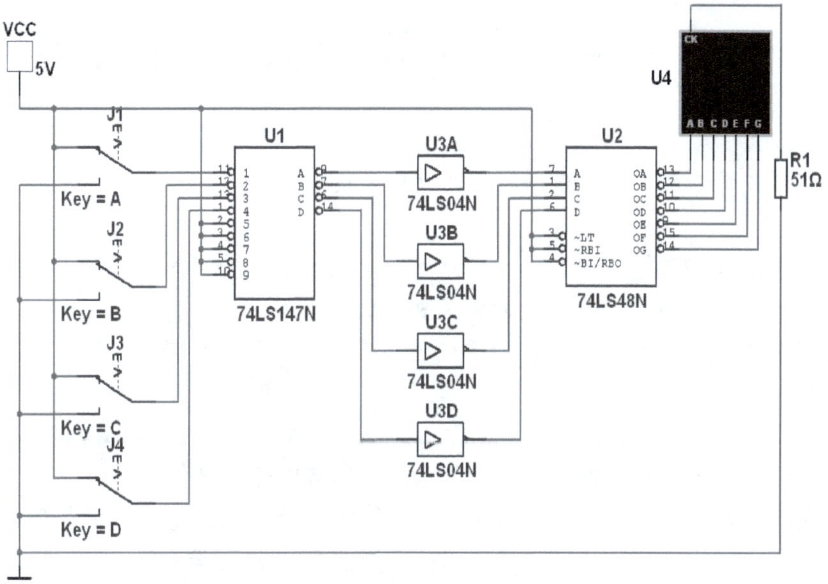

图 3-37　数码显示仿真电路图

4）开启仿真开关，观察数码管显示情况，分别改变 $J_1 \sim J_4$，再观察数码管显示情况。改变开关状态，观察数码管的数值显示，并将仿真结果记入表 3-20 中，分析仿真结果。

表 3-20　仿真结果

输入(高电平记为 1,低电平记为 0)				输　出
J_1	J_2	J_3	J_4	数码管显示值

实训报告：

1. 画出仿真电路图。
2. 分析数码显示电路的工作原理。
3. 记录并分析仿真结果。

分析与讨论：

1. 总结本次仿真实训中遇到的问题及解决方法。

2. 在上述仿真电路中，最多能实现几路输入的数码显示？要实现 5 路输入的数码显示，上面的仿真电路要如何修改？

任务2　译码与显示器应用电路的设计与调试

任务要求：

综合本项目所学基本理论实现译码显示电路的设计。

任务目标：

- 进一步熟悉编码器、译码器和数码管的逻辑功能；
- 通过实际电路掌握组合逻辑电路的分析及设计方法；
- 熟悉集成编码器、译码器和数码管的特征引脚的功能及使用。

3.6.1　设备与元器件

设备：逻辑测试笔、示波器、直流稳压电源、集成电路测试仪。

器件：实验电路板、外接输入信号电路(可自行设计4位低电平有效抢答器电路)、集成二-十进制编码器(本项目以74LS147为例)、集成显示译码器(本项目以74LS48为例)、共阴极数码管、非门74LS04各一块。

3.6.2　项目电路

编/译码及数码显示电路如图3-38所示。

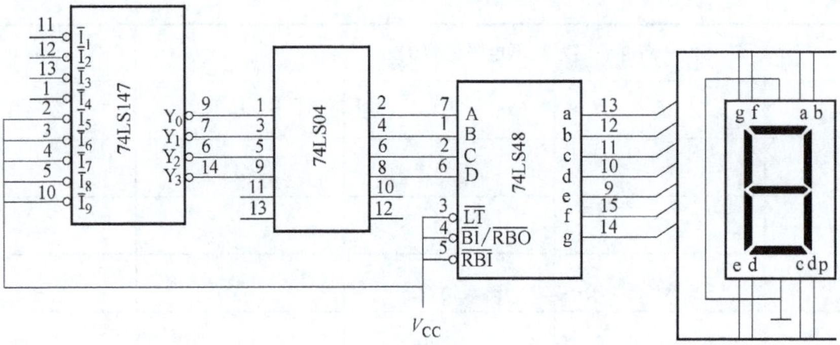

图3-38　编/译码及数码显示电路

3.6.3　项目设计步骤与要求

1. 熟悉器件

在简单了解本项目相关知识点的前提下，查集成电路手册，初步了解74LS147、74LS48和数码管的功能，确定74LS147和74LS48的引脚排列，了解各引脚的功能。

2. 连接电路

按实验电路图在实验电路板上安装好实验电路。将自行设计的4位低电平有效抢答器的输出指示信号按图3-38电路所示接到编码器74LS147的$\bar{I}_1$、$\bar{I}_2$、$\bar{I}_3$、$\bar{I}_4$输入端(即11、12、13、1脚)。检查电路连接，确认无误后再接电源。

3. 电路功能显示

接通电源，四个抢答键相应端在不同时刻接低电平，如果电路工作正常，则数码管将分别显示抢答成功者的号码。如果没有显示或显示的不是抢答成功者的号码，则说明电路有故障，应予以排除。

4. 电路逻辑关系检测

1）当四个输入信号$\overline{I}_1$、$\overline{I}_2$、$\overline{I}_3$、$\overline{I}_4$ 分别为低电平时，用示波器测试 74LS147 的四个输出信号$\overline{Y}_0$、$\overline{Y}_1$、$\overline{Y}_2$、$\overline{Y}_3$ 的电平并记录于表 3-21 中。表中，“1” 表示高电平，“0” 表示低电平。

2）用同样的方法测试译码器 74LS48 的七个输出端 $a \sim g$ 的电平并记录于表 3-21 中。观察数码管七个输入端 $a \sim g$ 电平的高低与数码管相应各段的亮灭有什么关系。

表 3-21　译码显示电路功能测试

$\overline{I}_4$	$\overline{I}_3$	$\overline{I}_2$	$\overline{I}_1$	$\overline{Y}_3$	$\overline{Y}_2$	$\overline{Y}_1$	$\overline{Y}_0$	a	b	c	d	e	f	g
1	1	1	0											
1	1	0	1											
1	0	1	1											
0	1	1	1											

3.6.4　项目扩展测试训练

1. 74LS147 功能测试

（1）编码功能　给一块 74LS147 接通电源和地，在 74LS147 的九个输入端加上输入信号(按表 3-22 所示,依次给$\overline{I}_1 \sim \overline{I}_9$ 加信号)，用示波器测试$\overline{Y}_0$、$\overline{Y}_1$、$\overline{Y}_2$、$\overline{Y}_3$ 四个输出端的电平，将测试结果填入表 3-22 中。

表 3-22　74LS147 编码功能测试

输入									输出			
$\overline{I}_9$	$\overline{I}_8$	$\overline{I}_7$	$\overline{I}_6$	$\overline{I}_5$	$\overline{I}_4$	$\overline{I}_3$	$\overline{I}_2$	$\overline{I}_1$	$\overline{Y}_3$	$\overline{Y}_2$	$\overline{Y}_1$	$\overline{Y}_0$
1	1	1	1	1	1	1	1	1				
0	1	1	1	1	1	1	1	1				
1	0	1	1	1	1	1	1	1				
1	1	0	1	1	1	1	1	1				
1	1	1	0	1	1	1	1	1				
1	1	1	1	0	1	1	1	1				
1	1	1	1	1	0	1	1	1				
1	1	1	1	1	1	0	1	1				
1	1	1	1	1	1	1	0	1				
1	1	1	1	1	1	1	1	0				

如果操作准确，则对应每一个低电平输入信号，在编码器输出端$\overline{Y}_0$、$\overline{Y}_1$、$\overline{Y}_2$、$\overline{Y}_3$ 将得

到一组对应的二进制编码(8421BCD 码)。分析测试结果可知，编码器输出端$\overline{Y}_0$、$\overline{Y}_1$、$\overline{Y}_2$、$\overline{Y}_3$以反码输出，$\overline{Y}_3$为最高位，$\overline{Y}_0$为最低位。每组4位二进制代码表示1位十进制数。低电平输入为有效信号。若无有效信号输入，即九个输入信号全为“1”，代表输入的十进制数是0，则输出$\overline{Y}_3\ \overline{Y}_2\ \overline{Y}_1\ \overline{Y}_0=1111$(0的反码)。

(2) 优先编码　如果74LS147有两个或两个以上的输入信号同时为低电平，那么将输出哪一个信号的编码呢？请按表3-23的输入方式，测试相应的输出编码。表中的“×”为任意输入状态，既可以表示低电平，也可以表示高电平。

表3-23　74LS147优先编码功能测试

输入									输出			
$\overline{I}_9$	$\overline{I}_8$	$\overline{I}_7$	$\overline{I}_6$	$\overline{I}_5$	$\overline{I}_4$	$\overline{I}_3$	$\overline{I}_2$	$\overline{I}_1$	$\overline{Y}_3$	$\overline{Y}_2$	$\overline{Y}_1$	$\overline{Y}_0$
1	1	1	1	1	1	1	1	1				
0	×	×	×	×	×	×	×	×				
1	0	×	×	×	×	×	×	×				
1	1	0	×	×	×	×	×	×				
1	1	1	0	×	×	×	×	×				
1	1	1	1	0	×	×	×	×				
1	1	1	1	1	0	×	×	×				
1	1	1	1	1	1	0	×	×				
1	1	1	1	1	1	1	0	×				
1	1	1	1	1	1	1	1	×				

如果测试准确，可以看出，编码器按信号级别高的进行编码，且$\overline{I}_9$状态信号的级别最高，$\overline{I}_1$状态信号的级别最低。这就是优先编码功能，因此，74LS147是一个优先编码器。

2. 数码管功能测试

将共阴极数码管的公共电极接地，分别给$a\sim g$七个输入端加上高电平，观察数码管的发亮情况，记录输入信号与发亮显示段的对应关系。最后，给七个输入端都加上高电平，观察数码管的发亮情况。

3. 74LS48功能试验

(1) 译码功能　将$\overline{LT}$、$\overline{RBI}$、$\overline{BI}/\overline{RBO}$端接高电平，输入十进制数0~9的任意一组8421BCD码(原码)，则输出端$a\sim g$也会得到一组相应的7位二进制代码。如果将这组代码输入到数码管，就可以显示出相应的十进制数。

(2) 试灯功能　给试灯输入端$\overline{LT}$加低电平，而$\overline{BI}/\overline{RBO}$端加高电平时，则输出端$a\sim g$均为高电平。若将其输入数码管，则所有的显示段都发亮，此功能可以用于检查数码管的好坏。

(3) 灭灯功能　将低电平加于灭灯输入端$\overline{BI}/\overline{RBO}$时，不管其它输入电平的状态，所有输出端都为低电平。将这样的输出信号加至数码管，数码管将不发亮。

(4) 动态灭灯功能　$\overline{RBI}$为灭零输入信号，其作用是将数码管显示的数字0熄灭。当

$\overline{RBI}=0$，且$\overline{Y_3}\ \overline{Y_2}\ \overline{Y_1}\ \overline{Y_0}=0000$时，若$\overline{LT}=1$，$a\sim g$输出为低电平，则数码管无显示。利用该灭零端，可熄灭多位显示中不需要的零。不需要灭零时，$\overline{RBI}=1$。

想一想：

通过自己查阅资料所了解的编、译码器，自行设计这样一个系统，并验证其功能是不是和本项目相同？

项目小结

本项目通过对数码显示电路的学习和设计，系统地介绍了组合逻辑电路的特点、分析和设计方法，以及常用的几种组合逻辑电路的工作方式及使用方法。主要内容如下：

1）组合逻辑电路的基本概念及其在功能、结构方面的特点。在逻辑电路中，任意时刻的输出状态只取决于该时刻的输入状态，而与输入信号作用之前的电路状态无关，这种电路称为组合逻辑电路。组合逻辑电路的基本概念也指出了组合逻辑电路所具有的功能特点。在电路结构方面的特点是不存在存储单元。

2）关于组合逻辑电路的设计，在本项目中只介绍了用中小规模集成门电路和组合逻辑芯片设计组合电路的一般方法。由于篇幅的限制，对于复杂电路的层次化结构设计方法将在数字钟项目中作介绍。

3）几种典型的组合逻辑电路有加法器、编码器、译码器、数据选择器及数据分配器等。每种典型组合逻辑电路都给出了几种集成块进行介绍，更多的集成组合逻辑电路可通过查阅相关资料及集成电路手册获取。在介绍各典型组合逻辑电路的工作方式后，还介绍了一些典型组合逻辑电路的应用。

4）在介绍了四个专题后，重点通过完成本项目要求的基本任务来加深对数码显示电路的理解和掌握，更好地实现项目的要求和目标。

思考与练习

3.1　分析图3-39所示电路的逻辑功能，写出输出逻辑表达式，列出真值表，说明电路逻辑功能的特点。

3.2　分析图3-40所示电路的逻辑功能，写出输出逻辑表达式，列出真值表，说明电路逻辑功能的特点。

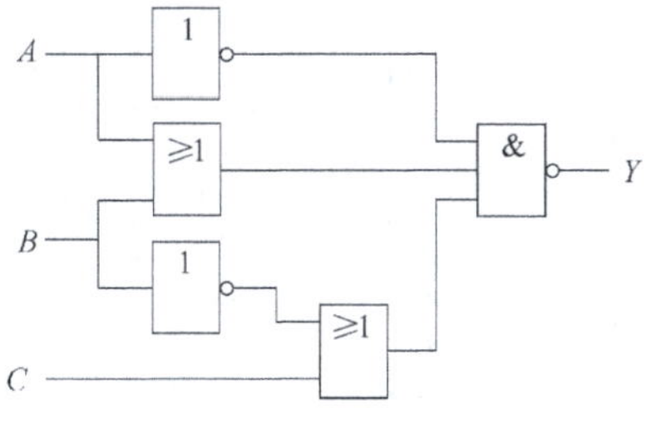

图3-39　思考与练习3.1图

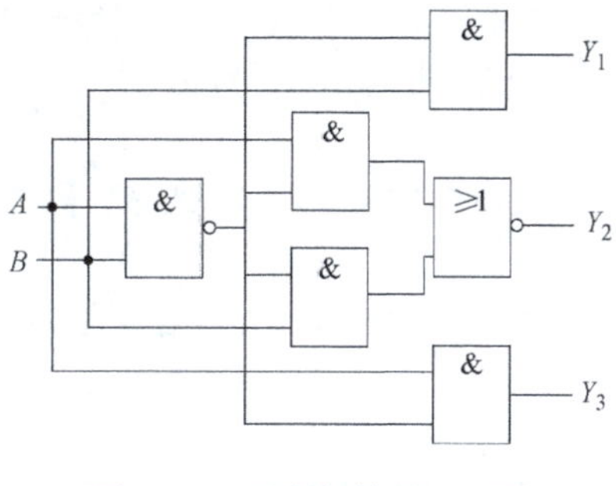

图3-40　思考与练习3.2图

3.3　分析图3-41所示电路的逻辑功能，写出输出逻辑表达式，列出真值表，说明电路逻辑功能的特点。

3.4　分析图3-42所示电路的逻辑功能，写出输出逻辑表达式，列出真值表，说明电路逻辑功能的特点。

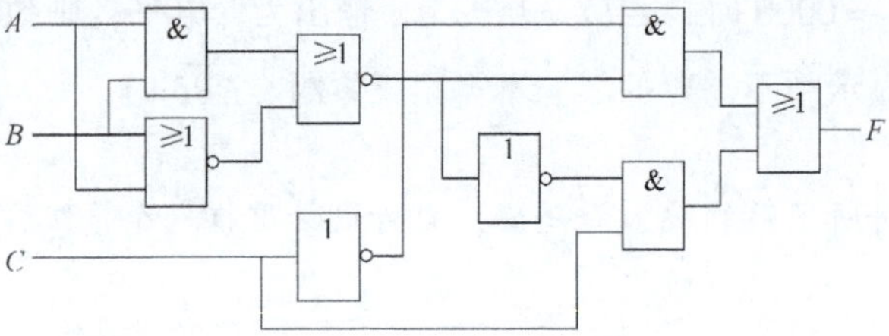

图 3-41 思考与练习 3.3 图

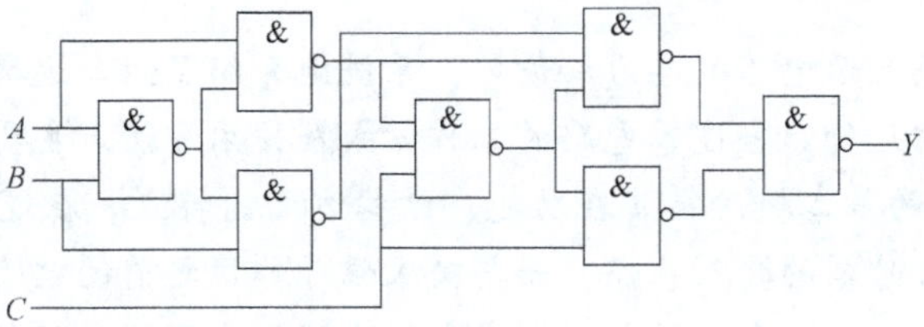

图 3-42 思考与练习 3.4 图

3.5 设计一个"逻辑不一致"电路，要求四个输入变量取值不一致时，输出为1；取值一致时，输出为0。

3.6 用与非门设计一个四路输入的判奇电路，当四个输入中有奇数个1时，输出为1；输入中有偶数个1时，输出为0。

3.7 三个工厂由甲、乙两个变电站供电。若一个工厂用电，则由甲变电站供电；若两个工厂用电，则由乙变电站供电；若三个工厂同时用电，则由甲、乙两个变电站同时供电。试用与非门和非门设计一个满足上述要求的供电控制电路。

3.8 用与非门和反相器设计一个监视交通信号灯工作状态的逻辑电路，每一组信号灯由红、黄、绿三盏灯组成。正常工作情况下，任何时刻必有一盏灯点亮，而且只允许有一盏灯亮。而当其它状态出现时，表示电路出现故障，则发出报警信号，以提醒维护人员去修理。

3.9 试用74HC138 3线-8线译码器，配合必要的门电路实现下列逻辑函数。

(1) $Y(A,B,C)=AC+\overline{B}C$

(2) $Y(A,B,C)=\overline{A}\,\overline{B}C+AB\,\overline{C}+C$

(3) $Y(A,B,C)=\sum m(0,2,3,6)$

(4) $Y(A,B,C)=\sum m(0,1,2,3,4,7)$

3.10 已知74HC138 3线-8线译码器和门电路构成图3-43所示电路，试写出电路的输出 Y_1 和 Y_2 的逻辑表达式。

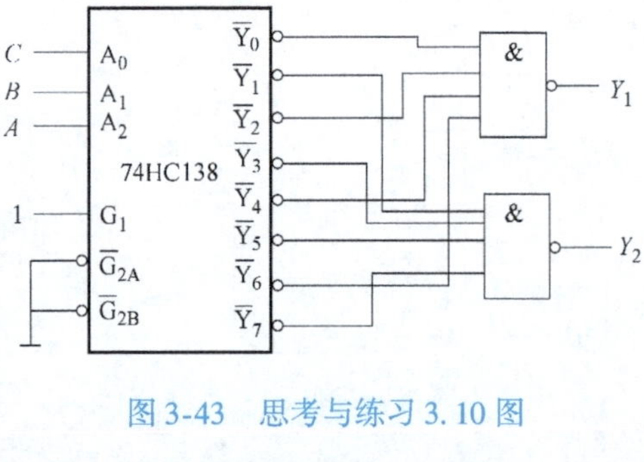

图 3-43 思考与练习 3.10 图

3.11 试用74HC138 3线-8线译码器实现1位全加器。

3.12 写出图3-44a所示组合逻辑电路的逻辑表达式和真值表，然后用图3-44b所示的4选1数据选择器实现。

3.13 试用74HC153 4选1数据选择器实现下列逻辑函数。

(1) $Y(A,B,C)=\overline{A}\,\overline{B}+AB$

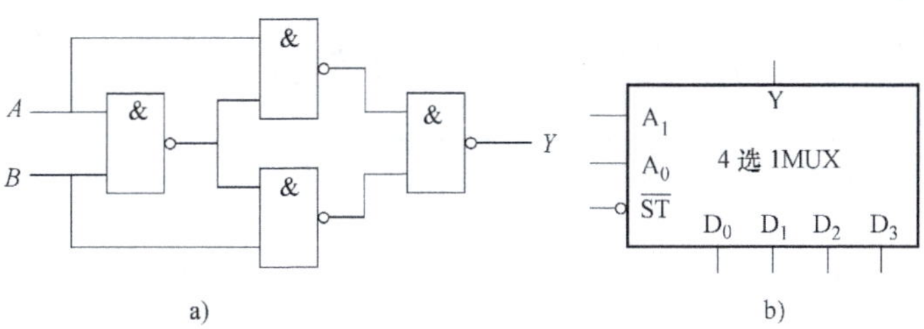

图 3-44 思考与练习 3.12 图

(2) $Y(A,B,C)=A\overline{B}C+AB\overline{C}+BC$

(3) $Y(A,B,C)=\sum m(1,2,5,6)$

(4) $Y(A,B,C)=\sum m(0,2,4,5,6,7)$

3.14 已知由 4 选 1 数据选择器构成的逻辑电路如图 3-45 所示，试分别写出其逻辑表达式。

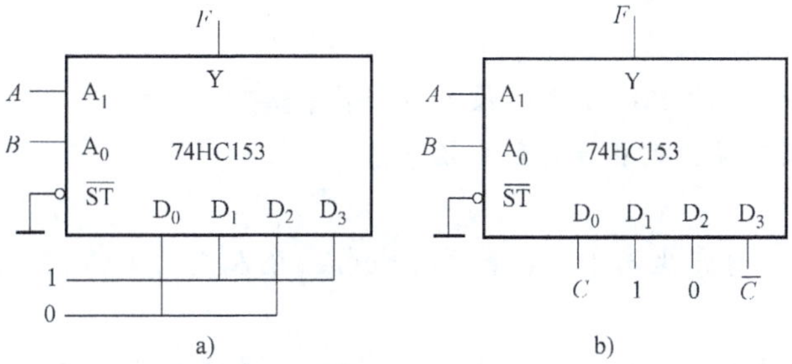

图 3-45 思考与练习 3.14 图

3.15 试用 74HC151 8 选 1 数据选择器实现下列逻辑函数。

(1) $Y(A,B,C)=\sum m(0,2,4,5,6,7)$

(2) $Y(A,B,C)=\sum m(1,3,5,7)$

(3) $Y(A,B,C,D)=\sum m(3,5,7,8,10,11)$

(4) $Y(A,B,C,D)=\sum m(0,2,5,7,8,10,13,15)$

项目4 计数分频电路设计与装调

引言 时序逻辑电路(简称为时序电路)是一种有记忆的电路。它的基本单元是触发器，基本功能电路是计数器和寄存器。

本项目主要用十进制同步计数器设计和制作二十四进制计数电路。要顺利完成此项目电路，大家要熟悉时序逻辑电路的基本分析方法，集成计数器、寄存器的功能原理及应用。

◆ **项目要求：**

用十进制同步计数器设计和制作二十四进制计数电路。

◆ **项目目标：**

- 熟悉计数器的分析方法；
- 掌握中规模集成计数器7490、74161逻辑功能表；
- 熟练用集成计数器7490、74161设计计数器；
- 能根据计数器逻辑功能表设计计数器。

◆ **项目介绍：**

计数器广泛应用于日常生活中的各种电子设备，给人们的工作、生活和娱乐带来了极大的方便。

本项目就是通过对给定CD4518十进制同步计数器逻辑功能表的分析，结合计数分频电路的学习，设计与装调二十四进制计数电路。本项目电路的功能是对输入脉冲的个数进行递增计数，将计数器输出的二进制代码输入到译码显示电路，通过译码显示电路将所计脉冲数显示出来。

本项目中专题部分详细地介绍了计数器的工作原理、时序逻辑电路的分析方法、集成计数器的工作原理及电路设计、寄存器的工作原理和功能应用。

计数器是数字系统中的常用器件，除具有计数功能外，还可用于定时、分频及进行数字运算等。大家在学习过程中要重点把握两点：①要能够熟练应用时序逻辑电路的分析方法，判断N进制时序逻辑电路的逻辑功能。②要能够根据集成计数器的逻辑功能表，熟练设计不同进制计数器。

专题1 二进制计数器

专题要求：

学习时序逻辑电路的分析方法、计数器的分类和典型计数器的工作过程。

专题目标：

- 了解二进制计数器的应用；
- 熟悉二进制计数器的分析方法。

4.1.1 时序逻辑电路分析方法

1. 确定电路时钟脉冲触发方式，写时钟方程

时序逻辑电路(简称时序电路)可分为同步和异步时序电路。同步时序电路中各触发器的时钟端均与总时钟端相连，即 $CP_1 = CP_2 = CP_3 = \cdots = CP$，这样在分析电路时每一个触发器所受的时钟控制是相同的，可总体考虑。而异步时序电路中各触发器的时钟端不是完全相同的，故在分析电路时需要分别考虑，以确定各触发器的翻转条件。

2. 列方程组：驱动方程、次态方程、输出方程

驱动方程即为各触发器输入信号的逻辑表达式，它们决定着触发器次态方程，驱动方程必须根据逻辑电路图的连线得出。次态方程也称状态方程，它表示了触发器次态和现态之间的关系，它是将各触发器的驱动方程代入特性方程而得到的。若电路有外部输出，如计数器的进位输出等，则可写出电路的输出方程。

3. 列状态转换表，画状态转换图、时序图

状态转换表是将电路所有现态依次列举出来，再分别代入次态方程中求出相应的次态并列成表，可通过状态转换表分析电路的转换规律。状态转换图是将状态转换表变成了图形的形式。时序图即为该电路的波形图。

4. 分析电路的逻辑功能，判断是否具有自启动功能

以上归纳的只是一般的分析方法，在分析每个具体的电路时不一定都需要按上述步骤按部就班地进行。例如对于一些简单的电路，有时可以直接列出状态转换表并得到状态转换图。此外，在分析异步时序逻辑电路时，原则上仍然可以按上述步骤进行。不过由于异步时序逻辑电路中的触发器不是共用同一个时钟信号，所以每次电路状态发生转换时，不一定每一个触发器都有时钟信号到达，而且加到不同触发器上的时钟信号在时间上也可能有先有后。而只有在时钟信号到达时，触发器才会按照状态方程决定的次态翻转，否则触发器的状态将保持不变。因此，在每次电路状态发生转换时，必须首先确定每一个触发器是否会有时钟信号到达以及到达的时间，然后才能按状态方程确定它的次态。显然，异步时序逻辑电路的分析要比同步时序逻辑电路的分析更复杂一些。

【例 4.1】 判断图 4-1 所示电路的功能。

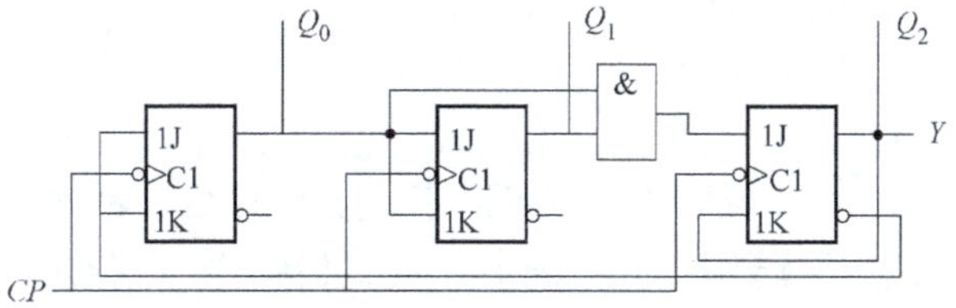

图 4-1 例 4.1 图

解：(1) 写出时钟方程：

$$CP_0 = CP \qquad CP_1 = CP \qquad CP_2 = CP$$

(2) 写出驱动方程：

$$J_0 = \overline{Q_2} \qquad K_0 = \overline{Q_2}$$
$$J_1 = Q_0 \qquad K_1 = Q_0$$

$$J_2 = Q_1Q_0 \qquad K_2 = Q_2$$

（3）写出次态方程：

$$Q_0^{n+1} = \overline{Q}_2\,\overline{Q}_0 + Q_2Q_0$$

$$Q_1^{n+1} = \overline{Q}_1Q_0 + Q_1\,\overline{Q}_0$$

$$Q_2^{n+1} = \overline{Q}_2Q_1Q_0$$

（4）列出状态转换表，见表4-1。

表4-1 状态转换表

CP	Q_2	Q_1	Q_0	Q_2^{n+1}	Q_1^{n+1}	Q_0^{n+1}
1	0	0	0	0	0	1
2	0	0	1	0	1	0
3	0	1	0	0	1	1
4	0	1	1	1	0	0
5	1	0	0	0	0	0
6	1	0	1	0	1	1
7	1	1	0	0	1	0
8	1	1	1	0	0	1

（5）画出状态转换图，如图4-2所示。

（6）归纳逻辑功能：该电路是一个同步五进制加法计数器，具有自启动功能。

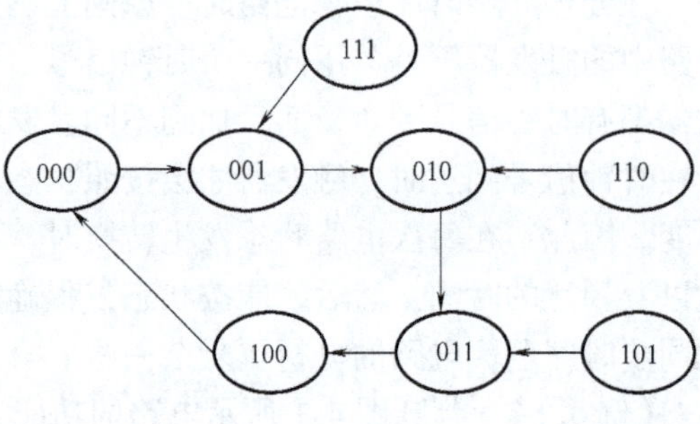

图4-2 状态转换图

4.1.2 异步二进制计数器

在数字电路中，广泛采用二进制计数体制，与此相对应的计数器为二进制计数器。在输入脉冲的作用下，计数器按二进制数变化顺序循环经历 2^n 个独立状态（n 为构成计数器的触发器个数），因此又称为模 2^n 计数器，模数 $M = 2^n$。

1. 异步二进制加法计数器

以3位二进制加法计数器（见图4-3）为例，找出其规律后，再推广到一般。

首先，按照二进制加法运算规律，可以列出3位二进制加法计数器的状态转换表，见表4-2，从中不难发现以下规律：

1）最低位触发器 FF_0 的输出状态 Q_0，在时钟脉冲 CP_0 的作用下，每来一个脉冲状态就翻转一次。

2）次高位触发器 FF_1 的输出状态 Q_1，在 Q_0 由1变为0时翻转一次。也即当 Q_0 原来为1，来一脉冲进行加1计数，"1+1"使本位得0，并向高位进"1"（逢二进一）时，迫使它的相邻高位状态翻转，以满足进位要求。

3）最高位触发器 FF_2 的输出状态 Q_2 与 Q_1 相似，在相邻低位 Q_1 由1→0（进位）时翻转。

表 4-2　3 位二进制加法计数器的状态转换表

输入脉冲数	触发器状态			输入脉冲数	触发器状态		
	Q_2	Q_1	Q_0		Q_2	Q_1	Q_0
0	0	0	0	5	1	0	1
1	0	0	1	6	1	1	0
2	0	1	0	7	1	1	1
3	0	1	1	8	0	0	0
4	1	0	0	9	0	0	1

可见，要构成异步二进制加法计数器，各触发器间的连接规律如下：

1）用具有 T′功能的触发器构成计数器的每一位。

2）最低位触发器的时钟脉冲输入端接计数脉冲源 CP 端。

3）其它各位触发器的时钟脉冲输入端则接到它们相邻低位的输出端 Q 或$\overline{Q}$。究竟是接 Q 端还是$\overline{Q}$端，则应视触发器的触发方式而定：如果触发器为上升沿触发，那么在相邻低位由 1→0(进位)时，应迫使相邻高位翻转，需向其输出一个 0→1 的上升脉冲，可由$\overline{Q}$端引出；如果触发器为下降沿触发，那么在相邻低位由 1→0(进位)时，其 Q 端刚好给出下跳变，满足使高位翻转的需要，因此时钟脉冲输入端应接相邻低位的 Q 端。

图 4-3 所示为由下降沿触发的 JK 触发器构成的3 位异步二进制加法计数器及其时序图，其中各触发器 J、K 端均悬空，其功能相当于 T′触发器。且由图 4-3 可以看出，如果 CP 的频率为 f_0，那么 Q_0、Q_1、Q_2 的频率分别为 $f_0/2$、$f_0/4$、$f_0/8$，说明计数器具有分频作用，因此也称为分频器。每经过一级 T′触发器，输出脉冲频率就被二分频，则相对于 f_0 来说，Q_0、Q_1 和 Q_2 输出依次为 f_0 的二分频、四分频和八分频。

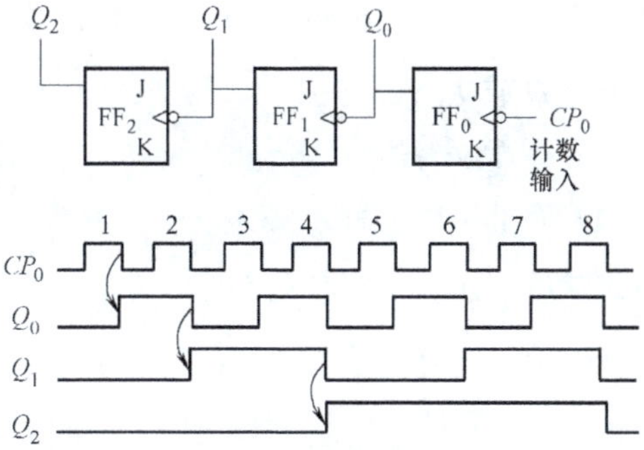

图 4-3　由下降沿触发的 JK 触发器构成的 3 位异步二进制加法计数器及其时序图

n 位二进制计数器最多能累计的脉冲个数为 $2n$，这个数称为计数长度(或容量)。如 3 位二进制计数器的计数长度为 $2^3=8$，包含 $Q_2Q_1Q_0=000$ 在内，共有 8 个状态，8 称为计数器的循环长度，也称为计数器的模。

图4-4 所示为由上升沿触发的 D 触发器构成的4 位异步二进制加法计数器。将各 D 触发器的$\overline{Q}$端反馈至 D 端，即可将 D 触发器转换为 T′触发器。同上所述，该4 位二进制计数器的循环长度为 $2^4=16$，即它应有 16 个状态。

如果计数位数较多时，可按此规律逐级增加高位触发器。

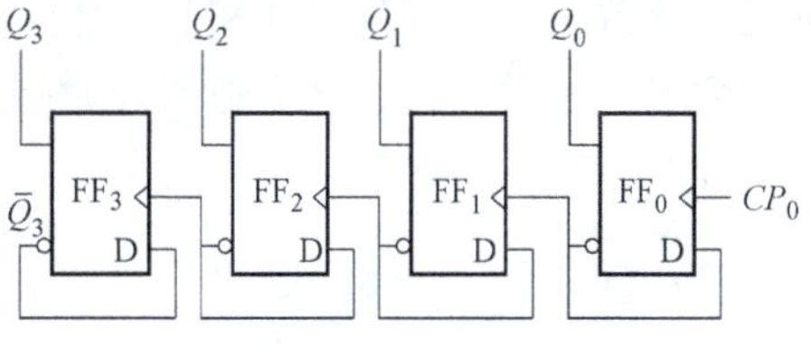

图 4-4　由上升沿触发的 D 触发器构成的 4 位异步二进制加法计数器

2. 异步二进制减法计数器

仍以 3 位二进制计数器(见图 4-5)为例，按照二进制减法运算规律，可以列出 3 位二进制减法计数器随输入脉冲计数递减的状态转换表，见表 4-3，从中不难发现以下规律：

表 4-3　3 位二进制减法计数器的状态转换表

输入脉冲数	触发器状态			输入脉冲数	触发器状态		
	Q_2	Q_1	Q_0		Q_2	Q_1	Q_0
0	0	0	0	5	0	1	1
1	1	1	1	6	0	1	0
2	1	1	0	7	0	0	1
3	1	0	1	8	0	0	0
4	1	0	0				

1）最低位触发器 FF_0 的输出状态 Q_0，在时钟脉冲 CP_0 的作用下，每来一个脉冲状态就翻转一次。

2）次高位触发器 FF_1 的输出状态 Q_1，在其相邻低位 Q_0 由 0→1（借位）时翻转一次。也即当 Q_0 原来为 0，来一脉冲做减 1 运算，因不够减而向高位借“1”时，使它的相邻高位 FF_1 翻转一次，同时本位 Q_0 变为 1。

3）最高位触发器 FF_2 的输出状态 Q_2 与 Q_1 相似，在相邻低位 Q_1 由 0→1（借位）时，产生借位翻转。

可见，要构成异步二进制减法计数器，各触发器应具有 T′功能，最低位触发器的时钟脉冲输入端接计数脉冲源 CP 端，其它各位触发器的时钟脉冲输入端则应接它们相邻低位的输出端 Q 或 $\overline{Q}$。

究竟是接 Q 端还是 $\overline{Q}$ 端，则应视触发器的触发方式而定：如果触发器为下降沿触发，那么在相邻低位由 0→1 变化时，其 $\overline{Q}$ 端刚好产生 1→0 的下跳沿，因此应接相邻低位的 $\overline{Q}$ 端；如果触发器为上升沿触发，则应接相邻低位的 Q 端。

图 4-5 给出了下降沿触发的 3 位异步二进制减法计数器的逻辑图及其时序图，请读者自行画出由上升沿触发器构成的 3 位异步二进制减法计数器的逻辑图及其时序图。

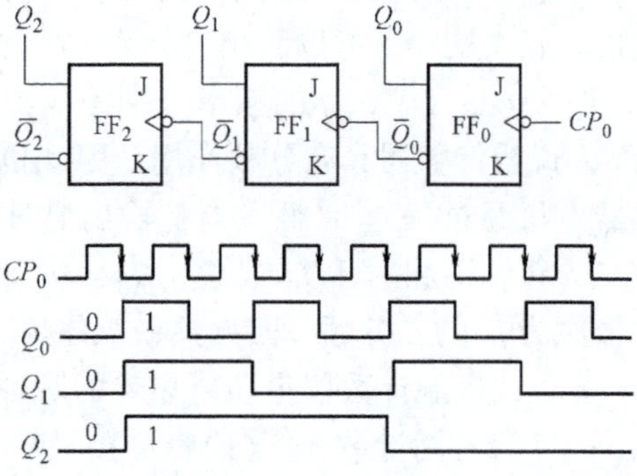

图 4-5　下降沿触发的 3 位异步二进制减法计数器的逻辑图及其时序图

3. 异步计数器的特点

异步计数器的最大优点是电路结构简单。其主要缺点是：由于各触发器翻转时存在延迟时间，级数越多，延迟时间越长，因此计数速度慢；同时，由于延迟时间在有效状态转换过程中会出现过渡状态，从而造成逻辑错误。基于上述原因，在高速的数字系统中，大都采用同步计数器。

4.1.3　同步二进制计数器

1. 同步二进制加法计数器

在同步计数器中，各个触发器的时钟端均由同一时钟脉冲源作用，各触发器若要动作，则应在时钟脉冲作用下同时完成。因此，在相同的时钟脉冲条件下，触发器是否翻转，是由各触发器的数据控制端状态决定的。从表 4-2 中可以发现，若在统一的时钟脉冲作用下，则各触发器状态转换的规律为：

1）每来一个脉冲最低位就翻转一次。

2）其它位均是在其所有低位为 1 时才翻转，因为此时再来一个脉冲，低位向本位应有进位。

所以，由 T 触发器构成的 3 位同步二进制加法计数器，存在以下关系：

$$T_1 = 1 \qquad T_2 = Q_1 \qquad T_3 = Q_2Q_1 \qquad CP_1 = CP_2 = CP_3 = CP$$

3 位同步二进制加法计数器的逻辑图如图 4-6 所示，图中已将 JK 触发器转换为 T 触发器使用。

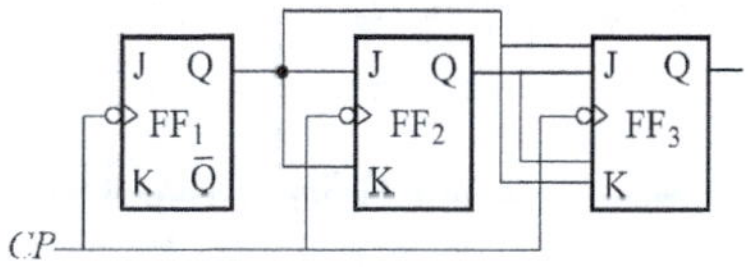

图 4-6　3 位同步二进制加法计数器

以上讨论的是 3 位同步二进制计数器，如果位数更多，则控制进位的规律可依次类推。对其中任一位触发器来说，假如是第 n 位，在其所有低位均为 1 时，下一个 CP 脉冲作用时它将改变状态。因此，T 触发器控制端的逻辑表达式可写为

$$T_n = Q_{n-1} \cdots Q_2Q_1$$

如果用 JK 触发器，则可写为

$$J_n = K_n = Q_{n-1} \cdots Q_2Q_1$$

2. 同步二进制减法计数器

与同步二进制加法计数器相似，由表 4-3 可以看出，在统一的时钟脉冲作用下，各触发器状态转换的规律为：

1）每来一个脉冲最低位翻转一次。

2）其它位均是在其所有低位为 0 时才翻转，因为此时低位需向本位借位。

因此，由 T 触发器构成同步二进制减法计数器时，应有：

$$CP_1 = CP_2 = \cdots CP_n = CP$$

$$T_1 = 1,\ T_2 = \overline{Q}_1,\ \cdots\cdots,\ T_n = \overline{Q}_{n-1} \cdots \overline{Q}_2\ \overline{Q}_1$$

同步计数器具有计数速度高、过渡干扰脉冲小的优点。对同步计数器来说，计数器任一状态改变时，自计数脉冲有跳变沿到稳定输出所需时间比异步计数器要少得多。但它要求计数脉冲源信号功率较大，级数 n 越多，负载越重。同时，级数越多，高位触发器 J、K 端数目越多，低位触发器负载越重。

市场上，同步二进制计数器的产品种类繁多，有些还附加了一些控制功能，例如，带有直接清除功能的 74LS161 4 位同步二进制计数器、具有可预置数功能的 74LS177 二进制计数器、具有可预置和清除功能的 74LS193 同步二进制可逆计数器等。

想一想：

1. 用触发器如何做成异步三十二进制计数器？
2. 异步二进制计数器与同步二进制计数器有哪些区别？

专题 2　十进制计数器

专题要求：

通过对十进制计数器电路的学习，掌握异步计数器的分析方法，并能判断电路能否自启动。

专题目标：

- 了解十进制计数器的应用；
- 熟悉十进制计数器的分析方法。

虽然二进制计数器有电路结构简单、运算方便等优点，但人们仍习惯于用十进制计数，特别是当二进制数的位数较多时，要较快地读出数据就比较困难，因此数字系统中经常要用到十进制计数器。

十进制计数器的每一位计数单元需要有 10 个稳定的状态，分别用 0～9 十个数码表示。直接找到一个具有 10 个稳定状态的器件是非常困难的，目前广泛采用的方法是用若干个最简单的具有两个稳态的触发器组合成一位十进制计数器。如果用 M 表示计数器的模数，n 表示组成计数器的触发器个数，那么应有 $2^n \geqslant M$ 的关系。对于十进制计数器而言，$M=10$，则 n 至少为 4，即由 4 位触发器组成 1 位十进制计数器。前面已经讨论了，4 位触发器可组成 4 位二进制计数器，有 16 个状态，用其组成十进制计数器只需 10 个状态来分别对应 0～9 十个数码，而需剔除其余的 6 个状态。这种表示 1 位十进制数的一组 4 位二进制数码，称为二-十进制代码或 8421BCD 码，所以十进制计数器也常称为二-十进制计数器。常见的 BCD 码有“8421”码、“2421”码、“5421”码等。下面通过两个具体电路来说明十进制计数器的功能及分析方法。

图 4-7 给出了两个异步十进制计数器的逻辑电路图，从图中可见，各触发器的时钟脉冲端不受同一脉冲控制，各个触发器的翻转除受 J、K 端控制外，还要看是否具备翻转的时钟条件。

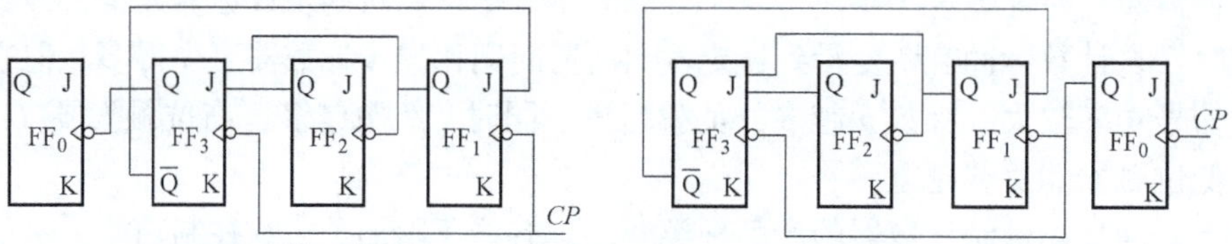

a) 5421BCD 码模 10 计数器　　b) 8421BCD 码模 10 计数器

图 4-7　异步十进制计数器

图 4-7a 所示的电路分析步骤如下：

1）写出时钟方程。

$$CP_1 = CP \qquad CP_2 = Q_1 \qquad CP_3 = CP \qquad CP_0 = Q_3$$

2）写出驱动方程。

$$J_1 = \overline{Q}_3,\ K_1 = 1;\ J_2 = 1,\ K_2 = 1;\ J_3 = Q_2 Q_1,\ K_3 = 1;\ J_0 = 1,\ K_0 = 1。$$

3）写出次态方程，此时要特别注意各触发器次态变化的时刻。

$$Q_1^{n+1}=\overline{Q}_3\overline{Q}_1 \quad CP_1\downarrow \quad (CP_1=CP)$$
$$Q_2^{n+1}=\overline{Q}_2 \quad CP_2\downarrow \quad (CP_2=Q_1)$$
$$Q_3^{n+1}=\overline{Q}_3Q_2Q_1 \quad CP_3\downarrow \quad (CP_3=CP)$$
$$Q_0^{n+1}=\overline{Q}_0 \quad CP_0\downarrow \quad (CP_0=Q_3)$$

4）列出状态转换表。依次假设现态，代入次态方程进行计算，计算时要特别注意次态方程中的每一个逻辑表达式有效的时钟条件。各触发器只有当相应的触发边沿（如 FF_2 触发器的触发边沿是 Q_1 的下降沿）到来时，才能按次态方程决定其次态的转换，否则将保持原态不变。依此方法可列出状态转换表，见表4-4。

表4-4　图4-7a的状态转换表

计数脉冲 CP	触发器状态				对应十进制数
	Q_0	Q_3	Q_2	Q_1	
0	0	0	0	0	0
1	0	0	0	1	1
2	0	0	1	0	2
3	0	0	1	1	3
4	0	1	0	0	4
5	1	0	0	0	5
6	1	0	0	1	6
7	1	0	1	0	7
8	1	0	1	1	8
9	1	1	0	0	9
10	0	0	0	0	0

由表4-4可画出图4-7a的时序图，如图4-8a所示。如果由于某种原因该电路进入6个任意态，则经过计算，在 CP 脉冲作用下其状态转换的结果与表4-4所示状态转换表结合起

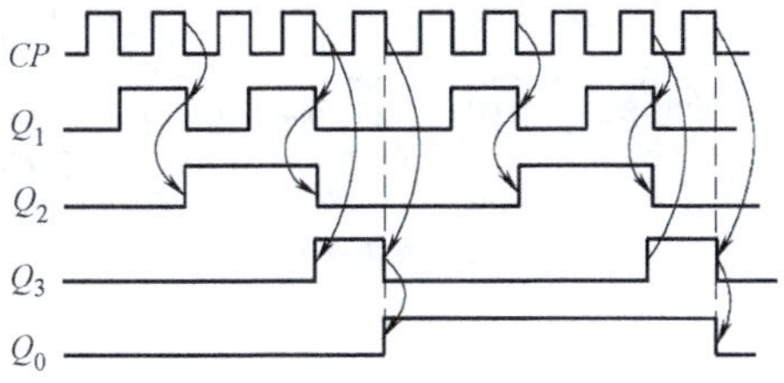

a) 时序图

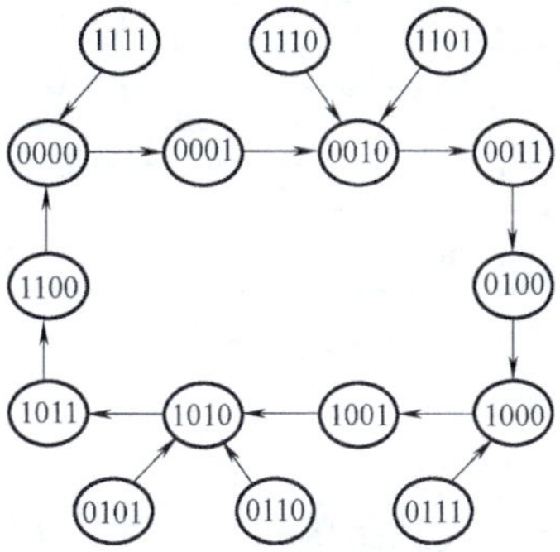

b) 全状态转换图

图4-8　图4-7a的时序图和全状态转换图

来，可画出图4-7a的全状态转换图，如图4-8b所示。由图4-8b可见，该电路是具有自启动功能的。

5）归纳逻辑功能。由状态转换表、时序图或全状态转换图均可得出，图4-7a所示电路是5421BCD码的异步十进制加法计数器。将图4-7a中的高位触发器 FF_0 移至低位，即为图4-7b所示电路。

按照上述方法，可列出图4-7b的状态转换表，见表4-5，时序图和全状态转换图如图4-9所示。可见，图4-7b所示电路是8421 BCD码的异步十进制加法计数器，也具有自启动功能。

表4-5 图4-7b的状态转换表

计数脉冲 CP	触发器状态				对应十进制数
	Q_3	Q_2	Q_1	Q_0	
0	0	0	0	0	0
1	0	0	0	1	1
2	0	0	1	0	2
3	0	0	1	1	3
4	0	1	0	0	4
5	0	1	0	1	5
6	0	1	1	0	6
7	0	1	1	1	7
8	1	0	0	0	8
9	1	0	0	1	9
10	0	0	0	0	0

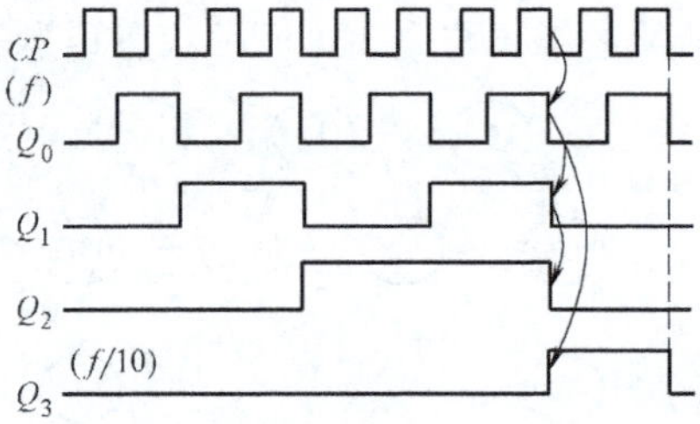

a) 时序图

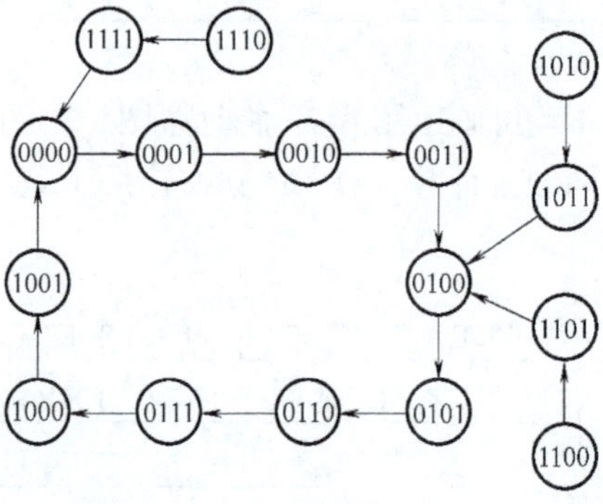

b) 全状态转换图

图4-9 图4-7b的时序图和全状态转换图

实际上，从时序图可以看出，$FF_3 \sim FF_1$ 构成一个异步五进制加法计数器，FF_0 构成了1位二进制计数器，两个计数器级联构成了“$5 \times 2 = 10$”的十进制计数器。如果将 FF_0 放在最高位，则两个计数器级联构成了“$2 \times 5 = 10$”，也是十进制计数器，但由于各位权数不同，就构成了不同编码方式的十进制计数器。由此，可以得出由小模数计数器级联构成大模数计数器的方法：两个模数分别为 m 和 n 的计数器级联，可构成模 mn 计数器。

想一想：

1. 如何判断 N 进制计数器至少需要几个触发器？
2. 如何判断计数器电路是否具有自启动功能？

专题3 任意进制计数器

专题要求：

通过本专题学习，能用典型集成计数器芯片实现任意进制计数器。

专题目标：

- 掌握7490和74161的逻辑功能表；
- 熟练用7490和74161设计计数器。

集成计数器属于中规模集成电路，其种类较多，应用也十分广泛。按其工作步调一般可分为同步计数器和异步计数器两大类，通常为8421BCD码十进制计数器和4位二进制计数器，这些计数器功能比较完善，同时还附加了辅助控制端，可进行功能扩展。现以两个常用集成计数器为例来说明它们的功能及扩展应用。

4.3.1 7490异步集成计数器

1. 电路结构

7490的全称为二-五-十进制计数器，图4-10a所示是它的逻辑电路图，图4-10b、c所示是它的逻辑符号。7490芯片具有14个外引线端子，电源 V_{CC}(5端)、地GND(10端)及空端子(4端、13端)未在图中表示出来。

由图4-10a可见：

1）FF_A 触发器具有T′触发器功能，是一个1位二进制计数器，若在 CP_A 端输入脉冲，则 Q_A 的输出信号是 CP_A 的二分频。

2）$FF_B \sim FF_D$ 触发器组成异步五进制计数器，若在 CP_B 端输入脉冲，则 Q_D 的输出信号是 CP_B 的五分频。

3）若将 Q_A 接 CP_B，由 CP_A 输入计数脉冲，由 $Q_DQ_CQ_BQ_A$ 输出，则构成8421BCD码十进制计数器；若将 Q_D 接 CP_A，由 CP_B 输入计数脉冲，由 $Q_AQ_DQ_CQ_B$ 输出，则构成5421BCD码十进制计数器。

2. 电路功能

(1) 复位　当复位输入端 $R_{01}R_{02}=1$、置9输入端 $S_{91}S_{92}=0$ 时，使各触发器清零，实现计数器清零功能。

(2) 置9　当置9输入端 $S_{91}S_{92}=1$、复位输入端 $R_{01}R_{02}=0$ 时，可使触发器 FF_A、FF_D 置1，而 FF_B、FF_C 置0，实现计数器置9功能。即当计数器连接成8421BCD码十进制计数器形式时，则使 $Q_DQ_CQ_BQ_A=1001$；当计数器连接成5421BCD码十进制计数器形式时，则使 $Q_AQ_DQ_CQ_B=1100$。

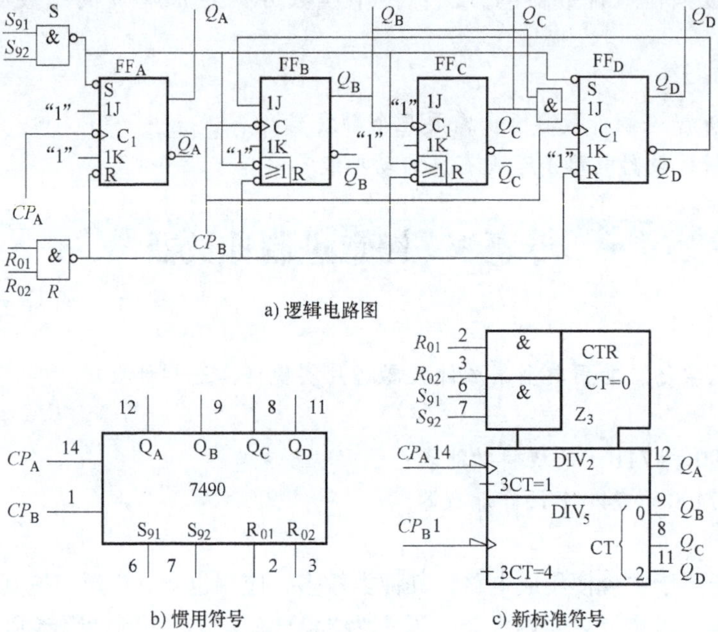

a) 逻辑电路图

b) 惯用符号　　c) 新标准符号

图 4-10　7490 异步集成计数器

因为复位和置 9 均不需要时钟脉冲 CP 作用，因此又称为异步复位和异步置 9。

（3）计数　当 $R_{01}R_{02}=0$、$S_{91}S_{92}=0$ 时，各触发器恢复 JK 触发器功能而实现计数功能。究竟按什么进制计数，则需要依据外部接线情况而定，可实现二进制、五进制、十进制等计数。时钟脉冲 CP_A、CP_B 下降沿有效。

7490 异步集成计数器的逻辑功能见表 4-6。

表 4-6　7490 的逻辑功能表

输入控制端					输出端			
CP	R_{01}	R_{02}	S_{91}	S_{92}	Q_D	Q_C	Q_B	Q_A
×	1	1	0	×	0	0	0	0
×	1	1	×	0	0	0	0	0
×	0	×	1	1	1	0	0	1
×	×	0	1	1				
↓	0	×	0	×	计数			
↓	0	×	×	0				
↓	×	0	0	×				
↓	×	0	×	0				

3. 构成任意进制计数器

在二-五-十进制计数器的基础上，利用其辅助控制端子，通过不同的外部连接，用 7490 异步集成计数器可构成任意进制计数器。

【例 4.2】　用 7490 构成六进制加法计数器。

解： 图 4-11a 是用 7490 异步集成计数器构成的六进制加法计数器的逻辑电路图，图 4-11b

是它的时序图。图4-11a中，将 Q_A 接 CP_B，计数脉冲由 CP_A 接入，使7490连接成8421BCD码加法计数器。若将 Q_C、Q_B 反馈至 R_{01} 和 R_{02}，当计数至0110时，计数器被迫复位。因此计数器实际计数循环为0000~0101六个有效状态，跳过了0110~1001四个无效状态，构成模6计数器。由时序图可见，"0110"状态有一个极短暂的过程，一旦计数器复位，该状态就消失了。

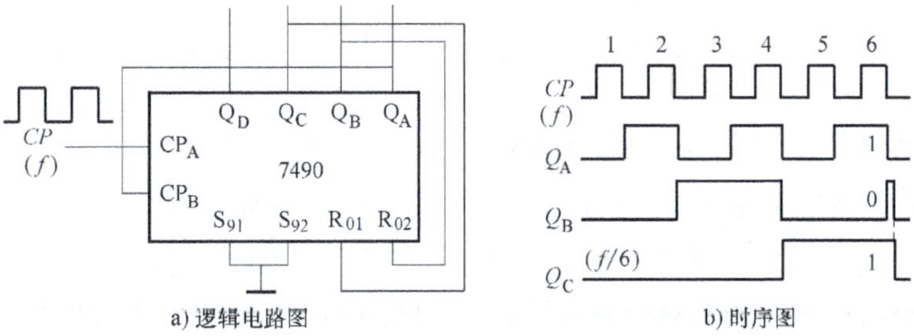

图4-11 7490构成的六进制加法计数器

这种用反馈复位使计数器清零跳过无效状态，构成所需进制计数器的方法，称为反馈复位法。

【例4.3】 用7490构成八十二进制计数器。

解： 两片7490均接成8421BCD码十进制计数器形式，将个位片的进位输出 Q_D 接至十位片的计数脉冲输入端 CP_A，两片7490就可级联成一个8421BCD码的一百进制计数器。图4-12a为由两片7490构成的经过反馈控制的八十二进制计数器。

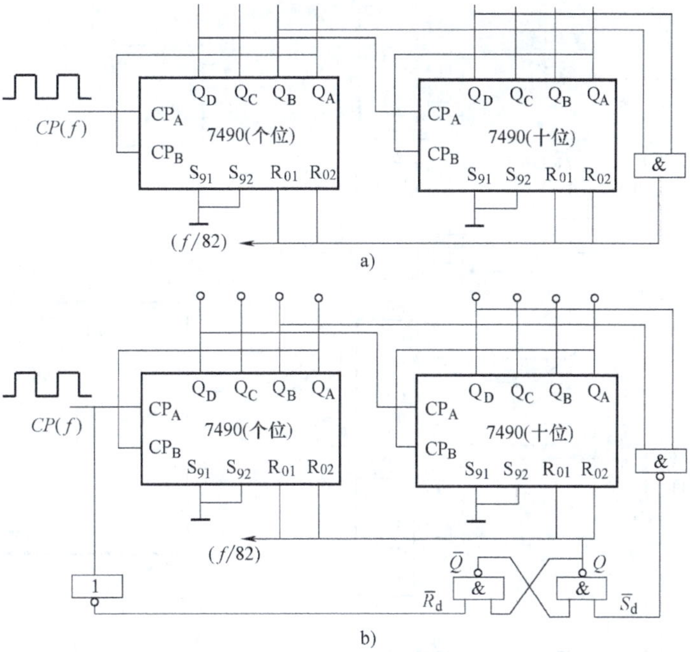

图4-12 7490构成的八十二进制计数器

当十位片计数至"8"（即1000）和个位片计数至"2"（即0010）时，与门输出高电平，使计数器复位。与门输出又是八十二进制计数器的进位输出端，可获得 CP 脉冲的82分频信号。

由此可见，运用反馈复位法，改变与门输入端接线，7490 集成芯片可构成任意进制计数器。

图 4-12a 所示电路的缺点是可靠性较差。当计数到 82 值时，与门立刻输出正脉冲使计数器复位，迫使计数器迅速脱离 82 状态，所以正脉冲极窄。由于器件制造的离散性，集成计数器的复位时间有长有短，复位时间短的芯片一旦复位变为 0，正脉冲立刻消失，这就可能使复位时间较长的芯片来不及复位，于是计数不能恢复到全 0 状态，造成误动作。为了克服这一缺点，常采用图 4-12b 所示的改进电路，当计数到 82 值时，与非门输出负脉冲将基本 RS 触发器置 1，使计数器复位。基本 RS 触发器的作用是将与非门输出的反馈复位窄脉冲锁住，直到计数脉冲作用完(对下降沿触发器指的是 $CP=0$ 期间)为止。因而，Q 端输出脉冲有足够的宽度，保证计数器可靠复位。到下一个计数脉冲上升沿到来时，$\overline{R}_D=0$，基本 RS 触发器置 0，将复位信号撤消，并从 CP 脉冲下降沿开始重新循环计数。

若使用上升沿触发的触发器构成的计数器，则图 4-12b 中的与非门改为与门即可。

4.3.2　74161 同步集成计数器

1. 电路功能

图 4-13a 给出了 74161 4 位同步二进制计数器的逻辑电路图，它由四个 JK 触发器和一些辅助控制电路组成。

74161 共有 16 个外引线端子，除电源 V_{CC}(16 端)及地 GND(8 端)外，其余的输入、输出端子均在图 4-13b 所示的惯用符号和图 4-13c 所示的新标准符号中表示出来。

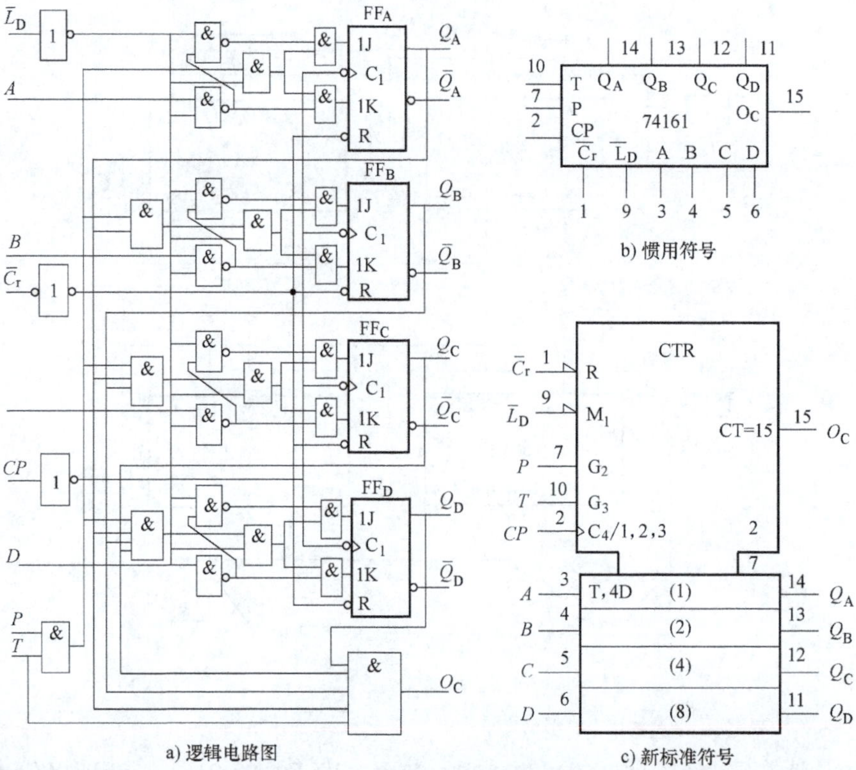

a) 逻辑电路图　b) 惯用符号　c) 新标准符号

图 4-13　74161 同步集成计数器

（1）异步清零　当 $\overline{C}_r=0$ 时，计数器为全零状态。因清零不需要与时钟脉冲 CP 同步作用，因此称为异步清零。清零控制信号 $\overline{C}_r$ 低电平有效。

（2）同步预置　当清零控制端 $\overline{C}_r=1$、使能端 $P=T=1$、预置控制端 $\overline{L}_D=0$ 时，电路可实现同步预置数功能，即在 CP 脉冲上升沿作用下，计数器输出 $Q_DQ_CQ_BQ_A=DCBA$。

（3）保持功能　当 $\overline{L}_D=\overline{C}_r=1$ 时，只要 P、T 中有一个为 0，即封锁了四个触发器的 J、K 端使其全为 0，此时无论有无 CP 脉冲，各触发器状态保持不变。

（4）计数　当 $\overline{L}_D=\overline{C}_r=P=T=1$ 时，电路可实现 4 位同步二进制加法计数器功能。当此计数器累加到“1111”状态时，溢出进位输出端 O_C 输出一个高电平的进位信号。

值得注意的是：74161 内部采用的是下降沿触发的 JK 触发器，但 CP 脉冲是经过非门后才引入到 JK 触发器时钟端的，因此集成芯片的同步预置和计数功能均是在 CP 脉冲上升沿实现的。图 4-13c 所示的新标准符号中 CP 脉冲输入端用“—▷”表示，说明是时钟脉冲上升沿触发。

74161 的逻辑功能见表 4-7。

表 4-7　74161 的逻辑功能表

输入									输出			
CP	$\overline{C}_r$	$\overline{L}_D$	P	T	D	C	B	A	Q_D	Q_C	Q_B	Q_A
×	0	×	×	×	×	×	×	×	0	0	0	0
↑	1	0	×	×	D	C	B	A	D	C	B	A
×	1	1	0	×	×	×	×	×	保持			
×	1	1	×	0	×	×	×	×	保持			
↑	1	1	1	1	×	×	×	×	计数			

2. 构成任意进制计数器

74161 是集成 4 位同步二进制计数器，也就是模 16 计数器，用它可构成任意进制计数器，有以下两种方法。

（1）反馈复位法　与 7490 集成计数器一样，74161 也有异步清零功能，因此可以采用反馈复位法，使清零控制端 $\overline{C}_r$ 为零，迫使计数器在正常计数过程中跳过无效状态，实现所需进制的计数器。

【例 4.4】 用 74161 同步集成计数器通过反馈复位法构成十进制计数器。

解： 图 4-14 是用 74161 构成的十进制计数器。当计数器从 $Q_DQ_CQ_BQ_A=0000$ 状态开始计数，计到 $Q_DQ_CQ_BQ_A=1001$ 时，计数器正常工作。当第 10 个计数脉冲上升沿到来时计数器出现 1010 状态，与非门 D 立刻输出“0”，使计数器复位至 0000 状态，使 1010 为瞬间状态，不能成为一个有效状态，从而完成一个十进制计数循环。

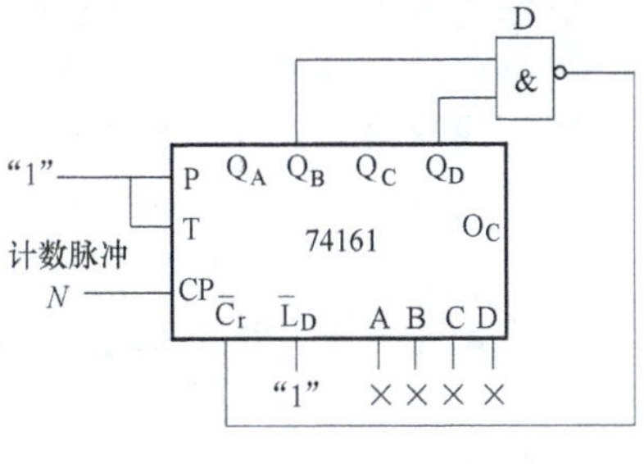

图 4-14　反馈复位法实现十进制计数器

（2）反馈预置法　利用 74161 具有的同步预置功能，通过反馈使计数器返回至预置的初态，也能构成任意进制计数器。

【例 4.5】 用 74161 同步集成计数器通过反馈预置法构成十进制计数器。

解：图 4-15a 所示为按自然序态变化的十进制计数器电路。图中，$A=B=C=D=0$，$\overline{C}_r=1$，当计数器从 $Q_DQ_CQ_BQ_A=0000$ 开始计数后，计到第 9 个脉冲时，$Q_DQ_CQ_BQ_A=1001$，此时与非门 D 输出“0”，使 $\overline{L}_D=0$，为 74161 同步预置做好了准备。当第 10 个 CP 脉冲上升沿作用时，完成同步预置，使 $Q_DQ_CQ_BQ_A=DCBA=0000$，计数器按自然序态完成 0～9 的十进制计数。

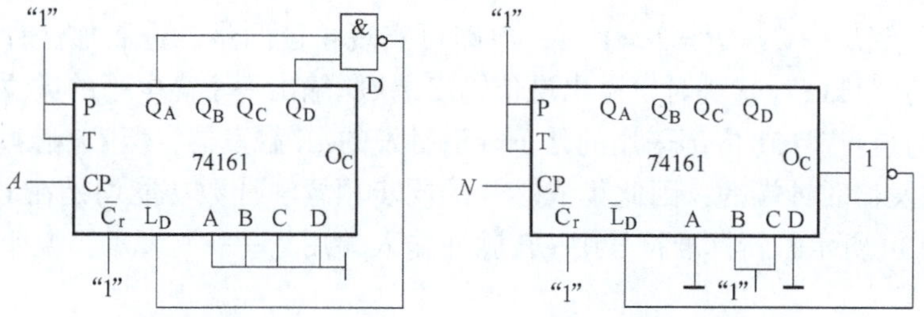

a) 按自然序态变化　　b) 按非自然序态变化

图 4-15　反馈预置法实现十进制计数器

与用异步复位实现的反馈复位法相比，这种方法构成的 N 进制计数器，在第 N 个脉冲到来时，输出端不会出现瞬间的过渡状态。

另外，利用 74161 的溢出进位输出端 O_C，也可实现反馈预置，构成任意进制计数器。

例如，把 74161 的初态预置成 $Q_DQ_CQ_BQ_A=0110$ 状态，利用溢出进位输出端 O_C 形成反馈预置，则计数器就在 0110～1111 的后 10 个状态间循环计数，构成按非自然序态计数的十进制计数器，如图 4-15b 所示。

当计数模数 $M>16$ 时，可以利用 74161 的溢出进位信号 O_C 去连接高 4 位的 74161 芯片，构成 8 位二进制计数器等，读者可自行思考实现的方案。

想一想：

1. 如何用 7490 设计七十九进制计数器？
2. 如何用 74161 设计七进制计数器（用两种方法）？

专题 4　寄存器和移位寄存器

专题要求：

通过本专题学习，了解寄存器和移位寄存器的组成结构、逻辑功能及其应用。

专题目标：

■ 了解寄存器的基本概念；

■ 熟悉移位寄存器的工作原理。

在计算机或其它数字系统中，经常要求将运算数据或指令代码暂时存放起来。能够暂存数码（或指令代码）的数字器件称为寄存器。要存放数码或信息，就必须有记忆单元——触发器，每个触发器能存储 1 位二进制数码，存放 n 位二进制数码就需要 n 个触发器。

寄存器能够存放数码，移位寄存器除具有存放数码的功能外，还能将数码移位。

4.4.1 寄存器

寄存器要存放数码，必须有以下三个方面的功能：

1）数码要存得进。

2）数码要记得住。

3）数码要取得出。

因此，寄存器中除触发器外，通常还有一些用于控制的门电路相配合。

在数字集成电路手册中，寄存器通常有锁存器和寄存器之别。实际上，锁存器常指用同步型触发器构成的寄存器；而一般所说的寄存器是指用无空翻现象的时钟触发器(即边沿型触发器)构成的寄存器。

图4-16为由D触发器组成的4位数码寄存器，将待寄存的数码预先分别加在各D触发器的输入端，在存数指令(*CP* 脉冲上升沿)的作用下，待存数码将同时存入相应的触发器中，又可以同时从各触发器的 Q 端输出，所以称其为并行输入、并行输出的寄存器。

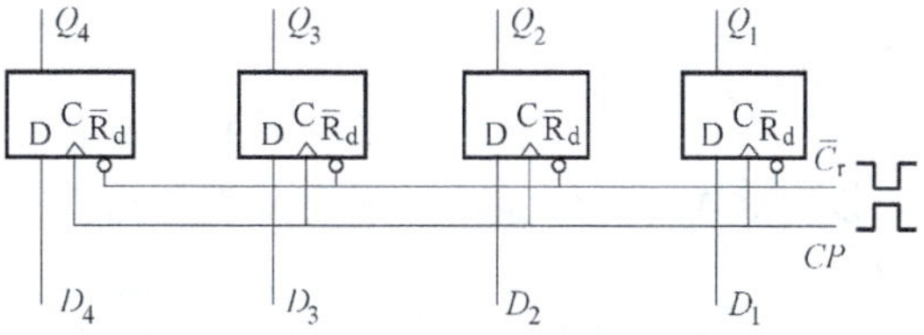

图4-16 4位数码寄存器

这种寄存器的特点是，在存入新的数码时自动清除寄存器的原始数码，即只需要一个存数脉冲就可将数码存入寄存器，常称其为单拍接收方式的寄存器。

集成寄存器的种类很多，在掌握其基本工作原理的基础上，通过查阅手册可进一步了解其特性并灵活应用。

4.4.2 移位寄存器

寄存器中存放的各种数码，有时需要依次移位(或低位向相邻高位移动,或高位向相邻低位移动)，以满足数据处理的需求。例如将一个4位二进制数左移一位相当于该数进行乘以2的运算，右移一位相当于该数进行除以2的运算。具有移位功能的寄存器称为移位寄存器。

1. 单向移位寄存器

由D触发器构成的右移寄存器如图4-17所示。左边触发器的输出接至相邻右边触发器的输入端 D，输入数据由最左边触发器 FF_0 的输入端 D_0 接入，D_0 为串行输入端，Q_3 为串行输出端，$Q_3 \sim Q_0$ 为并行输出端。

设寄存器的原始状态为 $Q_3Q_2Q_1Q_0=0000$，将数据1101从高位至低位依次移至寄存器时，因为逻辑电路图中最高位寄存器单元 FF_3 位于最右侧，因此需先送入最高位数据，则

第1个 $CP\uparrow$ 到来时，$Q_3Q_2Q_1Q_0=0001$；

第2个 $CP\uparrow$ 到来时，$Q_3Q_2Q_1Q_0=0011$；

第3个 $CP\uparrow$ 到来时，$Q_3Q_2Q_1Q_0=0110$；

第4个 $CP\uparrow$ 到来时，$Q_3Q_2Q_1Q_0=1101$。

此时，并行输出端 $Q_3Q_2Q_1Q_0$ 的数码与输入相对应，完成了将4位串行数据输入并转换为并行数据输出的过程，时序图如图4-17b所示。显然，若以 Q_3 端作为输出端，再经4个

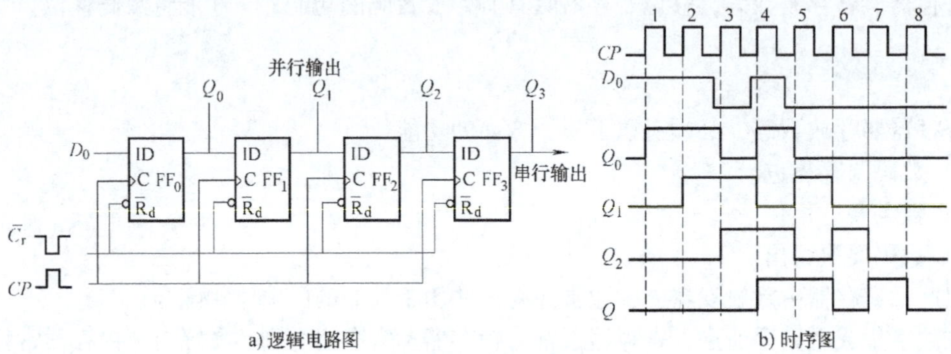

图 4-17　单向右移寄存器

CP 脉冲后，已经输入的并行数据可依次从 Q_3 端串行输出，即可组成串行输入、串行输出的移位寄存器。

如果将右边触发器的输出端接至相邻左边触发器的数据输入端，待存数据由最右边触发器的数据输入端串行输入，则构成左移移位寄存器。请读者自行画出左移移位寄存器的电路图。

除用 D 触发器外，也可用 JK、RS 触发器构成寄存器，只需将 JK、RS 触发器转换为 D 触发器功能即可。但 T 触发器不能用来构成移位寄存器。

2. 双向移位寄存器

在单向移位寄存器的基础上，增加由门电路组成的控制电路就可以构成既能左移也能右移的双向移位寄存器。图 4-18 所示为 74194 4 位双向通用移位寄存器的逻辑电路图和逻辑符号。

（1）电路结构　74194 4 位双向通用移位寄存器（74LS194、74S194 等）的逻辑电路图如图 4-18a 所示，它由四个下降沿触发的 RS 触发器和四个与或（非）门及缓冲门组成。对外共有 16 个引线端子，其中 16 端为电源 V_{CC} 端子，8 端为地 GND 端子。*A*、*B*、*C*、*D*（3 ~ 6 端子）为并行数据输入端，Q_A、Q_B、Q_C、Q_D（15、14、13、12 端子）为并行输出端，D_L（7 端子）为左移串行数据输入端，D_R（2 端子）为右移串行数据输入端，$\overline{C}_r$（1 端子）为异步清零端，*CP*（11 端子）为脉冲控制端，S_1、S_0（9、10 端子）为工作方式控制端。

（2）逻辑功能　74194 4 位双向通用移位寄存器主要有以下几种逻辑功能：

1）异步清零。当 $\overline{C}_r=0$ 时，经缓冲门 D_2 送到各 RS 触发器一个复位信号，使各触发器在该复位信号作用下清零。因为清零工作不需要 *CP* 脉冲的作用，故称为异步清零。移位寄存器正常工作时，必须保持 $\overline{C}_r=1$（高电平）。

2）静态保持。当 $CP=0$ 时，各触发器没有时钟变化沿，因此将保持原来状态。

3）正常工作时，双向移位寄存器有以下几种功能：

① 并行置数。当 $S_1S_0=11$ 时，四个与或（非）门中自上而下的第 3 个与门打开（其它三个与门关闭），并行输入数据 *A*、*B*、*C*、*D* 在时钟脉冲上升沿作用下，送入各 RS 触发器中（因为 $R=\overline{S}$，所以 RS 触发器工作于 D 触发器功能），即各触发器的次态为

$$(Q_AQ_BQ_CQ_D)^{n+1}=ABCD$$

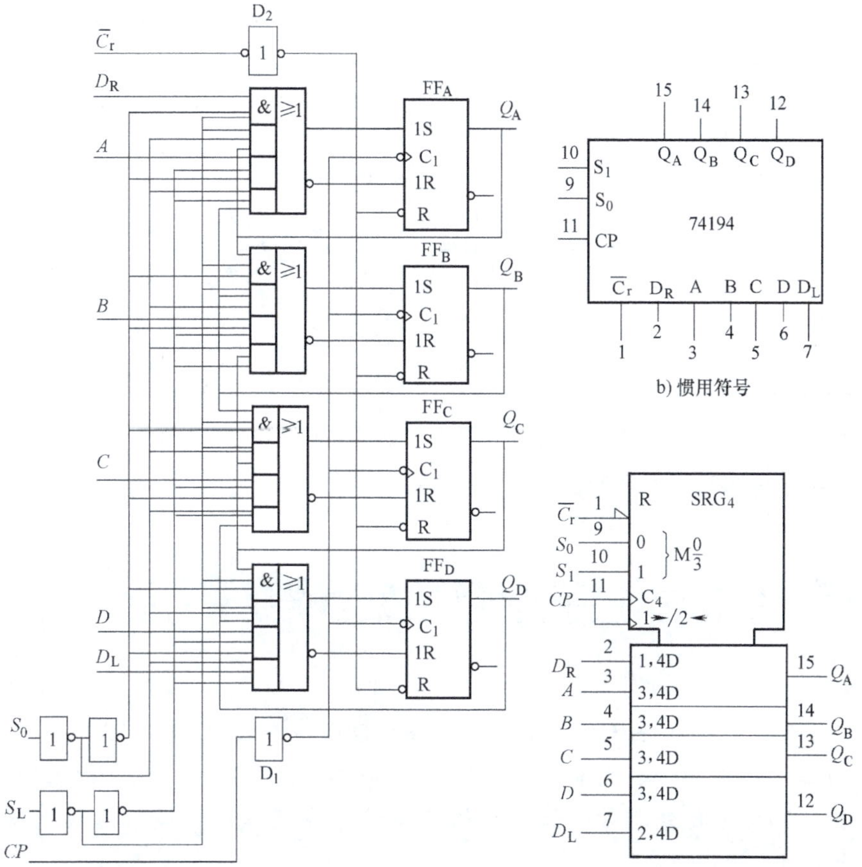

a) 逻辑电路图　　b) 惯用符号　　c) 新标准符号

图 4-18　74194 4 位双向通用移位寄存器

② 右移。当 $S_1S_0=01$ 时，四个与或(非)门中自上而下的第 1 个与门打开，右移串行输入数据 D_R 送入 FF_A 触发器，使 $Q_A^{n+1}=D_R, Q_B^{n+1}=Q_A^n, \cdots$，在 CP 脉冲上升沿作用下完成右移。

③ 左移。当 $S_1S_0=10$ 时，四个与或(非)门中自上而下的第 4 个与门打开，左移串行输入数据 D_L 送入 FF_D 触发器，使 $Q_D^{n+1}=D_L$，$Q_C^{n+1}=Q_D^n$，…，在 CP 脉冲上升沿作用下完成左移。

④ 保持(动态保持)。当 $S_1S_0=00$ 时，四个与或(非)门中自上而下的第 2 个与门打开，各触发器将其输出送回自身输入端，所以，在 CP 脉冲作用下，各触发器仍保持原状态不变。

由以上分析可见，74194 移位寄存器具有清零、静态保持、并行置数、左移、右移和动态保持功能，是功能较为齐全的双向移位寄存器，其逻辑功能归纳于表 4-8 中。

表 4-8　74194 4 位双向通用移位寄存器的逻辑功能表

输入										输出				功能
清零	方式控制		时钟	串行输入		并行输入								
$\overline{C}_r$	S_1	S_0	CP	D_L	D_R	A	B	C	D	Q_A^{n+1}	Q_B^{n+1}	Q_C^{n+1}	Q_D^{n+1}	
0	×	×	×	×	×	×	×	×	×	0	0	0	0	清零
1	×	×	0	×	×	×	×	×	×	Q_A^n	Q_B^n	Q_C^n	Q_D^n	保持

（续）

输入							输出				功能
清零	方式控制		时钟	串行输入		并行输入					
1	1	1	↑	×	×	A B C D	A	B	C	D	并行置数
1	1	0	↑	0	×	× × × ×	Q_B^n	Q_C^n	Q_D^n	0	左移
1	1	0	↑	1	×	× × × ×	Q_B^n	Q_C^n	Q_D^n	1	
1	0	1	↑	×	0	× × × ×	0	Q_A^n	Q_B^n	Q_C^n	右移
1	0	1	↑	×	1	× × × ×	1	Q_A^n	Q_B^n	Q_C^n	
1	0	0	↑	×	×	× × × ×	Q_A^n	Q_B^n	Q_C^n	Q_D^n	保持

想一想：

1. 什么是寄存器？它具有哪些功能？
2. 74194 是什么器件？它具有哪些功能？

任务 1　二十四进制计数器的仿真与测试

任务要求：

该电路用两个十进制计数器、两个字符译码器和一个四-二输入与非门实现从“00”到“23”的二十四进制计数及显示。个位的 4518 实现 0 ~ 9 的计数，十位的 4518 实现 0 ~ 2 的计数。74LS248 分别对个位、十位数字进行字符译码，最后通过数码管将计数值显示出来。

任务目标：

- 掌握 4518、74LS248 的功能测试和使用方法；
- 掌握用 4518、74LS248 等组成二十四进制计数器；
- 掌握用 Multisim 10 对二十四进制计数器进行仿真。

仿真内容：

1）单击电子仿真软件 Multisim 10 基本界面元器件工具条上的“Place TTL”按钮，从弹出的对话框“Family”栏中选择“74LS”，再在“Component”栏中选取“74LS00D”一个、“74LS248N”两个，将它们放置在电子平台上。

2）单击元器件工具条上的“Place CMOS”按钮，从弹出的对话框“Family”栏中选择“CMOS _ 5V”，再在“Component”栏中选取“4518BD _ 5V”一个，如图 4-19 所示，将它们放置在电子平台上。

3）从元器件工具条中调出其它元器件，连成二十四进制计数器仿真电路，如图 4-20 所示。

4）CLK(CP)的计数脉冲用单刀双掷开关模拟，开启仿真开关，记录并分析仿真结果，见表 4-9。

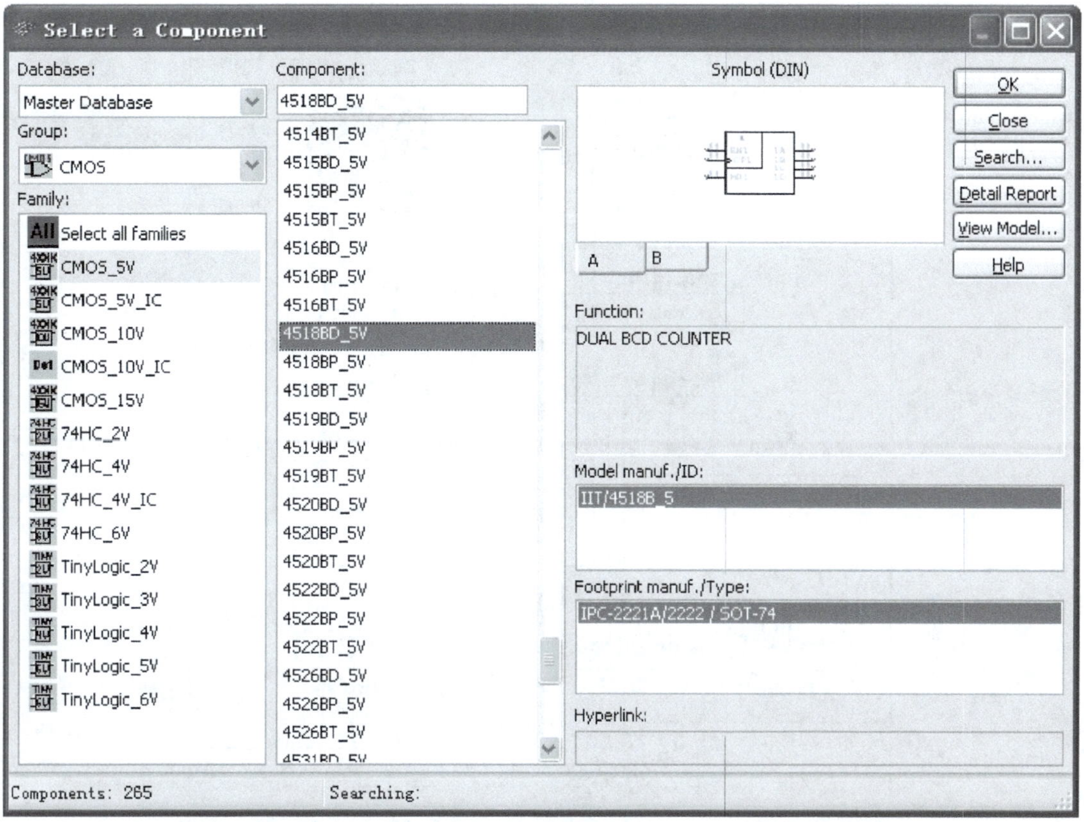

图 4-19　元器件选取

表 4-9　记录表

脉冲 *CP* 个数	显 示 字 符	脉冲 *CP* 个数	显 示 字 符

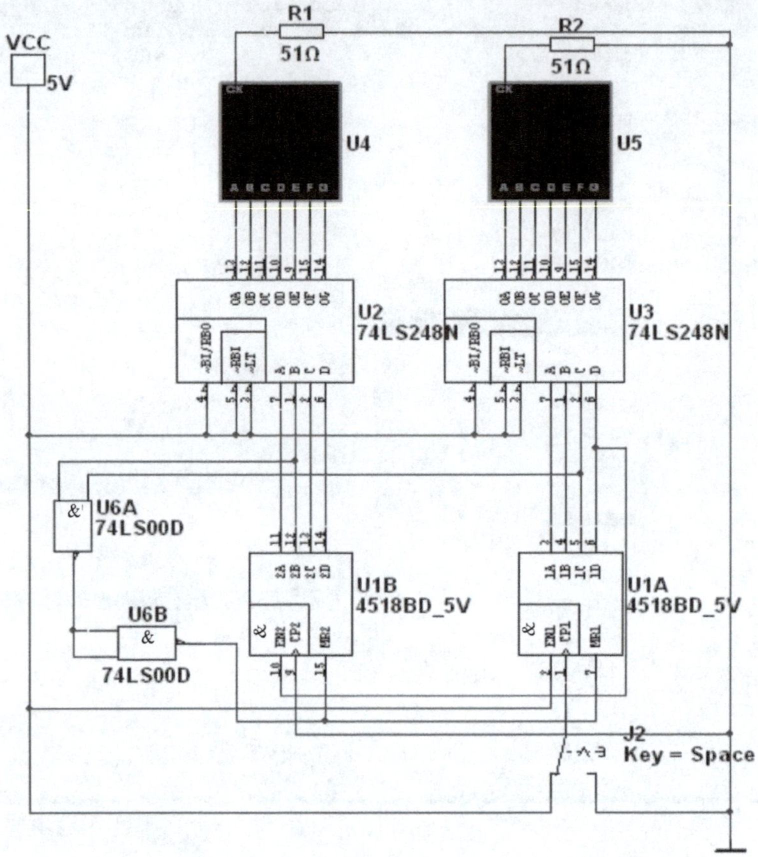

图 4-20　仿真电路图

实训报告：

1. 画出仿真电路图。
2. 分析二十四进制计数器的工作原理。
3. 记录并分析仿真结果。

分析与讨论：

1. 总结本次仿真实训中遇到的问题及解决方法。
2. 如果二十四进制计数电路按照二十五进制计数，是何原因？如何解决？

任务 2　二十四进制计数器的设计与调试

任务要求：

结合 CD4518 十进制同步计数器的逻辑功能表，用 CD4518 设计二十四进制计数电路。

任务目标：

■ 熟悉计数器、译码器和显示器的常用电路型号；
■ 完成二十四进制计数器的设计与调试；
■ 会进行故障的排查。

4.6.1 电路功能介绍

二十四进制计数及显示电路如图 4-21 所示。CD4518 计数器对输入的脉冲进行计数，计数结果送入字符译码器并驱动数码管，使之显示单脉冲发生器产生的脉冲个数。

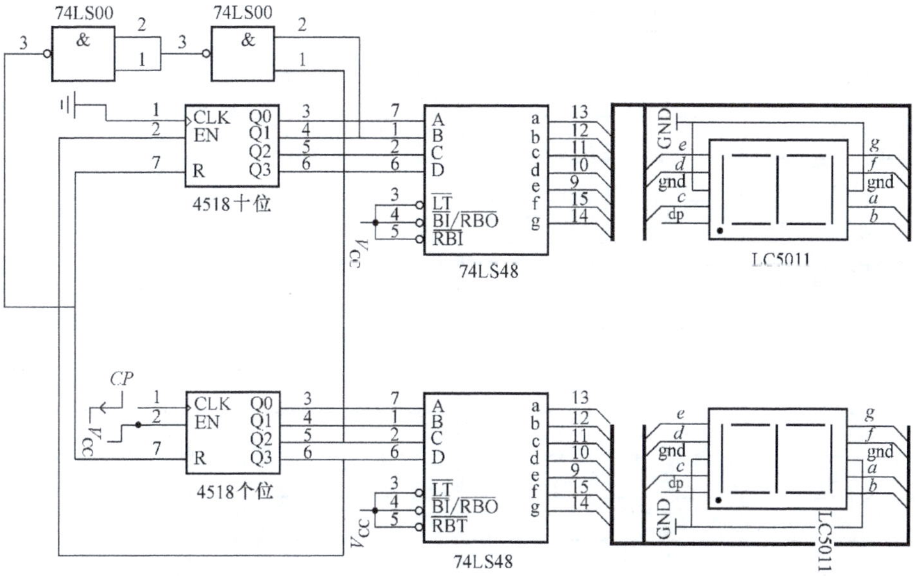

图 4-21 二十四进制计数及显示电路

4.6.2 电路连接与调试

1. 连接电路

初步了解 CD4518、74LS48 和数码管的功能，确定 CD4518、74LS48、74LS00 的引脚排列，了解各引脚的功能(CD4518 的逻辑功能见表 4-10)。检测器件，按电路图 4-21 连接电路，检查电路，确认无误后再接电源。

表 4-10 CD4518 的逻辑功能表

CP	*EN*	*CR*	功　能
×	×	1	复位
↑	1	0	加计数
0	↓	0	加计数
↓	×	0	保持
×	↑	0	保持
↑	0	0	保持
1	↓	0	保持

2. 电路逻辑关系检测

记录输入脉冲数，同时记录数码管显示的数字，并将结果填入表 4-11 中。

表 4-11　二十四进制计数电路显示测试表

脉冲 *CP* 个数	显示字符	脉冲 *CP* 个数	显示字符

想一想：

试用 CD4518、7490 及 74161 各设计一个十三进制计数器，想一想三个计数器在设计时有什么区别？

项目小结

通过学习用 CD4518 设计二十四进制计数器电路，系统地了解时序逻辑电路的分析和设计方法。

时序逻辑电路是一种有记忆功能的电路。通过时钟方程、驱动方程、次态方程、状态转换表及状态转换图等可以方便地对时序逻辑电路的逻辑功能进行分析。

计数器的逻辑功能表较为全面地反映了计数器的功能，读懂逻辑功能表是正确使用计数器的第 1 步，要求大家必须熟练掌握。要能够根据不同型号计数器的逻辑功能表熟练设计 N 进制计数器。

计数器和寄存器是简单而又常用的时序逻辑器件，它们在数字系统中的应用十分广泛。计数器除具有计数功能外，还可用于定时、分频及进行数字运算等。计数器按不同的分类方法有异步计数器和同步计数器、二进制计数器和 N 进制计数器、加法计数器和减法计数器等。寄存器是利用触发器的两个稳定的工作状态来寄存数码 0 和 1，用逻辑门的控制作用实现清除、接收、寄存和输出的功能。

思考与练习

4.1 试画出图 4-22 所示电路中 Q_1、Q_2 的波形(设初态 $Q_1=Q_2=0$)。

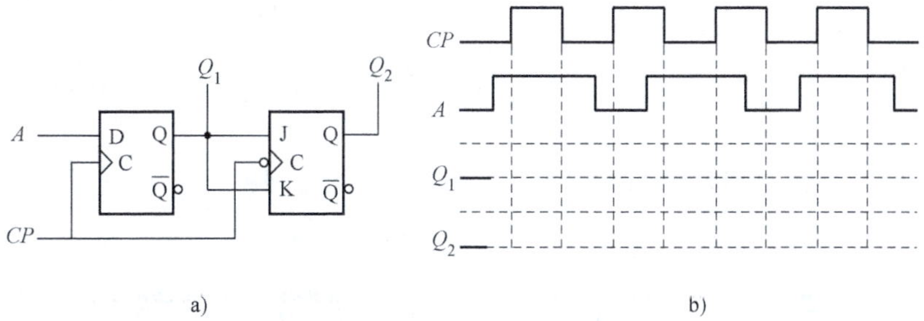

图 4-22 思考与练习 4.1 图

4.2 已知触发器电路如图 4-23 所示，试写出输出端 Q_1、Q_2 的逻辑表达式并画出在 CP 脉冲信号作用下输出端 Q 的波形(设初态 $Q_1=Q_2=0$)。

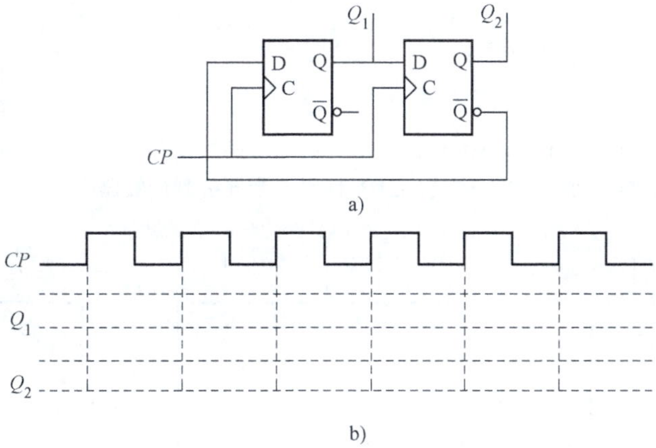

图 4-23 思考与练习 4.2 图

4.3 分析图 4-24 所示电路的逻辑功能，设初态 $Q_2Q_1Q_0=000$。要求写出驱动方程、状态方程，列出状态转换表，画出状态转换图，并分析能否自启动。

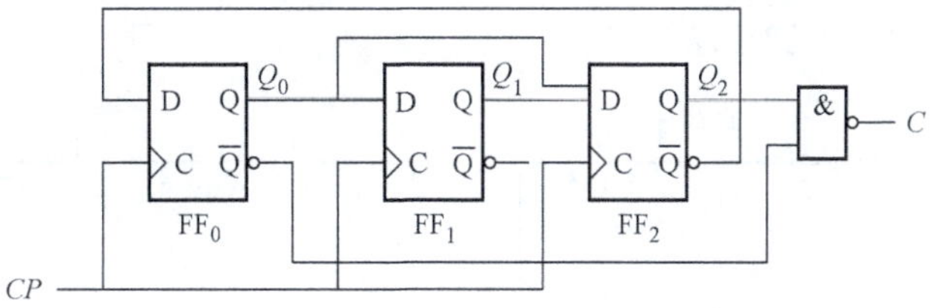

图 4-24 思考与练习 4.3 图

4.4 时序逻辑电路如图 4-25 所示，设初态 $Q_2Q_1Q_0=000$，试分析其逻辑功能。要求写出驱动方程、状态方程，列出状态转换表，画出状态转换图，并分析能否自启动。

4.5 分析图 4-26 所示电路的逻辑功能，设初态 $Q_2Q_1Q_0=000$。要求写出驱动方程、状态方程，列出状态转换表，画出状态转换图，并分析能否自启动。

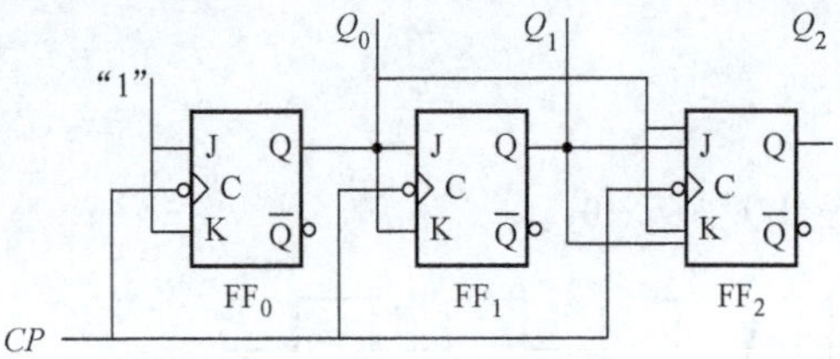

图 4-25　思考与练习 4.4 图

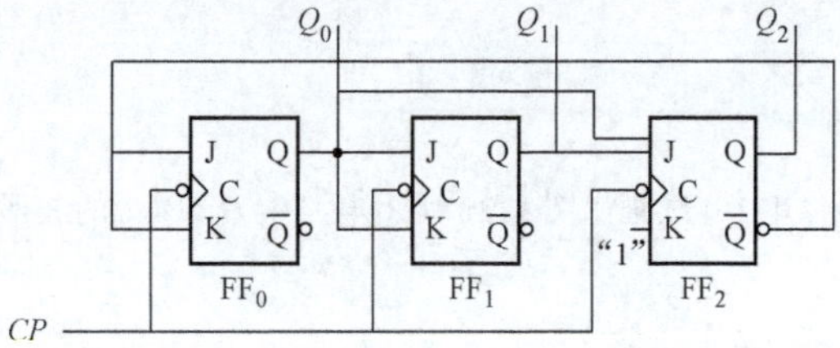

图 4-26　思考与练习 4.5 图

4.6　指出图 4-27 所示电路为多少进制计数器，并简述其工作原理。

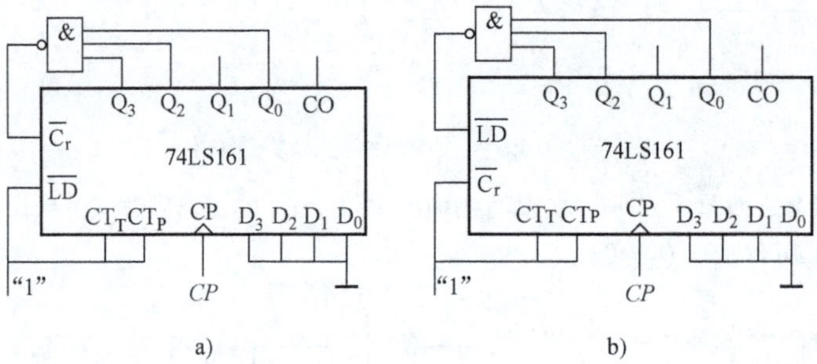

图 4-27　思考与练习 4.6 图

4.7　试用一片 74LS290（见图 4-28）构成 8421BCD 码八进制计数器。

4.8　试用两片 74LS290（见图 4-29）构成 8421BCD 码七十九进制计数器。

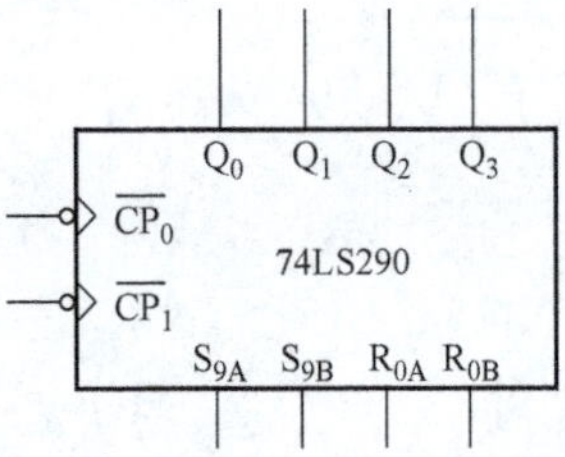

图 4-28　思考与练习 4.7 图

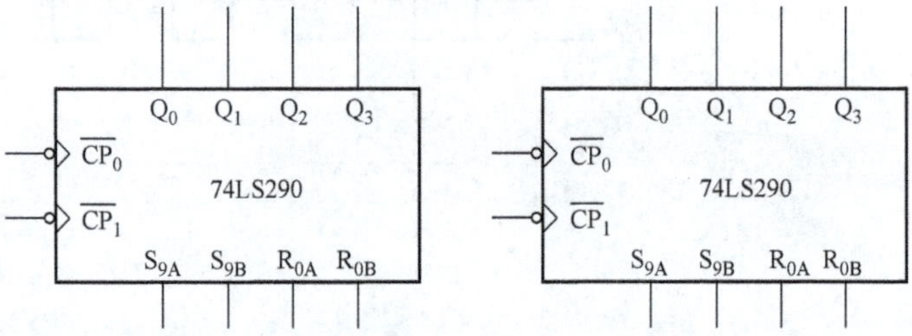

图 4-29　思考与练习 4.8 图

4.9　741LS161 是集成十六进制加法计数器，试用反馈预置法和反馈复位法将其构成十二进制计数器（见图 4-30）。741LS161 的逻辑功能见表 4-12。

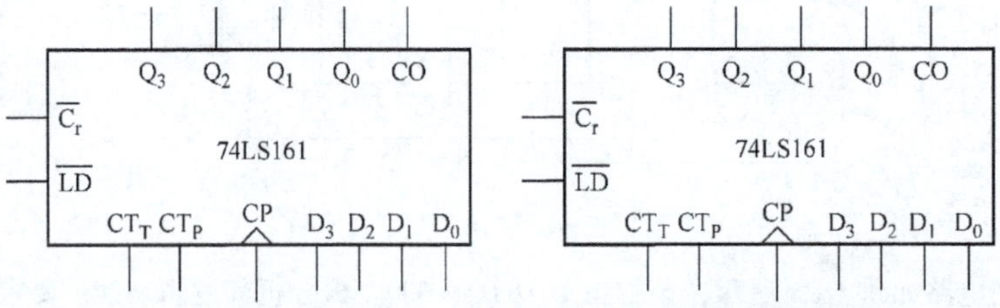

a) 反馈预置法　　b) 反馈复位法

图 4-30　思考与练习 4.9 图

表 4-12 741LS161 的逻辑功能表

$\overline{C_r}$	$\overline{LD}$	CP	CT_T	CT_P	功　能
0	×	×	×	×	清零
1	0	↑	×	×	置数
1	1	↑	1	1	计数
1	1	×	0	×	保持
1	1	×	×	0	保持

4.10 试用一片 CD4518(见图 4-31)设计五十六进制计数器，CD4518 的逻辑功能见表 4-13。

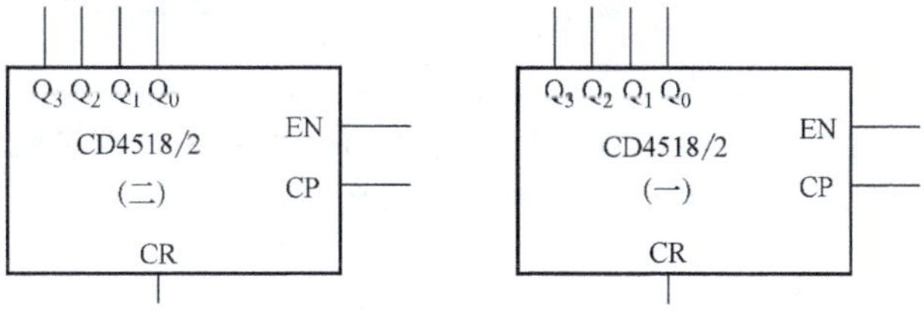

图 4-31 思考与练习 4.10 图

表 4-13 CD4518 的逻辑功能表

CP	EN	CR	功　能
×	×	1	复　位
↑	1	0	加计数
0	↓	0	加计数
↓	×	0	保持
×	↑	0	保持
↑	0	0	保持
1	↓	0	保持

项目5 触摸式防盗报警电路设计与装调

引言 在数字电路中经常用到脉冲信号，它是具有一定幅度和频率的矩形波。脉冲信号获得的途径主要有两种：①利用多谐振荡器直接产生矩形脉冲。②通过整形电路对已有的波形进行整形、变换。施密特触发器和单稳态触发器都具有对脉冲波形的整形、变换功能。施密特触发器主要用以将非矩形脉冲变换成上升沿和下降沿都很陡峭的矩形脉冲，而单稳态触发器则主要用以将宽度不符合要求的脉冲变换成符合要求的矩形脉冲。

◆ 项目要求：

在理解555电路的电路结构和工作原理的基础上，熟练应用其组成施密特触发器、单稳态触发器、多谐振荡器，并设计触摸式防盗报警电路。

◆ 项目目标：

- 理解555电路的电路结构和工作原理；
- 理解555电路组成施密特触发器的工作原理及应用；
- 理解555电路组成单稳态触发器的工作原理及应用；
- 理解555电路组成多谐振荡器的工作原理及应用。

◆ 项目介绍：

555电路是一种多用途集成电路，其结构简单、成本低廉，只要在其外部配接少量阻容元件就可构成施密特触发器、单稳态触发器和多谐振荡器等，使用方便、灵活。因此，它在波形产生与变换、测量控制、家用电器等方面都有着广泛的应用。

本项目通过触摸式防盗报电路的设计，帮助同学们掌握555电路的电路结构、逻辑功能和使用方法，掌握脉冲信号的产生和整形电路的工作原理及实际应用。

触摸式防盗报警电路在触发信号的作用下能够产生报警信号。它由单稳态电路和多谐振荡电路组成。

通过本项目的训练，同学们可以进一步提高数字电路的装调能力。

专题1　555电路

专题要求：

分析555电路的内部结构并理解其功能。

专题目标：

- 掌握555电路的结构和引脚功能；
- 理解555电路的逻辑功能表。

5.1.1　555电路简介

555电路采用双列直插式封装形式，共有8个引脚，如图5-1所示。各引脚的功能分别为：

1脚为接地端。

2 脚为低电平触发端。当 CO 端（见图 5-2，下同）不外接参考电源，且此端电位低于 $V_{CC}/3$ 时，电压比较器 A_1 输出低电平，反之输出高电平。

3 脚为输出端。

4 脚为复位端。此端输入低电平可使输出端为低电平，正常工作时应接高电平。

5 脚为电压控制端。此端外接一个参考电源时，可以改变上、下两比较器的参考电平值，无输入时，$U_{CO}=2V_{CC}/3$。

6 脚为高电平触发端。当 CO 端不外接参考电源，且此端电位高于 $2V_{CC}/3$ 时，电压比较器 A_1 输出低电平，反之输出高电平。

7 脚为放电端。当 VT 导通时，外电路电容上的电荷可以通过它释放。该端也可以作为集电极开路输出端。

8 脚为电源端。

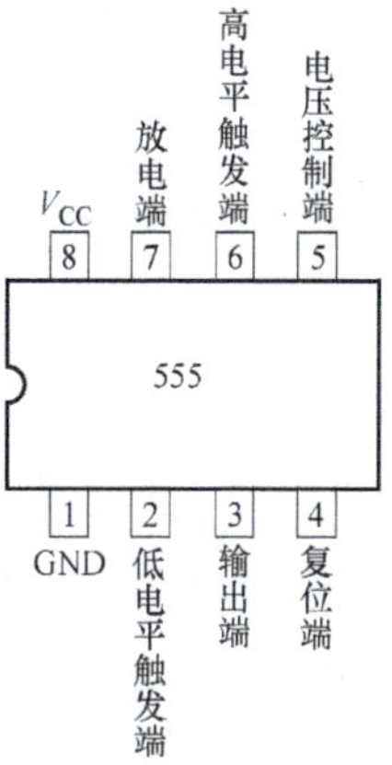

图 5-1　555 电路引脚图

5.1.2　555 电路结构及其工作原理

555 电路是一种结构简单、使用方便灵活、用途广泛的多功能电路。只要外部配接少数几个阻容元件便可组成施密特触发器、单稳态触发器、多谐振荡器等电路。555 电路的电源电压范围宽，双极型 555 电路为 5～16V，CMOS 555 电路为 3～18V。555 电路可以提供与 TTL 及 CMOS 数字集成电路兼容的接口电平。555 电路还可输出一定的功率，可驱动微型电动机、指示灯、扬声器等。它在脉冲波形的产生与变换、仪器与仪表、测量与控制、电子玩具等领域都有着广泛的应用。

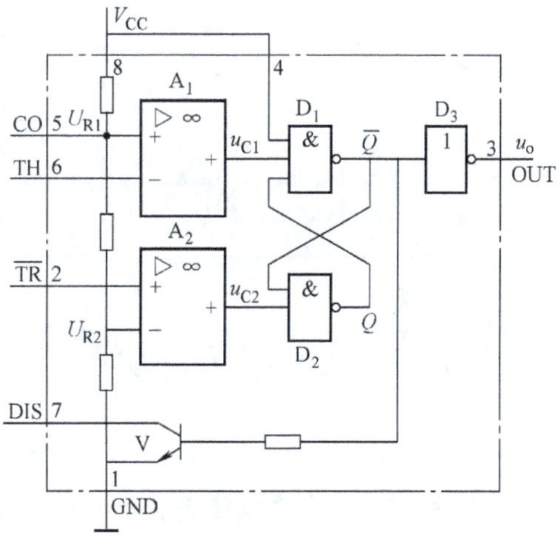

图 5-2　555 电路的内部组成

555 电路的内部组成如图 5-2 所示，一般由分压器、比较器、基本 RS 触发器、开关及输出等四部分组成。

1. 分压器

分压器由三个等值的 5kΩ 电阻串联而成，将电源电压 V_{CC} 分为三等份，作用是为比较器提供两个参考电压 U_{R1}、U_{R2}，若控制端 CO 悬空或通过电容接地，则

$$U_{R1}=\frac{2V_{CC}}{3}\qquad U_{R2}=\frac{V_{CC}}{3}$$

若控制端 CO 外加控制电压 U_{CO}，则

$$U_{R1}=U_{CO}\qquad U_{R2}=\frac{U_{CO}}{2}$$

2. 比较器

比较器是由两个结构相同的集成运放 A_1、A_2 构成。A_1 用来比较参考电压 U_{R1} 和高电平

触发端电压 U_{TH}：当 $U_{TH} > U_{R1}$时，集成运放 A_1 输出 $u_{C1}=0$；当 $U_{TH} < U_{R1}$时，集成运放 A_1 输出 $u_{C1}=1$。A_2 用来比较参考电压 U_{R2}和低电平触发端电压 $U_{\overline{TR}}$：当 $U_{\overline{TR}} > U_{R2}$时，集成运放 A_2 输出 $u_{C2}=1$；当 $U_{\overline{TR}} < U_{R2}$时，集成运放 A_2 输出 $u_{C2}=0$。

3. 基本 RS 触发器

当$\overline{R}\,\overline{S}=01$ 时，$Q=0$、$\overline{Q}=1$；当$\overline{R}\,\overline{S}=10$ 时，$Q=1$、$\overline{Q}=0$；当$\overline{R}\,\overline{S}=11$ 时，Q、$\overline{Q}$ 保持原状态。

4. 开关及输出

放电开关由一个晶体管组成，其基极受基本 RS 触发器输出端 $\overline{Q}$ 控制。当 $\overline{Q}=1$ 时，晶体管导通，放电端 DIS 通过导通的晶体管为外电路提供放电的通路；当 $\overline{Q}=0$ 时，晶体管截止，放电通路被截断。输出缓冲器 D_3 用于增大对负载的驱动能力和隔离负载对 555 集成电路的影响。

555 电路的逻辑功能见表 5-1。

表 5-1 555 电路的逻辑功能表

输 入			输 出	
$\overline{R}$	U_{TH}	$U_{\overline{TR}}$	OUT	放电管 VT 的状态
0	×	×	0	与地导通
1	$>\frac{2V_{CC}}{3}$	$>\frac{V_{CC}}{3}$	0	与地导通
1	$<\frac{2V_{CC}}{3}$	$>\frac{V_{CC}}{3}$	保持原状态	保持原状态
1	$<\frac{2V_{CC}}{3}$	$<\frac{V_{CC}}{3}$	1	与地断开

专题 2 施密特触发器、单稳态触发器和多谐振荡器电路

专题要求：

学会用 555 电路构成施密特触发器、单稳态触发器和多谐振荡器电路。

专题目标：

- 掌握 555 电路构成的施密特触发器的电路结构、功能及应用；
- 掌握 555 电路构成的单稳态触发器的电路结构、功能及应用；
- 掌握 555 电路构成的多谐振荡器的电路结构、功能及应用；
- 了解由 555 电路组成的应用电路的工作波形，掌握其主要参数的计算方法。

5.2.1 555 电路构成施密特触发器

将 555 电路的第 2、6 脚连接到一起作为输入端即可构成施密特触发器电路，其第 5 脚通过 0.01μF 电容接地，防止外界信号对参考电压输入端的干扰。电路如图 5-3 所示。

1. 工作原理

图 5-4 为施密特触发器电压变换图。

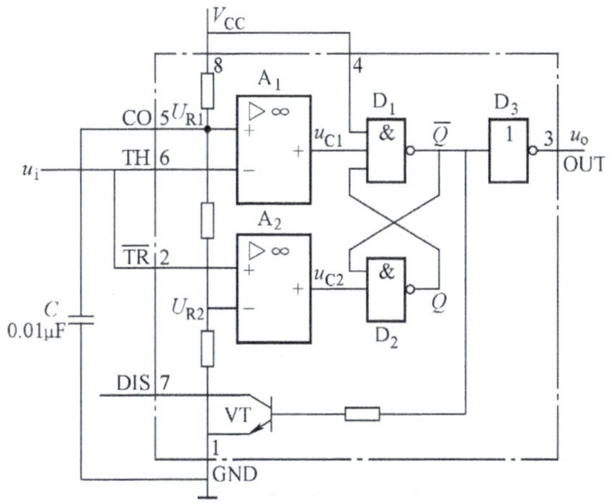

图 5-3 施密特触发器电路

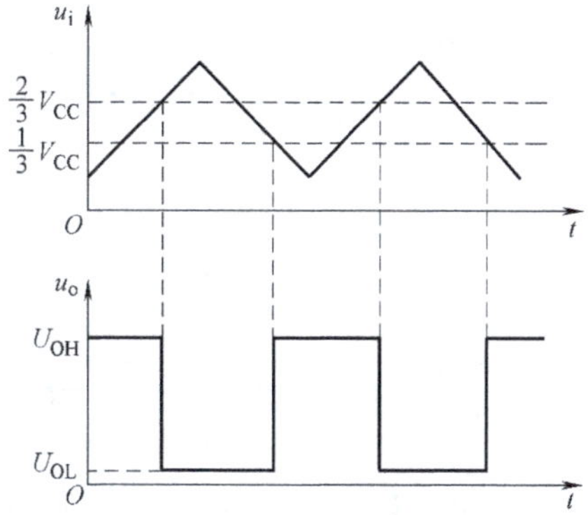

图 5-4 施密特触发器电压变换图

当输入电压 $u_i \leqslant \frac{1}{3}V_{CC}$时，电压比较器 A_1 和 A_2 的输出 $u_{C1}=1$、$u_{C2}=0$，基本 RS 触发器置 1，$Q=1$、$\overline{Q}=0$，这时输出 $u_o=U_{OH}=1$。

当输入电压 u_i 上升到$\frac{1}{3}V_{CC}<u_i<\frac{2}{3}V_{CC}$时，$u_{C1}=1$、$u_{C2}=1$，基本 RS 触发器保持原状态不变，即输出 $u_o=U_{OH}=1$。

当输入电压 u_i 继续上升到 $u_i \geqslant \frac{2}{3}V_{CC}$时，$u_{C1}=0$、$u_{C2}=1$，基本 RS 触发器置 0，$Q=0$、$\overline{Q}=1$，输出 u_o 由高电平翻转为低电平，即 $u_o=0$。

当输入电压 u_i 由$\frac{2}{3}V_{CC}$以上逐渐下降到$\frac{1}{3}V_{CC}<u_i<\frac{2}{3}V_{CC}$时，电压比较器 A_1 和 A_2 的输出分别为 $u_{C1}=1$、$u_{C2}=1$。基本 RS 触发器保持原状态不变，即 $Q=0$、$\overline{Q}=1$，输出 $u_o=U_{OL}=0$。

当输入电压 u_i 继续下降到 $u_i \leqslant \frac{1}{3}V_{CC}$时，$U_{C1}=1$、$U_{C2}=0$，基本 RS 触发器置 1，$Q=1$、$\overline{Q}=0$，输出 u_o 由低电平跃到高电平 U_{OH}。

可见，当输入电压 u_i 上升到$\frac{2}{3}V_{CC}$时，电路输出 u_o 发生一次翻转，当 u_i 下降到$\frac{1}{3}V_{CC}$时，u_o 又一次发生翻转，电路在输入电压上升和下降过程中的两次翻转所对应的输入电压不同，所以，电路的正向阈值电压 $U_{T+}=\frac{2}{3}V_{CC}$，负向阈值电压 $U_{T-}=\frac{1}{3}V_{CC}$。

施密特触发器的回差电压 ΔU_T 为

$$\Delta U_T = U_{T+} - U_{T-} = \frac{2}{3}V_{CC} - \frac{1}{3}V_{CC} = \frac{1}{3}V_{CC}$$

施密特触发器的电压传输特性如图 5-5 所示。

2. 施密特触发器的典型应用

（1）波形变换　将任何符合特定条件的输入信号变为对应的矩形波输出信号称为波形

变换，波形变换如图 5-6 所示。

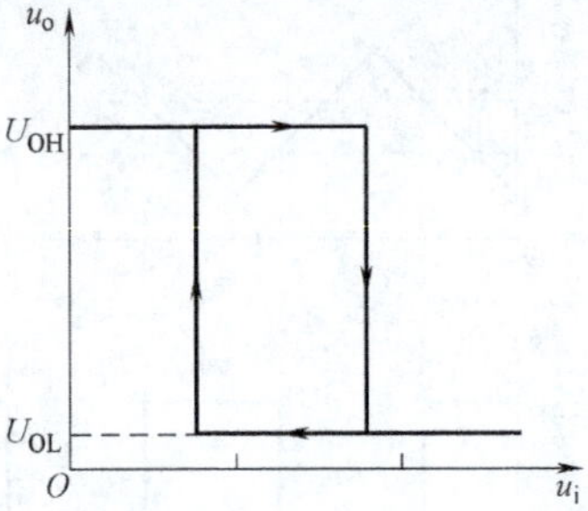

图 5-5　施密特触发器的电压传输特性

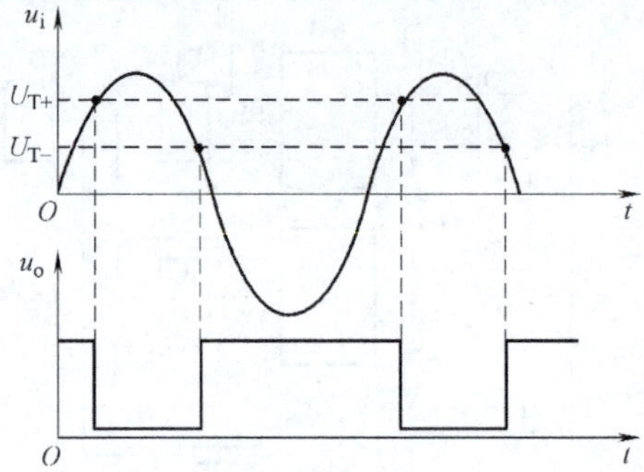

图 5-6　波形变换

(2) 幅度鉴别　波形如图 5-7 所示。

(3) 脉冲整形　波形如图 5-8 所示。

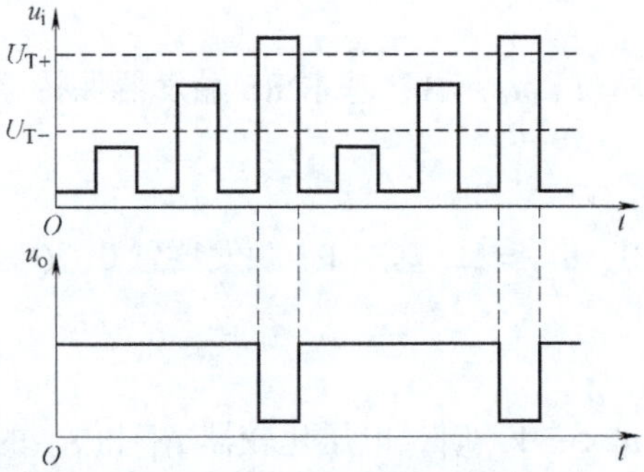

图 5-7　幅度鉴别

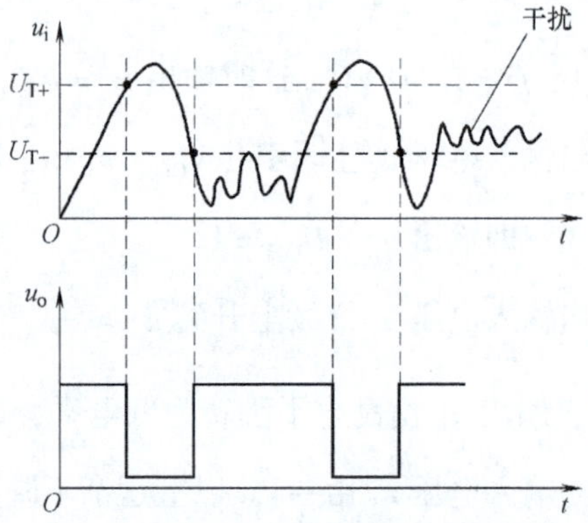

图 5-8　脉冲整形

5.2.2　555 电路构成单稳态触发器

1. 单稳态触发器的特点

单稳态触发器电路只存在一个稳定状态，其特点是：电路在无外加触发脉冲信号作用时，处于一种稳定的工作状态，称之为稳态；当输入端有外加触发脉冲信号作用时，输出状态立即发生跳变，进入暂时稳定状态，称之为暂稳态，经过一段时间后，电路自动回到原来的稳态。暂稳态的时间长短与电路参数有关。

555 电路构成的单稳态触发器如图 5-9 所示，工作原理如下：

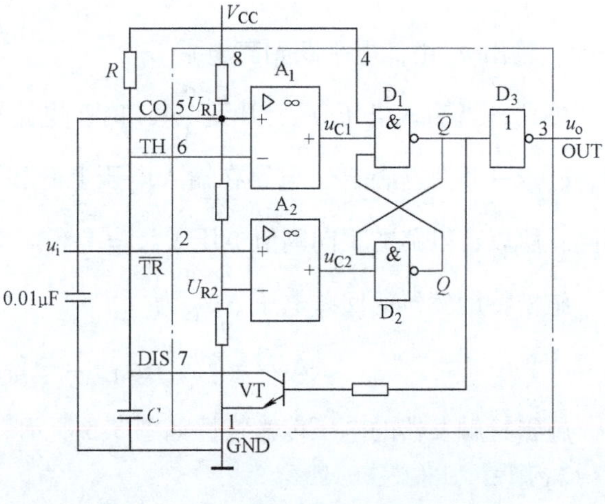

图 5-9　555 电路构成的单稳态触发器

555 电路第 2 脚为触发信号 u_i 的输入端，在没有触发信号作用时该引脚为高电平。电路接通电源后有一个进入稳定状态的过程，即电源通过电阻 R 向电容 C 充电，当电容 C 两端电压 $u_C \geq \frac{2}{3}V_{CC}$，即 $U_{TH} \geq \frac{2}{3}V_{CC}$时，同时，由于 u_i 为高电平，所以 $U_{\overline{TR}} > \frac{1}{3}V_{CC}$。根据 555 电路的逻辑功能表可知，此时电路输出为低电平，放电管 VT 导通，电容 C 通过放电管 VT 放电，使得 $U_{TH}=0<\frac{2}{3}V_{CC}$，输出仍为低电平，电路处于稳定状态。

当输入端 u_i 有负脉冲触发信号时，第 2 脚 $U_{\overline{TR}} < \frac{1}{3}V_{CC}$，输出翻转为高电平，放电管 VT 截止，电源通过电阻 R 开始给电容 C 充电，电路进入暂稳态，当电容 C 两端电压 $u_C \geq \frac{2}{3}V_{CC}$，即 $U_{TH} \geq \frac{2}{3}V_{CC}$时，此时触发信号负脉冲已经撤消回到高电平，第 2 脚 $U_{\overline{TR}} > \frac{1}{3}V_{CC}$，输出又翻转为低电平，放电管 VT 导通，电容 C 通过放电管 VT 放电，电路回到稳定状态。其工作波形如图 5-10 所示。

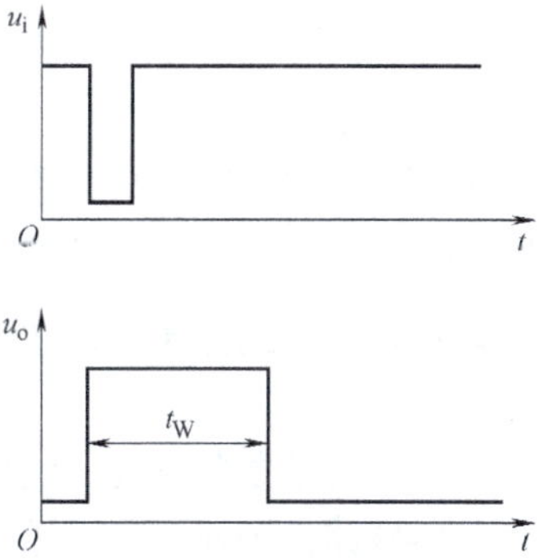

图 5-10　工作波形图

单稳态触发器输出的脉冲宽度 t_W 为暂稳态维持的时间，它实际上为电容 C 上的电压由 0 充到$\frac{2}{3}V_{CC}$所需的时间，计算公式为 $t_W = RC\ln 3 \approx 1.1RC$。

2. 单稳态触发器的应用

（1）脉冲整形　脉冲信号在经过长距离传输后其边沿会变差或在波形上叠加了某些干扰信号。为了使这些脉冲信号变成符合要求的波形，这时可利用单稳态触发器进行整形。

（2）定时　由于单稳态触发器可输出宽度和幅度符合要求的矩形脉冲，因此，可利用它来作定时电路。

（3）脉冲展宽　当输入脉冲宽度较窄时，可用单稳态触发器展宽。

5.2.3　555 电路构成多谐振荡器

555 电路构成的多谐振荡器电路如图 5-11 所示。

工作原理：接通电源后，V_{CC}经电阻 R_1 和 R_2 对电容 C 充电，当电容上的电压 $u_C \geq \frac{2}{3}V_{CC}$时，$u_{C1}=0$、$u_{C2}=1$，RS 触发器被置 0，$Q=0$、$\overline{Q}=1$，$u_o$ 跃到低电平。同时，放电管 VT 导通，电容 C 经电阻 R_2 和放电管 VT 放电，电路进入暂稳态。

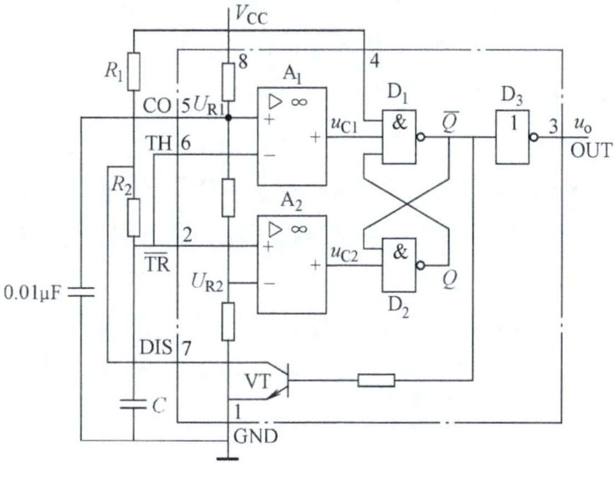

图 5-11　555 电路构成的多谐振荡器电路

随着电容的放电，u_C 随之下降，当下降到小于$\frac{1}{3}V_{CC}$时，$u_{C1}=1$、$u_{C2}=0$，

RS 触发器被置 1，$Q=1$、$\overline{Q}=0$，输出 u_o 由低电平跃到高电平。同时，因 $\overline{Q}=0$，放电管 VT 截止，V_{CC} 又经电阻 R_1 和 R_2 对电容 C 充电，电路又返回到前一个暂稳态。因此，电容 C 上的电压 u_C 将在 $\frac{2}{3}V_{CC}$ 和 $\frac{1}{3}V_{CC}$ 之间来回充电和放电，从而使电路产生了振荡，输出矩形脉冲。

多谐振荡器的工作波形如图 5-12 所示。

多谐振荡器的振荡周期 $T=t_{W1}+t_{W2}$。

t_{W1} 为电容电压由 $\frac{1}{3}V_{CC}$ 充到 $\frac{2}{3}V_{CC}$ 所需的时间，即

$$t_{W1}=(R_1+R_2)C\ln2\approx0.7(R_1+R_2)C$$

t_{W2} 为电容电压由 $\frac{2}{3}V_{CC}$ 降到 $\frac{1}{3}V_{CC}$ 所需的时间，即

$$t_{W2}=R_2C\ln2\approx0.7R_2C$$

多谐振荡器的振荡周期 T 为

$$T=t_{W1}+t_{W2}\approx0.7(R_1+2R_2)C$$

多谐振荡器的输出波形中 $t_{W1}>t_{W2}$，所以无论怎样改变 R_1、R_2，占空比 q 总是大于 50%，将电路做图 5-13 所示的改动后可得到占空比可调的多谐振荡器。

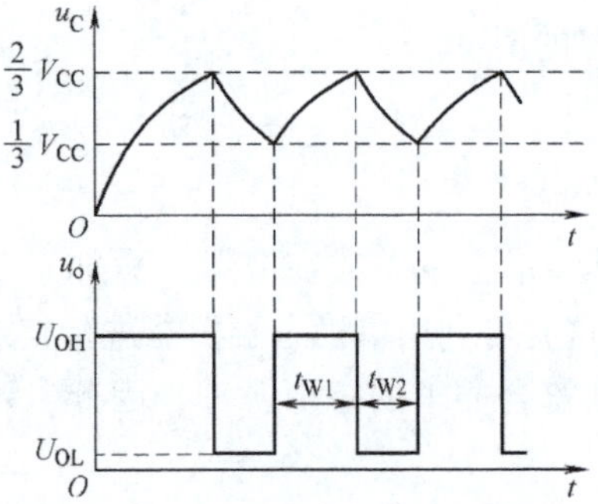

图 5-12　多谐振荡器的工作波形

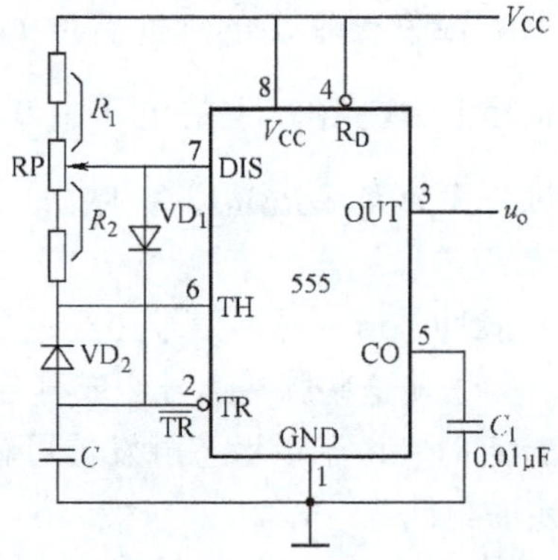

图 5-13　占空比可调的多谐振荡器

当放电管 VT 处于截止状态时，电源 V_{CC} 经 R_1 和 VD_1 对电容 C 充电；当 VT 导通时，C 经过 VD_2、R_2 和放电管 VT 放电。调节电位器 RP 可改变 R_1 和 R_2 的比值。因此，也改变了输出矩形波的占空比 q。

$$t_{W1}=0.7R_1C \qquad t_{W2}=0.7R_2C$$

振荡周期为　$T=t_{W1}+t_{W2}=0.7(R_1+R_2)C$

占空比为　$q=t_{W1}/(t_{W1}+t_{W2})=R_1/(R_1+R_2)$

想一想：

1. 如何用 555 电路设计一个方波发生器？
2. 如何用 555 电路设计一个路灯控制器？

任务1　触摸式防盗报警电路的仿真

任务要求：

本仿真用虚拟信号发生器模拟一杂波信号，用虚拟示波器观察触摸式防盗报警电路的输出信号。

任务目标：

■ 掌握555电路的功能测试方法和使用方法；

■ 掌握虚拟信号发生器和虚拟示波器的使用方法；

■ 掌握用Multisim 10对触摸式防盗报警器进行仿真。

仿真内容：

1）单击电子仿真软件Multisim 10基本界面元器件工具条上的“Place Mixed”按钮，从弹出的对话框“Family”栏中选择“TIMER”，再在“Component”栏中选取“LM555CM”两个，如图5-14所示，单击对话框右上角的“OK”按钮，调出555电路，放置在电子平台上。

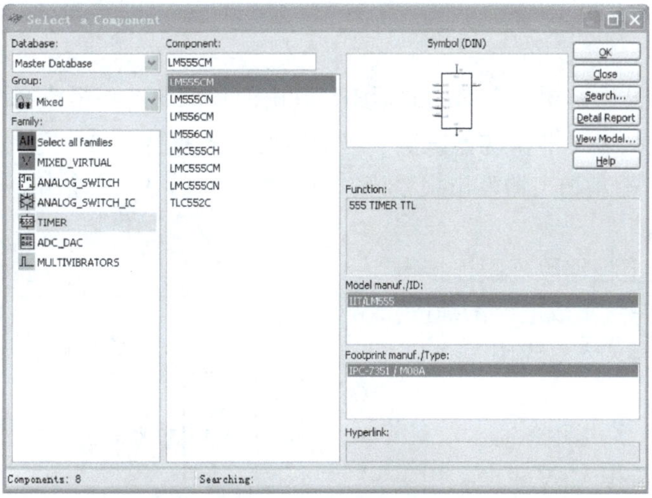

图5-14　元器件选取

2）从元器件工具条上调出其它元器件，并调出虚拟信号发生器、虚拟示波器，在电子平台上建立触摸式防盗报警器仿真电路，如图5-15所示。

3）用虚拟信号发生器模拟一个杂波信号，开启仿真开关，双击虚拟示波器图标，观察屏幕上的波形。虚拟信号发生器和虚拟示波器的面板设置如图5-15所示。

4）观察仿真结果，并分析仿真结果。

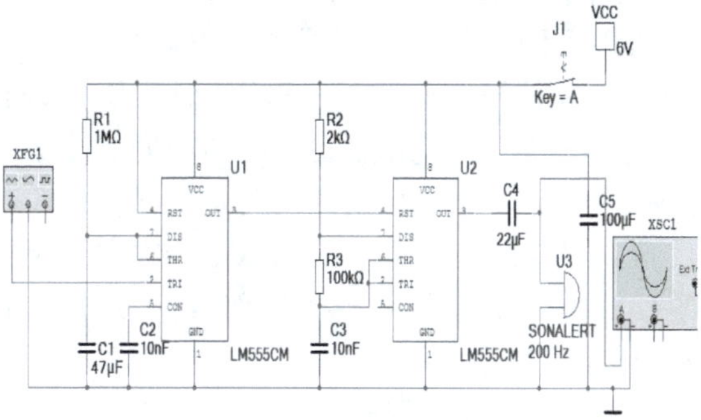

图5-15　仿真电路图

实训报告：

1. 画出仿真电路图。

2. 分析触摸式防盗报警器电路的工作原理。

3. 记录虚拟信号发生器的面板设置，画出仿真波形。

分析与讨论：

1. 总结本次仿真实训中遇到的问题及解决方法。

2. 如何改变报警声响的持续时间和音调高低？

任务2 触摸式防盗报警电路的设计与调试

任务要求：

用555电路和相关元器件，在理解触摸式防盗报警电路工作原理的基础上安装并调试触摸式防盗报警电路。

任务目标：

- 进一步理解555电路构成的单稳态触发器电路、多谐振荡器电路的工作原理；
- 理解触摸式防盗报警电路主要参数的调整方法与原理；
- 掌握触摸式防盗报警电路的装调及故障分析方法。

5.4.1 电路连接

图5-16为触摸式防盗报警电路的原理图，它由两片555电路组成。图中，A_1构成单稳态触发器电路，A_2构成多谐振荡器电路。当盗贼触摸到触片M时，A_1的第3脚输出高电平，使得A_2振荡，驱动扬声器发出报警声，过一段时间后A_1的输出自动回到低电平，A_2停止振荡，报警声消失。

在万能电路板上根据原理图连接电路，在装配时应先焊接集成电路的插座，待电路全部焊好后再装入集成块。

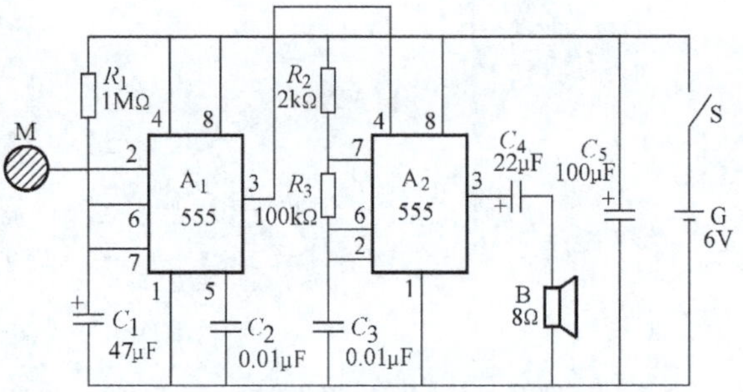

图5-16 触摸式防盗报警电路的原理图

5.4.2 装调与检修

电路检查无误后接入6V电源，用手触摸触片，扬声器会发出声响且1min左右后自动停止，则说明电路功能正常。

用不同阻值的电阻器更换电路中的R_1（或用不同容量的电容器更换电路中的C_1），比较扬声器所发出声响的时间长短变化情况。

用不同阻值的电阻器更换电路中的R_2、R_3（或用不同容量的电容器更换电路中的C_3），比较扬声器所发出声响的声调变化情况。

若电路功能不正常，按照以下步骤进行检修：

1）重新检查电路连接是否正确。由输入到输出逐级检查，必要时可以与同学互换检查，有助于发现问题。

2）通电后用万用表10V直流电压档接在A_1的第3脚和地之间，在没有用手触摸触片之前，万用表指示应接近0V；用手触摸触片后，万用表指示应接近电源电压6V，且过1min

左右自动降低到0刻度附近。若此处不正常，则应检查 A_1 周围元器件的连接，或 A_1 已损坏，更换后重试。

3）若 A_1 输出正常，将 A_2 第4脚与 A_1 第3脚之间的连接断开，并将 A_2 第4脚直接连接到电源的正极，用示波器观察 A_2 第3脚的输出波形，在示波器上应能观测到频率为700Hz(周期为1.4ms)左右的矩形波。若无波形或波形参数误差太大，则应检查 A_2 周围元器件的连接，或 A_2 已损坏，更换后重试。

想一想：

1. 触摸式防盗报警电路的作用原理是什么？
2. 如何用555电路设计一个水温报警器？

项目小结

555电路是一种电路结构简单、使用方便灵活、用途广泛的多功能电路。其电源电压范围宽，双极型555电路为5～16V，CMOS 555电路为3～18V。555电路可以提供与TTL及CMOS数字集成电路兼容的接口电平。555电路还可输出一定的功率，可驱动微型电动机、指示灯、扬声器等。

施密特触发器和单稳态触发器是两种常用的整形电路，可将输入的周期性脉冲信号整形成所要求的同周期的矩形脉冲输出。

施密特触发器有两个稳定状态，当输入信号上升到正向阈值电压 U_{T+} 时，输出状态从一个稳定状态翻转到另一个稳定状态；而当输入信号下降到负向阈值电压 U_{T-} 时，电路又返回到原来的稳定状态。由于正向阈值电压 U_{T+} 和负向阈值电压 U_{T-} 的值不同，因此，施密特触发器具有回差特性，回差电压 $\Delta U_T = U_{T+} - U_{T-}$。施密特触发器可将任意波形(包括边沿变化非常缓慢的波形)变换成上升沿和下降沿都很陡峭的矩形脉冲，还常用来进行幅度鉴别、脉冲整形、构成单稳态触发器和多谐振荡器。

单稳态触发器有一个稳态和一个暂稳态。在没有外加触发信号输入时，电路处于稳态；在外加触发信号作用下，电路进入暂稳态，经一段时间后，又自动返回到稳态。暂稳态维持的时间为输出脉冲宽度，它由电路的定时元件 R、C 的数值决定，而与输入触发信号没有关系。改变 R、C 数值的大小可调节输出脉冲的宽度。单稳态触发器可将输入的触发脉冲变换为宽度和幅度都符合要求的矩形脉冲，还常用于脉冲的定时、整形、展宽等。

多谐振荡器没有稳态，只有两个暂稳态。暂稳态间的相互转换完全靠电路本身电容的充电和放电自动完成。因此，多谐振荡器接通电源后就能输出周期性的矩形脉冲。改变定时元件 R、C 数值的大小，可调节振荡频率。

思考与练习

5.1　555电路主要由哪几部分组成？每部分各起什么作用？为何将它称为定时器？

5.2　单稳态触发器如图5-17所示，图中，$R=20\text{k}\Omega$，$C=0.5\mu\text{F}$。试计算此触发器的暂稳态持续时间。

5.3　多谐振荡器电路如图5-18所示，图中，$C=0.2\mu\text{F}$，要求输出矩形波的频率为1kHz，占空比为0.6，试计算电阻 R_1 和 R_2 的数值。若采用图5-13所示的电路，当滑动电阻滑动端向上移动时，保持电路其它参数不变，则输出矩形波会产生什么变化？

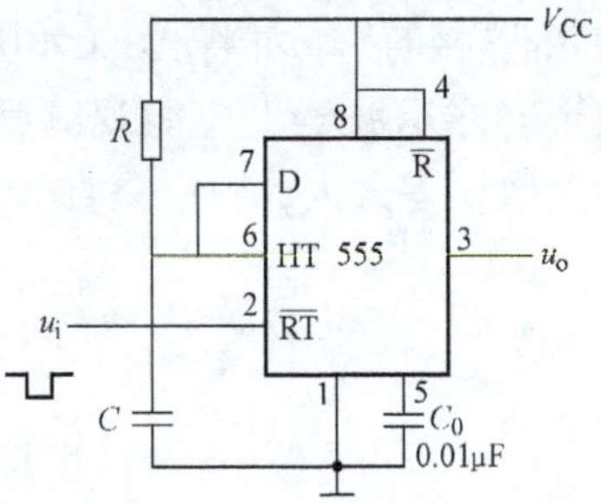

图 5-17　思考与练习 5.2 图

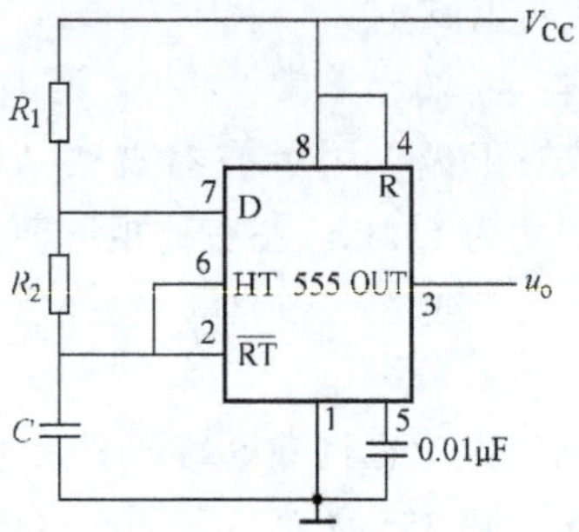

图 5-18　思考与练习 5.3 图

5.4　图 5-19 为用 555 电路设计的单稳态触发器。试画出其工作波形，并计算输出脉冲的宽度 t_W。

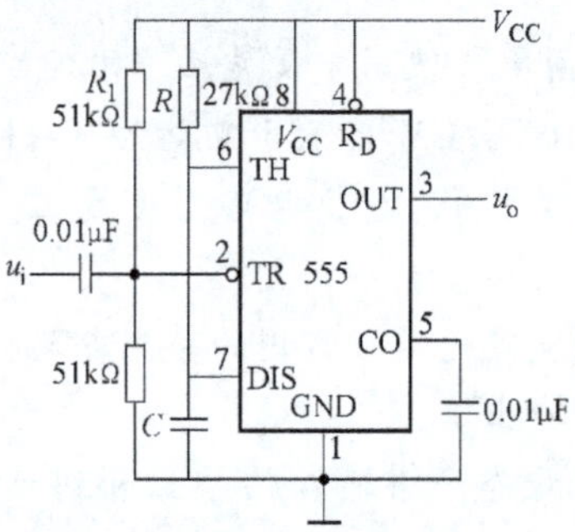

图 5-19　思考与练习 5.4 图

5.5　已知由 555 电路构成的反相输出的施密特触发器如图 5-20a 所示，其输入信号波形如图 5-20b 所示，试画出对应的输出波形，并求回差电压 ΔU_T。

5.6　图 5-21 所示为 555 电路构成的多谐振荡器。画出 u_C 和 u_o 的工作波形，计算输出正脉冲的宽度、振荡周期和频率。

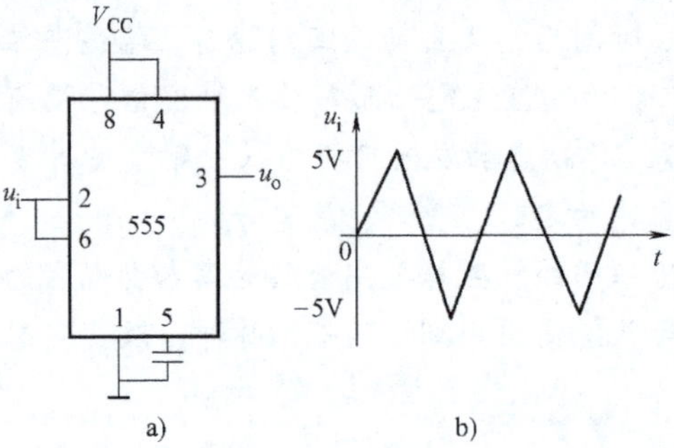

图 5-20　思考与练习 5.5 图

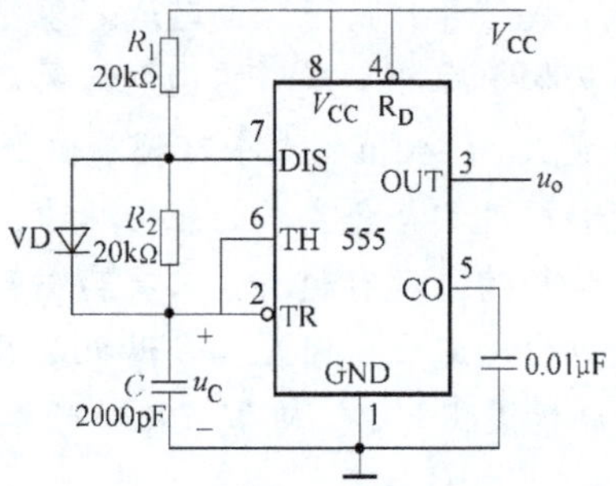

图 5-21　思考与练习 5.6 图

项目6　温度检测电路设计与装调

引言　模/数及数/模转换是现代自动控制技术的重要组成部分，目前的模/数及数/模转换技术越来越集成化，常以芯片或一个集成芯片的部分功能出现在电子市场中。掌握模/数及数/模转换的原理及常用芯片的应用是电子信息类专业学生必须具备的技能，对电子控制技术的深入学习也非常重要。

◆ **项目要求：**

会用 AD590 温度传感器把温度转换成电压输出，会用 ADC0832 把模拟量转换为数字量输出，会用 DAC0832 把数字量转换为模拟量输出。

◆ **项目目标：**

■ 了解传感器对非电量测量的方法及相应芯片的应用；

■ 熟悉模/数转换原理及数/模转换芯片的使用方法，巩固电子装配工艺，进一步熟悉 CAD 软件的使用技巧；

■ 掌握模/数及数/模的转换原理及运用现代信息技术手段搜集相关文献的方法。

◆ **项目介绍：**

通过本项目前两个专题，把电子测量的知识，A/D 转换的原理，D/A 转换的原理，DAC0832、ADC0832、AD590、集成运放的电路原理及使用有机地结合在一起。首先将 AD590 温度传感器的输出电流信号变成电压信号，并对其应用电路进行详细分析，由此对非电量测量有个初步认识。在温度信号变成对应的电信号后，对 A/D、D/A 转换的过程及详细原理进行介绍。在内容上除对电路及原理有针对性地解释外，为加强理解，书中还给出了具体的仿真电路及仿真过程。

专题1　A/D 转换

专题要求：

■ 搭建 AD590 的转换电路，使输出电压分别为 1V、2V、4V；

■ 把上面电压输入 ADC0832 的 CH0 通道，观察发光二极管的状态并记录；

■ 用 Multisim 10 软件仿真 A/D 转换过程，并观察其输出状态。

专题目标：

■ 通过 AD590 的温度转换电路，掌握温度传感器的使用方法；

■ 通过 ADC0832 的应用及仿真电路，掌握 A/D 转换的原理及使用方法。

6.1.1　温度检测电路

AD590 温度传感器是一种已经集成化的温度感测器，它会将温度转换为电流，其规格如下：

※ 温度每增加 1℃，输出电流会增加 1μA。

※ 可测量范围为 −55 ~ 150℃。

※ 供电电压范围为 4 ~ 30V。

AD590 的引脚图及符号如图 6-1 所示。

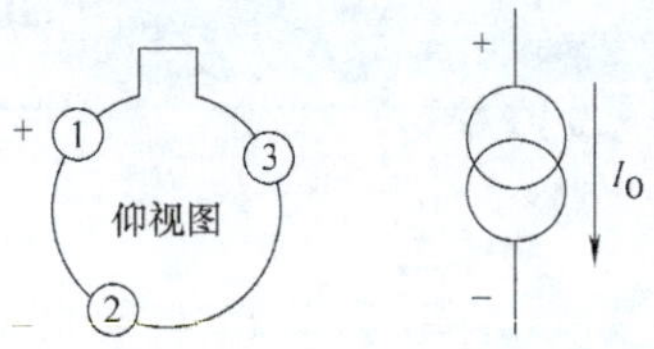

a) 引脚图　　b) 符号

图 6-1　AD590

AD590 的输出电流是以绝对温度零度（−273℃）为基准，每增加 1℃，输出电流会增加 1μA，因此在室温（25℃）时，其输出电流 I_{out} = (273 + 25) μA = 298μA。

1. AD590 基本应用原理

基本应用原理电路如图 6-2 所示。

1）V_O 的值为 I_O 乘上 10kΩ，对室温（25℃）而言，输出值为 10kΩ × 298μA = 2.98V。

2）测量 V_O 时，不可分出任何电流，否则测量值会不准确。

2. AD590 实际应用

AD590 实际应用电路如图 6-3 所示。

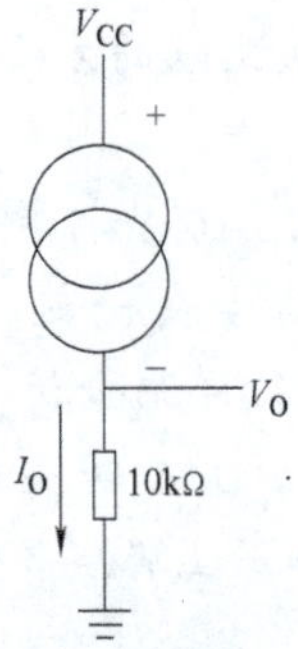

图 6-2　基本应用原理电路

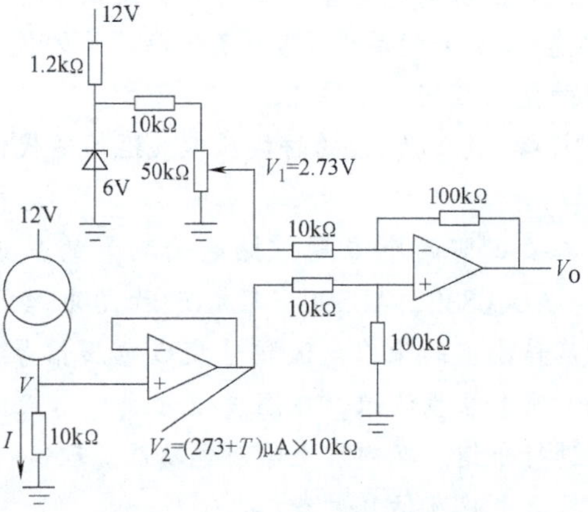

图 6-3　AD590 实际应用电路

电路分析如下：

1）AD590 的输出电流 I = (273 + T) μA（T 为摄氏温度），因此测量的电压 V_2 = (273 + T) μA × 10kΩ = (2.73 + T/100) V。为了将电压测量出来，又要保证输出电流 I 不分流，所以使用电压跟随器，其输出电压 V_2 等于输入电压 V。

2）由于一般电源供应较多器件之后，电源是带杂波的，因此使用稳压二极管作为稳压器件，再利用可变电阻分压，使输出电压 V_1 调整至 2.73V。

3）接下来使用差动放大器，其输出 V_O = (100kΩ/10kΩ) × (V_2 − V_1) = T/10，如果现在温度为摄氏 28℃，输出电压为 2.8V，输出电压接 A/D 转换器，那么 A/D 转换输出的数字量就和摄氏温度成线性比例关系。

4）输出电压接在 ADC0832 的 CH0 或 CH1 上就可以用单片机进行转换。因为 ADC0832 的转换需要严格的时序，这里用单片机来实现特定的时序要求。读者现在可不必关心单片机的应用问题，只要能看懂 ADC0832 的操作时序即可，如图 6-4 所示。

时序解释如下：

① 起始动作：在第 1 个时钟下降沿到来之前，$\overline{CS}$ 为 0，DI 为 1。

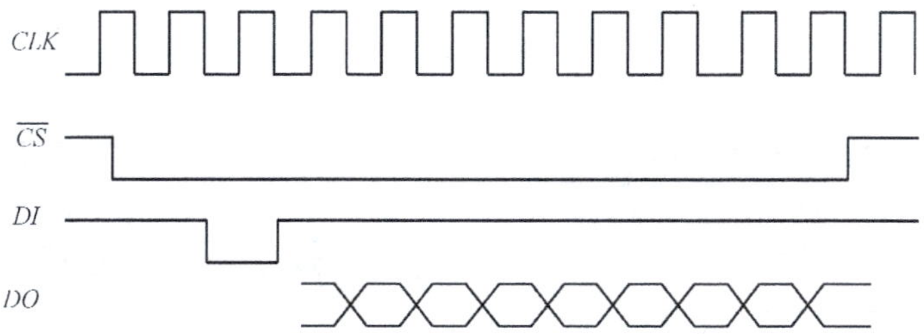

图 6-4　ADC0832 时序图

② 通道选择：在第 2、第 3 个时钟下降沿到来之前，DI 输出两个二进制数，表示选择通道，之后 DI 便失去作用。

③ 输出数据：在第 4 个时钟之后的连续 8 个时钟信号作用下，由 DO 连续输出 8 个转换后的数字量。

1V、2V、4V 的 A/D 转换如图 6-5 ~ 图 6-7 所示。

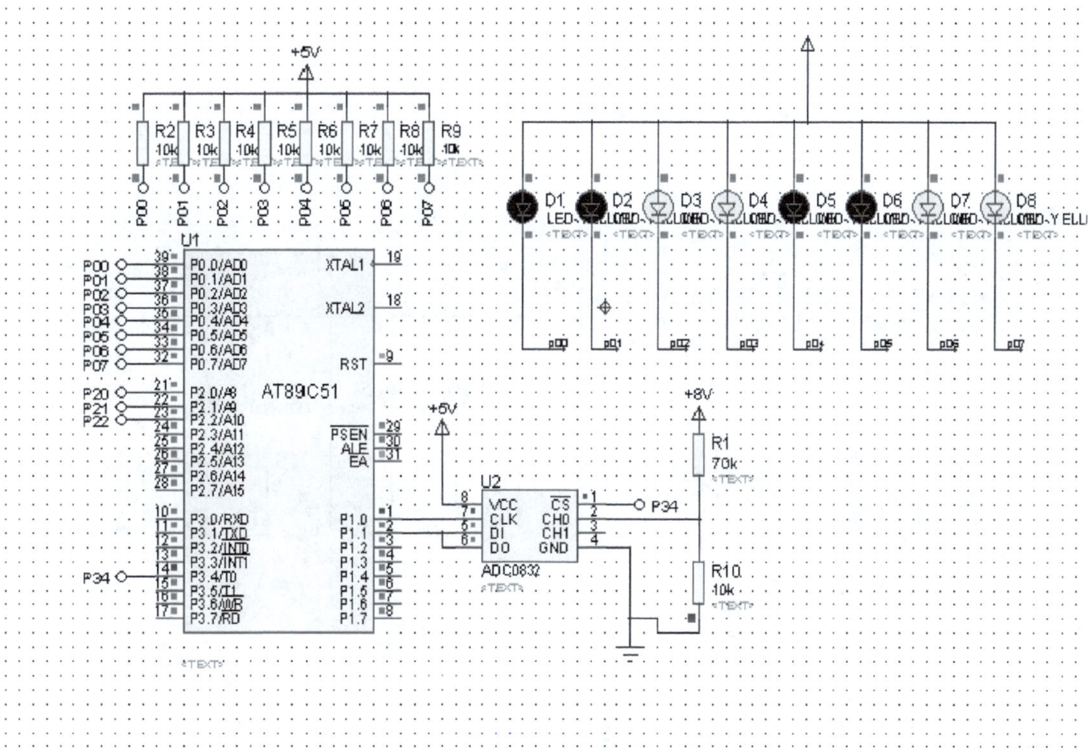

图 6-5　1V 的 A/D 转换

ADC0832 的输入端为 1V 时，输出数字量为 00110011；

ADC0832 的输入端为 2V 时，输出数字量为 01100110；

ADC0832 的输入端为 4V 时，输出数字量为 11001100。

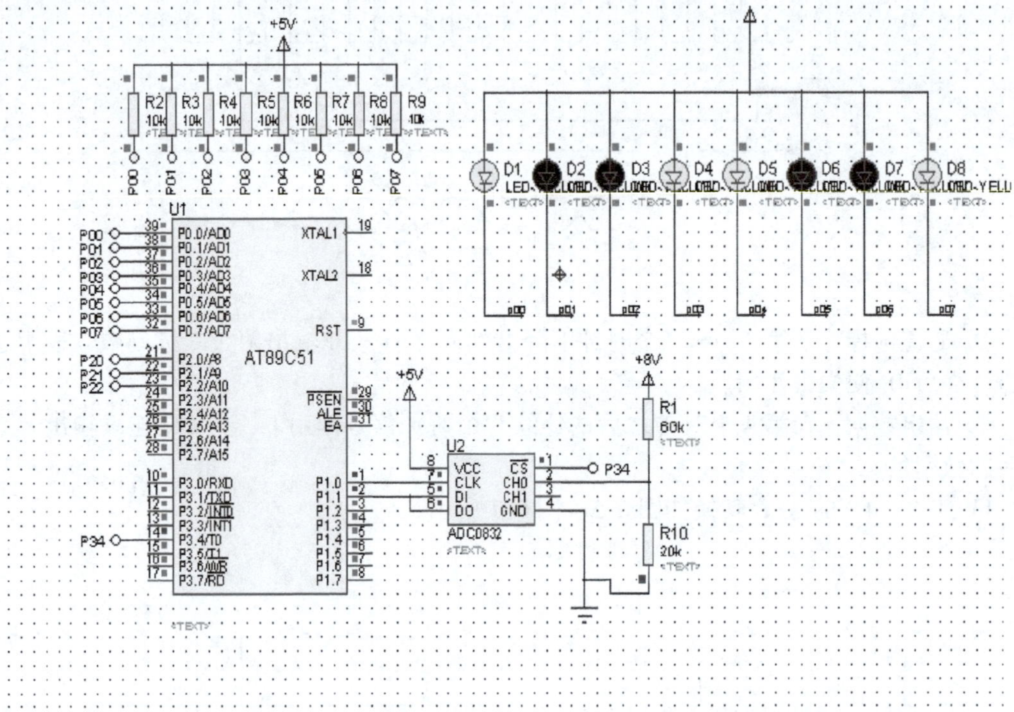

图 6-6　2V 的 A/D 转换

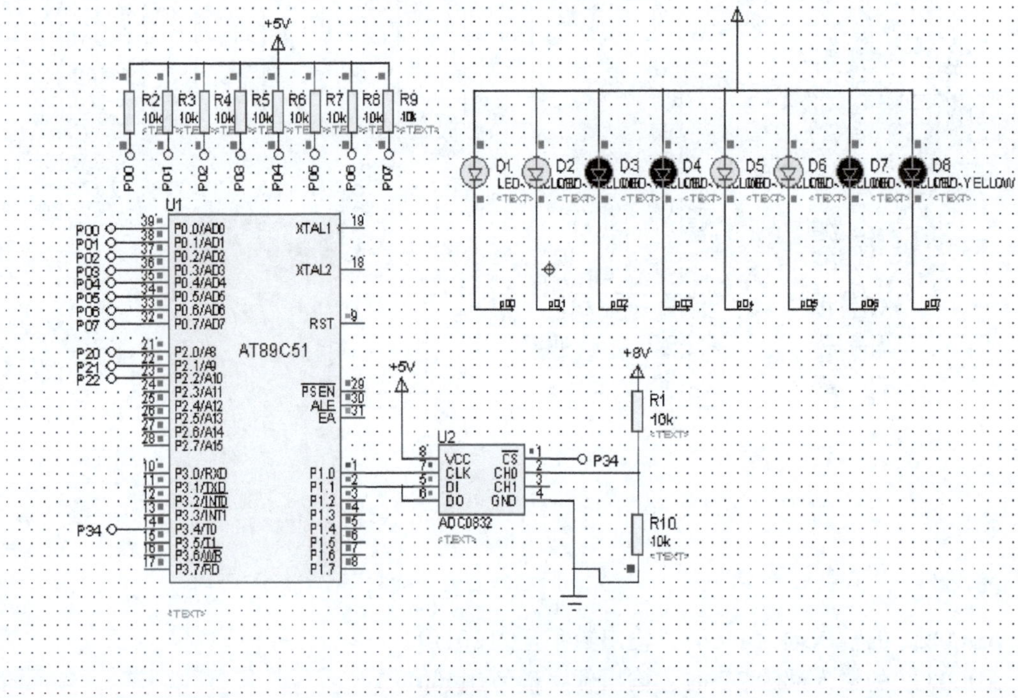

图 6-7　4V 的 A/D 转换

6.1.2 A/D 转换器

把模拟信号转换为相应的数字信号称为模/数转换，简称 A/D（Analog to Digital）转换。实现 A/D 转换的电路称为 A/D 转换器，或写为 ADC（Analog-Digital Converter）。实际应用中用到的大量连续变化的物理量，如温度、流量、压力、图像、文字等信号，需要经过传感器变成电信号，但这些电信号是模拟量，它必须变成数字量才能在数字系统中进行加工、处理。因此，模/数转换是数字电子技术中非常重要的组成部分，在自动控制和自动检测等系统中应用非常广泛。

1. A/D 转换的一般步骤

A/D 转换器是模拟系统和数字系统之间的接口电路，A/D 转换器在进行转换期间，要求输入的模拟电压保持不变，但在 A/D 转换器中，因为输入的模拟信号在时间上是连续的，而输出的数字信号是离散的，所以进行转换时只能在一系列选定的瞬间对输入的模拟信号进行采样，然后把采样值转化为数字量输出。一般来说，转换过程包括采样、保持、量化和编码四个步骤。

（1）采样和保持　采样（又称抽样或取样）是周期性地获取模拟信号样值的过程，即将时间上连续变化的模拟信号转换为时间离散、幅度等于采样时间内模拟信号大小的模拟信号，即转换为一系列等间隔的脉冲，其采样原理图如图 6-8a 所示。图中，u_i 为模拟输入信号；u_s 为采样脉冲；u_o 为采样后的输出信号。

采样电路实质上是一个受采样脉冲控制的电子开关，其工作波形如图 6-8b 所示。在采样脉冲 u_s 有效期（高电平期间）内，采样开关 S 闭合接通，使输出电压等于输入电压，即$u_o = u_i$；在采样脉冲 u_s 无效期（低电平期间）内，采样开关 S 断开，使输出电压等于 0，即$u_o = 0$。因此，每经过一个采样周期，在输出端便得到输入信号的一个采样值。u_s 按照一定频率 f_s 变化时，输入的模拟信号就被采样为一系列的样值脉冲。当然，采样频率 f_s 越高，在时间一定的情况下采到的样值脉冲越多，因此，输出脉冲的包络线就越接近于输入的模拟信号。

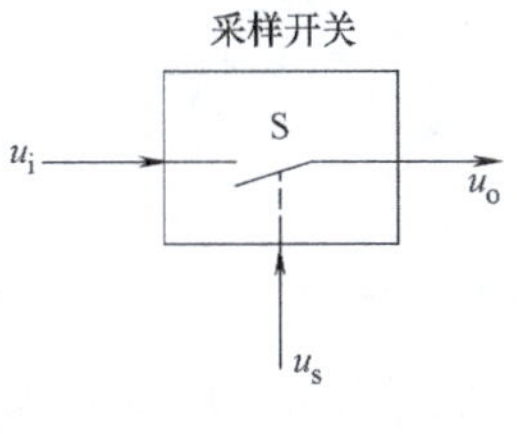

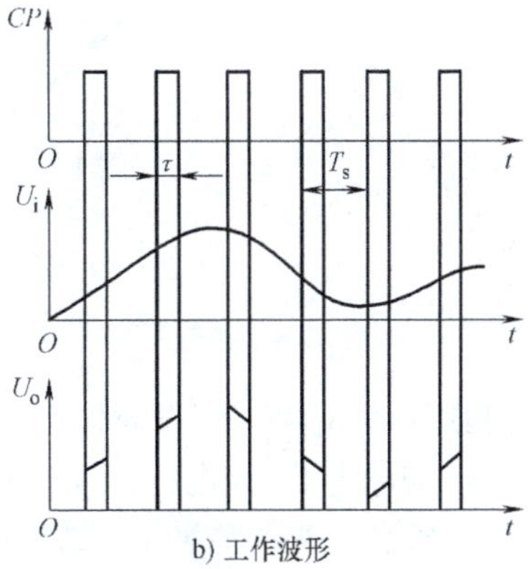

图 6-8　采样原理图及工作波形

为了不失真地用采样后的输出信号 u_o 表示输入模拟信号 u_i，采样频率 f_s 必须满足：采样频率应不小于输入模拟信号最高频率分量的两倍，即 $f_s \geqslant 2f_{max}$（此式就是广泛使用的采样定理）。其中，f_{max}为输入模拟信号 u_i 的上限频率（即最高次谐波分量的频率）。

A/D 转换器把采样信号转换成数字信号需要一定的时间，所以在每次采样结束后都需要将这个断续的脉冲信号保持一定的时间，以便进行转换。图 6-9a 所示是一种常见的采样—保持电路，它由采样开关、保持电容和缓冲放大器组成。

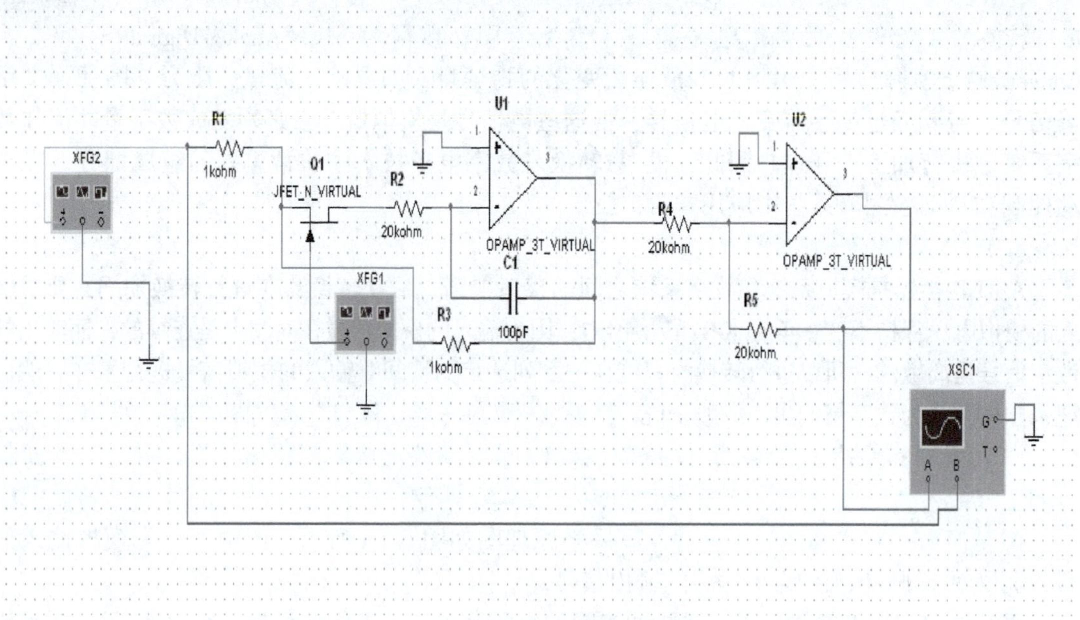

a) 采样 — 保持电路

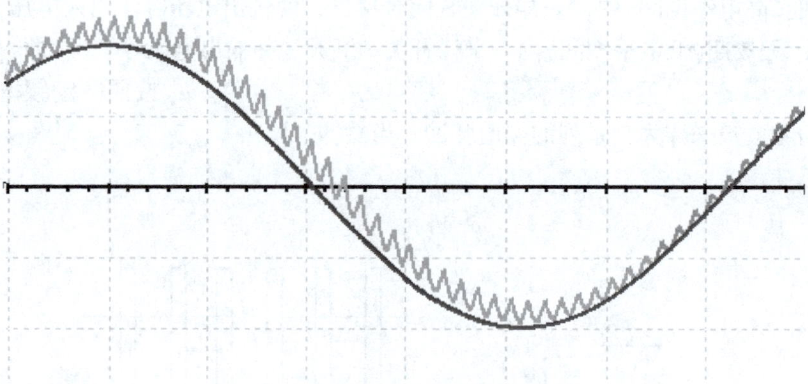

b) 原信号与采样输出信号波形

图 6-9　采样—保持电路及其输入输出波形

在图 6-9a 中，利用场效应晶体管做模拟开关。在采样脉冲 *CP* 到来的时间 τ 内，开关接通，输入模拟信号 $u_{i(t)}$ 向电容 C1 充电，当电容 C1 的充电时间常数为 t_C 时，电容 C1 上的电压在时间 τ 内跟随 $u_{i(t)}$ 变化。采样脉冲 *CP* 结束后，开关断开，因电容的漏电很小且运算放大器的输入阻抗又很高，所以电容 C1 上的电压可保持到下一个采样脉冲到来为止。运算放大器构成电压跟随器，具有缓冲作用，以减小负载对保持电容的影响。在输入一连串采样脉冲后，输出电压 $u_{o(t)}$ 的波形如图 6-9b 所示。

（2）量化和编码　输入的模拟信号经采样—保持电路后，得到的是阶梯形模拟信号，它们是连续模拟信号在给定时刻上的瞬时值，但仍然不是数字信号。必须进一步将阶梯形模拟信号的幅度等分成 n 级，并给每级规定一个基准电平值，然后将阶梯电平分别归并到最邻近的基准电平上，这个过程称为量化。量化中采用的基准电平称为量化电平，采样、保持后未量化的电平 u_o 值与量化电平 u_q 值之差称为量化误差 δ，即 $\delta = u_o - u_q$。量化的方法一般有两种：只舍不入法和有舍有入法（或称四舍五入法）。用二进制数码来表示各个量化电平的过程称为编码。此时，把每个样值脉冲都转换成与它的幅度成正比的数字量，才算全部完成了模拟量到数字量的转换。

1）只舍不入法是：取最小量化单位 $\Delta = U_m/2^n$，其中 U_m 为模拟电压最大值，n 为数字代码位数，将 $0 \sim \Delta$ 之间的模拟电压归并到 $0 \cdot \Delta$，把 $\Delta \sim 2\Delta$ 之间的模拟电压归并到 $1 \cdot \Delta$，……，依此类推。这种方法产生的最大量化误差为 Δ。比如，将 0～1V 的模拟电压信号转换成 3 位二进制代码，有 $\Delta = 1/2^3\text{V} = 1/8\text{V}$，那么将 0～1/8V 之间的模拟电压归并到 $0 \cdot \Delta$，用 000 表示，将 1/8～2/8V 之间的模拟电压归并到 $1 \cdot \Delta$，用 001 表示，……，依此类推，直到将 7/8～1V 之间的模拟电压归并到 $7 \cdot \Delta$，用 111 表示，此时最大量化误差为 1/8V。该方法简单易行，但量化误差比较大，为了减小量化误差，通常采用另一种量化编码方法，即有舍有入法。

2）有舍有入法是：取最小量化单位 $\Delta = 2U_m/(2^{n+1} - 1)$，其中 U_m 仍为模拟电压最大值，n 为数字代码位数，将 $0 \sim \Delta/2$ 之间的模拟电压归并到 $0 \cdot \Delta$，把 $\Delta/2 \sim 3\Delta/2$ 之间的模拟电压归并到 $1 \cdot \Delta$，……，依此类推。这种方法产生的最大量化误差为 $\Delta/2$。用此法重做上例，将 0～1V 的模拟电压信号转换成 3 位二进制代码，有 $\Delta = 2/15\text{V}$，那么将 0～1/15V 之间的模拟电压归并到 $0 \cdot \Delta$，用 000 表示，将 1/15～3/15V 之间的模拟电压归并到 $1 \cdot \Delta$，用 001 表示，……，依此类推，直到将 13/15～1V 之间的模拟电压归并到 $7 \cdot \Delta$，用 111 表示，很明显此时最大量化误差为 1/15V。比上述只舍不入法的最大量化误差 1/8V 明显减小了（减小了近一半），因而实际中广泛采用有舍有入法。当然，无论采用何种划分量化电平的方法都不可避免地存在量化误差，量化级分得越多（即 A/D 转换器的位数越多），量化误差就越小，但同时输出二进制数的位数就越多，要实现这种量化的电路将更加复杂。因而在实际工作中，并不是量化级分得越多越好，而是根据实际要求，合理地选择 A/D 转换器的位数。图 6-10 表示了两种量化编码方法的比较。

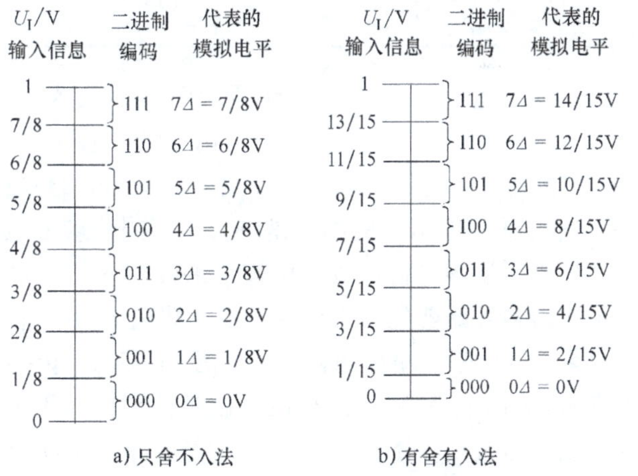

图 6-10 两种量化编码方法的比较

2. A/D 转换器的分类

目前 A/D 转换器的种类虽然很多，但从转换过程来看，可以归结为两大类：①直接A/D转换器。②间接 A/D 转换器。在直接 A/D 转换器中，输入模拟信号不需要中间变量就直接被转换成相应的数字信号输出，如计数型 A/D 转换器、逐次逼近型 A/D 转换器和并联比较型 A/D 转换器等，其特点是工作速度高，转换精度容易保证，调准也比较方便。而在间接 A/D 转换器中，输入模拟信号先被转换成某种中间变量（如时间、频率等），然后再将中间变量转换为最后的数字信号输出，如单次积分型 A/D 转换器、双积分型 A/D 转换器等，其特点是工作速度较低，但转换精度可以做得较高，且抗干扰性能强，一般在测试仪表中用得较多。将 A/D 转换器的分类归纳，如图 6-11

所示。

下面将以最常用的逐次逼近型 A/D 转换器为例，介绍 A/D 转换器的基本工作原理。

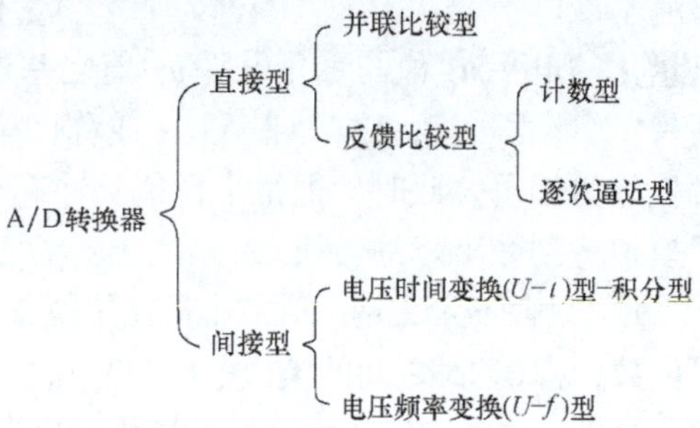

图 6-11 A/D 转换器的分类

逐次逼近型 A/D 转换器又称为逐次渐近型 A/D 转换器，是一种反馈比较型 A/D 转换器。逐次逼近型 A/D 转换器进行转换的过程类似于用天平称物体质量的过程。天平的一端放着被称的物体，另一端加砝码，各砝码的质量按二进制关系设置，一个比一个质量减半。称质量时，把砝码从大到小依次放在天平上，与被称物体比较，若砝码质量不如物体质量大，则该砝码予以保留，反之去掉该砝码，多次试探，经天平比较加以取舍，直到天平基本平衡，称出物体的质量为止。这样就以砝码的质量之和表示了被称物体的质量。例如设物体质量为 11g，砝码质量分别为 1g、2g、4g 和 8g。称质量时，物体放在天平的一端，在另一端先将 8g 的砝码放上，它的质量比物体质量小，该砝码予以保留(记为 1)，规定被保留的砝码记为 1，不被保留的砝码记为 0。然后再将 4g 的砝码放上，现在砝码质量总和比物体质量大了，该砝码不予保留(记为 0)，依次类推，得到的物体质量可以用二进制数表示为 1011。表 6-1 给出了用逐次逼近法称物体质量的过程。

表 6-1 用逐次逼近法称物体质量的过程

顺序	砝码质量/g	比较	砝码取舍
1	8	8g<11g	取(1)
2	4	12g>11g	舍(0)
3	2	10g<11g	取(1)
4	1	11g=11g	取(1)

利用上述天平称物体质量的原理可构成逐次逼近型 A/D 转换器。

逐次逼近型 A/D 转换器的结构框图如图 6-12 所示，它包括四个部分：电压比较器、D/A转换器、寄存器、顺序脉冲发生器及相应的控制电路。

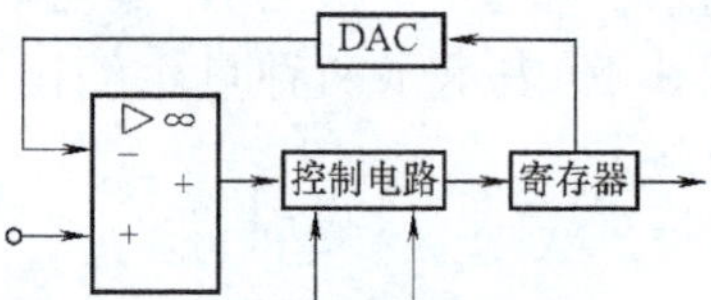

图 6-12 逐次逼近型 A/D 转换器的结构框图

逐次逼近型 A/D 转换器是将大小不同的参考电压与输入模拟电压逐步进行比较，比较结果以相应的二进制代码表示。转换开始前先将寄存器清零，即送给 D/A 转换器的数字量为 0，三个输出门被封锁，没有输出。转换控制信号有效(为高电平)后开始转换，在时钟脉冲作用下，顺序脉冲发生器发出一系列节拍脉冲，寄存器受顺序脉冲发生器及控制电路的控制，逐位改变其中的代码。首先控制电路将寄存器的最高位置 1，使其输出为100…00。这个代码被 D/A 转换器转换成相应的模拟电压 U_o，送到电压比较器与待转换的输入模拟电压 U_i 进行比较。若 $U_o > U_i$，则说明寄存器输出代码过大，故将最高位的 1 变成 0，同时将次高位置 1；若 $U_o \leqslant U_i$，则说明寄存器输出代码还不够大，则应将这一位的 1 保留。代码的取舍通过电压比较器的输出经控制电路来完成的。按上述方法依次类推，将下一位置 1 进行比较，确定该位的 1 是否保留，直到最低位为止。此时寄存器里保留下来的代码即为所求的输出数字量。

3. A/D 转换器的主要技术指标

（1）分辨率 A/D 转换器的分辨率指 A/D 转换器对输入模拟信号的分辨能力，即 A/D 转换器输出数字量的最低位变化一个代码时，对应的输入模拟量的变化量。常以输出二进制代码的位数 n 来表示，即

$$分辨率=\frac{u_I}{2^n}$$

式中，u_I 是输入的满量程模拟电压；n 为 A/D 转换器的位数。显然 A/D 转换器的位数越多，可以分辨的最小模拟电压的值就越小，也就是说 A/D 转换器的分辨率就越高。

例如，当 $n=8$、$u_I=5V$ 时，A/D 转换器的分辨率为

$$分辨率=\frac{5V}{2^8}=19.53mV$$

而当 $n=10$、$u_I=5V$ 时，A/D 转换器的分辨率为

$$分辨率=\frac{5V}{2^{10}}=4.88mV$$

由此可知，同样输入情况下，10 位 A/D 转换器的分辨率明显高于 8 位 A/D 转换器的分辨率。

实际工作中经常用 A/D 转换器的位数来表示 A/D 转换器的分辨率。但要记住，A/D 转换器的分辨率是一个设计参数，不是测试参数。

（2）转换速度 转换速度是指完成一次 A/D 转换所需的时间。转换时间是从模拟信号输入开始，到输出端得到稳定的数字信号所经历的时间。转换时间越短，说明转换速度越高。并联型 A/D 转换器的转换速度最高，约为数十纳秒；逐次逼近型 A/D 转换器的转换速度次之，约为数十微秒；双积分型 A/D 转换器的转换速度最低，约为数十毫秒。

（3）相对精度 在理想情况下，所有的转换点应在一条直线上。相对精度是指 A/D 转换器实际输出数字量与理论输出数字量之间的最大差值。一般用最低有效位（LSB）的倍数来表示。如果相对精度不大于 LSB 的一半，就说明实际输出数字量与理论输出数字量的最大差值不超过 LSB 的一半。

6.1.3 A/D 转换 Multisim 仿真实例

Multisim 10 软件中 A/D 转换器的引脚说明如下：

VIN：模拟电压输入端；

VREF+、VREF-：基准电压输入端；

SOC：数据转换启动端，高电平有效；

OE：三态输出控制端，高电平有效；

EOC：转换结束控制端，输出正脉冲；

D0～D7：二进制数码输出端。

按照 Multisim 10 的使用方法，设计出 A/D 转换电路原理图，改变滑动电阻的参数使输入电压为 3.999V，输出二进制数为 11001100，即十进制数 204，如图 6-13 所示。

验证：根据 A/D 转换原理，理论上 $3.999\times256/5=204.7488$，与仿真输出非常接近。或者根据量化编码方法，A/D 转换器是把 5V 的电压 256 等分，从 00000000 到 11111111，

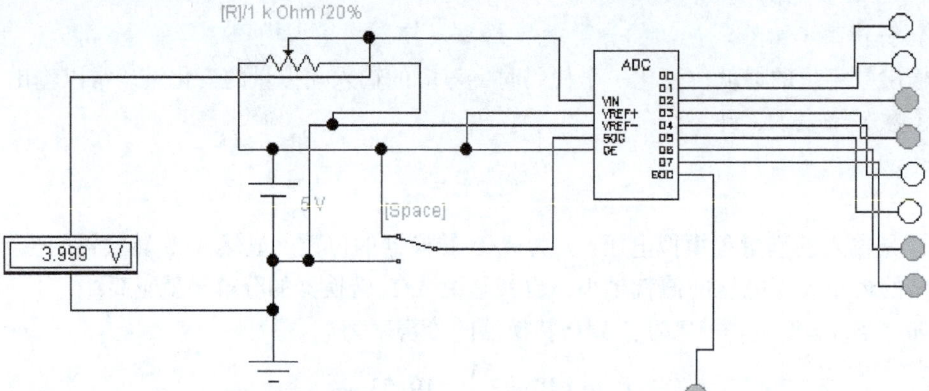

图 6-13　仿真实例 1

看输入的模拟电压在哪个二进制的数值上。

再如图 6-14 所示：把输入电压调整为 2.499V，A/D 转换器的输出是 01111111，即十进制数 127，验证：2.4999 ×256/5 =127.99488，非常接近。

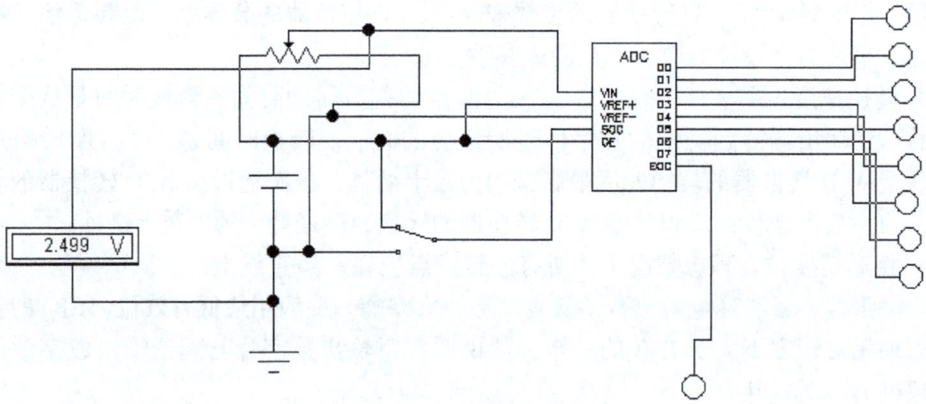

图 6-14　仿真实例 2

读者可以在仿真软件上把其它的数值验证一下，以加深对 A/D 转换器的理解。

6.1.4　典型芯片 ADC0832 介绍

ADC0832 是一种 8 位分辨率、双通道 A/D 转换芯片。由于它体积小、兼容性好、性价比高而深受单片机爱好者及企业欢迎，它目前已经有很高的普及率。

ADC0832 具有以下特点：

8 位分辨率；

双通道 A/D 转换；

输入输出电平与 TTL/CMOS 兼容；

5V 电源供电时，输入电压在 0 ~5V 之间；

工作频率为 250kHz，转换时间为 32μs；

一般功耗仅为 15mW；

8P-DIP(双列直插)、PICC 多种封装；

商用级芯片温宽为 0 ~ 70℃，工业级芯片温宽为 -40 ~ 85℃；

ADC0832 芯片接口说明如图 6-15 所示。

图 6-15　ADC0832 芯片接口说明

$\overline{CS}$：片选使能，低电平芯片使能。

CH0：模拟输入通道 0，或作为 IN +/- 使用。

CH1：模拟输入通道 1，或作为 IN +/- 使用。

GND：芯片参考 0 电位(地)。

DI：数据信号输入，选择通道控制。

DO：数据信号输出，转换数据输出。

CLK：芯片时钟输入。

V_{CC}(V_{REF})：电源输入及参考电压输入(复用)。

ADC0832 为 8 位分辨率 A/D 转换芯片，可以满足一般的模拟量转换要求，其内部电源输入与参考电压输入的复用，使得芯片的输入模拟电压在 0 ~ 5V 之间。芯片转换时间仅为 32μs，具有双数据输出，可作为数据校验，以减小数据误差，转换速度高且稳定性能强。独立的芯片使能输入，使多器件挂接和处理器控制变得更加方便。通过 DI 数据信号输入端，可以轻易地实现通道功能的选择。

ADC0832 的控制原理：

正常情况下，ADC0832 与单片机的接口应为四条数据线，分别是$\overline{CS}$、CLK、DO、DI。但由于 DO 端与 DI 端在通信时并未同时有效且与单片机的接口是双向的，所以电路设计时可以将 DO 端和 DI 端并联在一根数据线上使用。当 ADC0832 未工作时，其$\overline{CS}$使能端应为高电平，此时芯片禁用，CLK 端和 DO/DI 端的电平可任意。当要进行 A/D 转换时，须先将$\overline{CS}$使能端置于低电平并且保持低电平，直到转换完全结束。此时芯片开始转换工作，同时由处理器向芯片时钟输入端 CLK 输入时钟脉冲，DO/DI 端则使用 DI 端输入通道功能选择的数据信号。在第 1 个时钟脉冲的下降沿之前，DI 端必须是高电平，表示起始信号。在第 2、3 个脉冲下降沿之前，DI 端应输入两位数据用于选择通道功能。

如上所述，当第 2、3 个脉冲下降沿之前 DI 端应输入两位数据为“10”时，只对 CH0 进行单通道转换；当此两位数据为“11”时，只对 CH1 进行单通道转换；当此两位数据为“00”时，将 CH0 作为正输入端IN +，CH1 作为负输入端 IN - 进行输入；当此两位数据为“01”时，将 CH0 作为负输入端 IN -，CH1 作为正输入端 IN + 进行输入。到第 3 个脉冲下降沿到来之后，DI 端的输入电平就失去输入作用，此后 DO/DI 端开始利用数据输出 DO 端进行转换数据的读取。从第 4 个脉冲下降沿开始，由 DO 端输出转换数据最高位 DATA7，随后每一个脉冲下降沿 DO 端输出下一位数据，直到第 11 个脉冲时输出最低位数据 DATA0，一个字节的数据输出完成。也正是从此位开始输出下一个相反字节的数据，即从第 11 个脉冲的下降沿输出 DATD0，随后输出 8 位数据，到第 19 个脉冲下降沿时数据输出完成，也标志着一次 A/D 转换的结束。最后将$\overline{CS}$置高电平，禁用芯片，直接将转换后的数据进行处理就可以了。

作为单通道模拟信号输入时，ADC0832 的输入电压是 0 ~ 5V，且 8 位分辨率时的电压精度为19.53mV。如果作为由IN+与IN-输入时，可以将电压值设定在某一个较大范围之内，从而提高了转换的宽度。但值得注意的是：在进行IN+与IN-的输入时，如果IN-的电压大于IN+的电压，那么转换后的数据结果始终为00H。

想一想：

1. 模/数转换器在哪些场合使用？
2. 如何提高A/D转换芯片的精度？
3. A/D转换的位数是越多越好吗？
4. ADC0832串行口的输入数据是从高位开始还是从低位开始？

专题2 D/A转换

专题要求：

- 按照电路图搭出硬件电路；
- 根据8个输入开关的不同状态组合，用电压表测量D/A转换器的输出电压值并记录；
- 根据Multisim 10软件对DAC芯片的仿真，观察输入值与输出值并记录。

专题目标：

- 通过硬件电路的搭建，锻炼学生的读图识图能力；
- 通过对集成电路芯片DAC0832的使用，锻炼学生对集成芯片的使用能力；
- 通过对硬件电路和软件仿真的测试及输入输出关系的分析，掌握D/A转换的原理。

6.2.1 DAC0832 D/A转换器的应用

一个8位D/A转换器有8个输入端(其中每个输入端是8位二进制数的一位)，有一个模拟输出端。输入可有256个不同的二进制组态，输出为256个电压之一，即输出电压不是整个电压范围内的任意值，而只能是256个可能值。

DAC0832输出的是电流，一般要求输出的是电压，所以还必须经过一个外接的运算放大器转换成电压。实际电路如图6-16所示。根据电路原理图搭出实际电路，在输入端接入8个模拟开关，模拟不同的二进制数值，用电压表测量输出电压的值。

由图6-16、图6-17、图6-18、图6-19可知，当8个模拟开关状态分别为11111111、10000000、01000000、00000000时，输出的模拟电压分别为-4.97V、-2.49V、-1.25V、0V。

6.2.2 D/A转换器

1. 数/模转换器的基本概念

把数字信号转换为相应的模拟信号称为数/模转换，简称D/A(Digital to Analog)转换。实现D/A转换的电路称为D/A转换器，或写为DAC(Digital-Analog Converter)。

随着计算机技术的迅猛发展，人类从事的许多工作，从工业生产的过程控制、生物工程到企业管理、办公自动化、家用电器等各行各业，几乎都要借助于数字计算机来完成。但是，计算机是一种数字系统，它只能接收、处理和输出数字信号，而数字系统输出的数字量必须还原成相应的模拟量，才能实现对模拟系统的控制。数/模转换是数字电子技术中非常重要的组成部分。

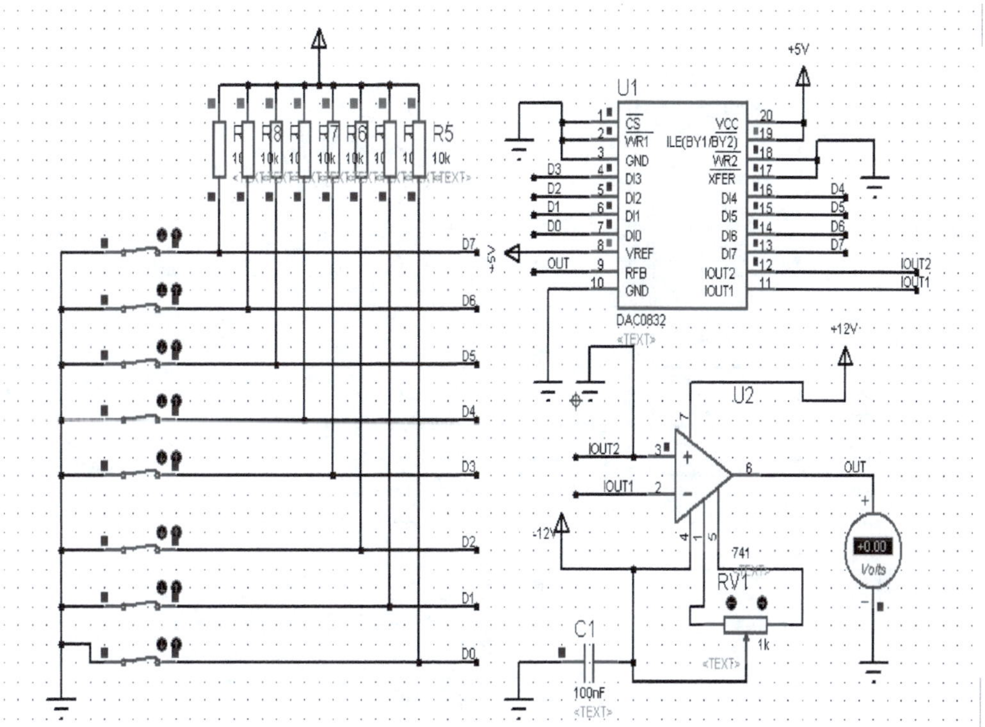

图 6-16 实际电路

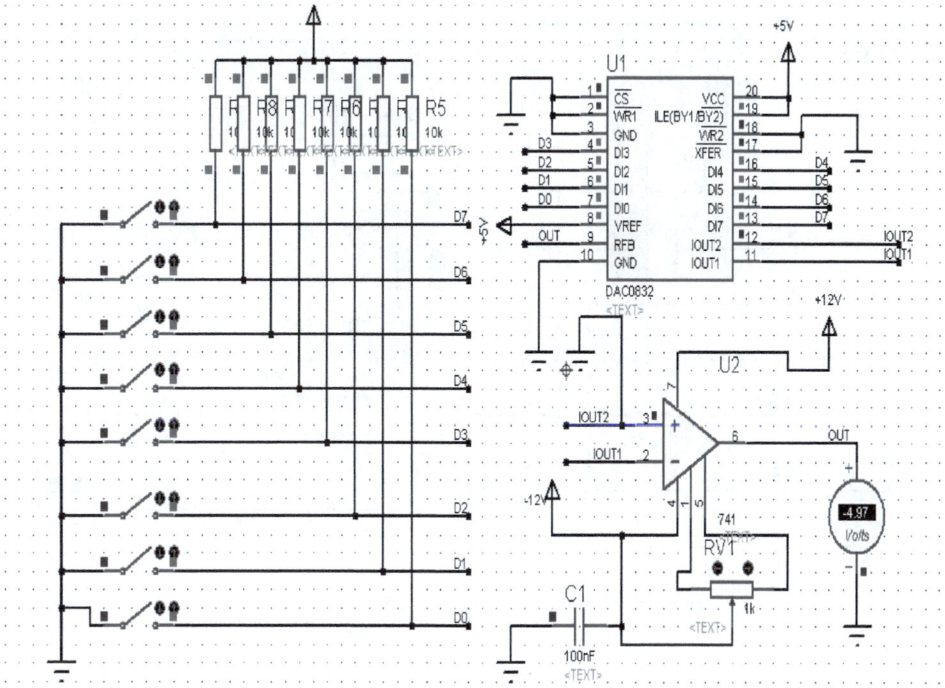

图 6-17 D/A 转换情况 1

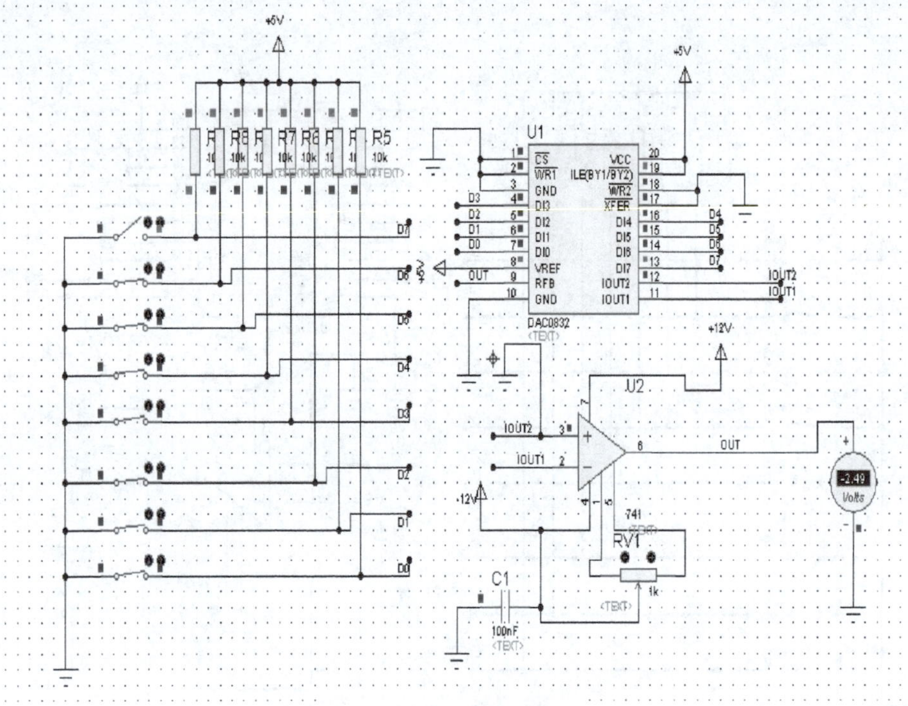

图 6-18　D/A 转换情况 2

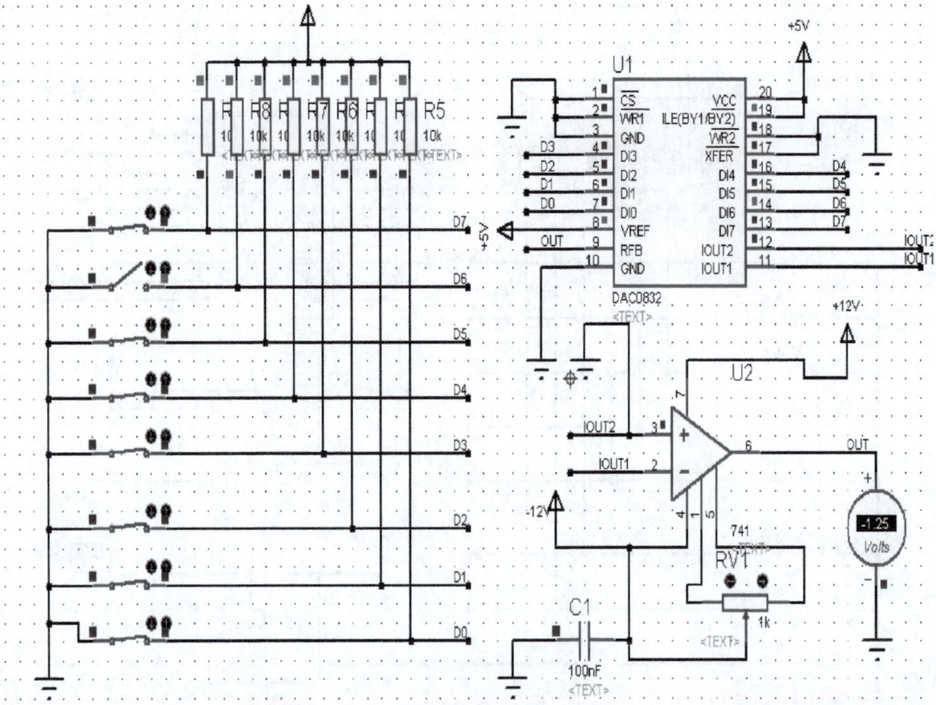

图 6-19　D/A 转换情况 3

D/A 转换器的种类很多，有权电阻网络 D/A 转换器、倒 T 形电阻网络 D/A 转换器、权电流型 D/A 转换器及权电容网络 D/A 转换器等几种类型。这里主要介绍常用的权电阻网络 D/A 转换器。

权电阻网络 D/A 转换器的基本原理图如图 6-20 所示。

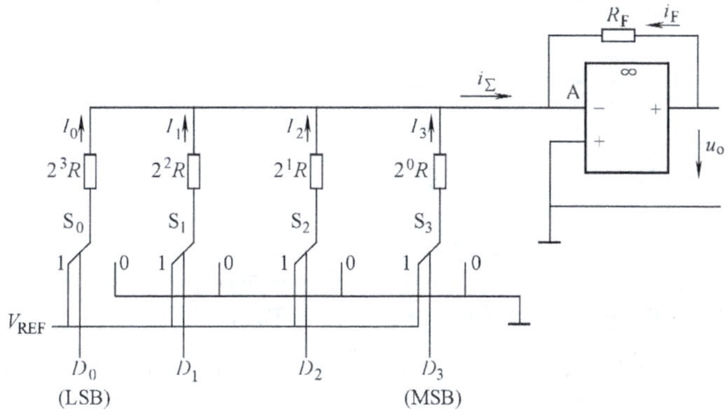

图 6-20 权电阻网络 D/A 转换器

这是一个 4 位权电阻网络 D/A 转换器，它由权电阻网络电子模拟开关和放大器组成。该电阻网络的电阻值是按 4 位二进制数的位权大小来取值的，低位最高(2^3R)，高位最低(2^0R)，从低位到高位依次减半。S_0、S_1、S_2、S_3 为四个电子模拟开关，其状态分别受输入代码 D_0、D_1、D_2、D_3 四个数字信号控制。输入代码 D_i 为 1 时，开关 S_i 连到 1 端，连接到参考电压 V_{REF}上，此时有一支路电流 I_i 流向放大器的节点 A；D_i 为 0 时，开关 S_i 连到 0 端，直接接地，节点 A 处无电流流入。运算放大器为反馈求和放大器，此处我们将它近似看作是理想运算放大器，因此可得到流入节点 A 的总电流为

$$\begin{aligned} i_\Sigma &= (I_0 + I_1 + I_2 + I_3) = \sum I_i \\ &= \left(\frac{1}{2^3R}D_0 + \frac{1}{2^2R}D_1 + \frac{1}{2^1R}D_2 + \frac{1}{2^0R}D_3\right)V_{REF} \\ &= \frac{V_{REF}}{2^3R}(2^3D_3 + 2^2D_2 + 2^1D_1 + 2^0D_0) \end{aligned} \tag{1}$$

可得结论：i_Σ 与输入的二进制数成正比，所以该网络可以实现从数字量到模拟量的转换。

另一方面，对通过运算放大器的输出电压，有同样的结论：

运算放大器的输出电压为

$$u_o = -i_\Sigma R_F \tag{2}$$

将式(1)代入式(2)，取 $R_F = R/2$ 得

$$\begin{aligned} u_o &= -\frac{V_{REF}}{2^3R}\frac{1}{2}R(2^3D_3 + 2^2D_2 + 2^1D_1 + 2^0D_0) \\ &= -\frac{V_{REF}}{2^4}(2^3D_3 + 2^2D_2 + 2^1D_1 + 2^0D_0) \end{aligned} \tag{3}$$

将上述结论推广到 n 位权电阻网络 D/A 转换器，输出电压的公式可写为

$$u_o = -\frac{V_{REF}}{2^n}(2^{n-1}D_{n-1} + 2^{n-2}D_{n-2} + \cdots + 2^1D_1 + 2^0D_0) \quad (4)$$

权电阻网络 D/A 转换器的优点是电路简单，电阻使用量少，转换原理容易掌握；缺点是所用电阻依次相差一半，需要转换的位数越多，电阻差别就越大，在集成制造工艺上就越难以实现。为了克服这个缺点，通常采用 T 形或倒 T 形电阻网络 D/A 转换器。

2. D/A 转换器的主要技术指标

（1）分辨率　分辨率是说明 D/A 转换器输出最小电压的能力。它是指 D/A 转换器模拟输出所产生的最小输出电压 U_{LSB}（对应的输入数字量仅最低位为 1）与最大输出电压 U_{FSR}（对应的输入数字量各有效位全为 1）之比，即

$$分辨率 = \frac{U_{LSB}}{U_{FSR}} = \frac{1}{2^n - 1}$$

式中，n 表示输入数字量的位数。可见，分辨率与 D/A 转换器的位数有关，位数 n 越大，能够分辨的最小输出电压变化量就越小，即分辨最小输出电压的能力也就越强。

例如，当 $n=8$ 时，D/A 转换器的分辨率为

$$分辨率 = \frac{1}{2^8 - 1} = 0.0039$$

而当 $n=10$ 时，D/A 转换器的分辨率为

$$分辨率 = \frac{1}{2^{10} - 1} = 0.000978$$

很显然，10 位 D/A 转换器的分辨率比 8 位 D/A 转换器的分辨率高得多。但在实践中应该记住，和 A/D 转换器一样，D/A 转换器的分辨率也是一个设计参数，不是测试参数。

（2）转换精度　转换精度是指 D/A 转换器实际输出的模拟电压值与理论输出模拟电压值之间的最大误差。显然，这个差值越小，电路的转换精度越高。但转换精度是一个综合指标，包括零点误差、增益误差等，不仅与 D/A 转换器中元器件参数的精度有关，而且还与环境温度、求和运算放大器的温度漂移以及转换器的位数有关。因而要获得较高精度的D/A 转换结果，一定要选用合适的 D/A 转换器的位数，同时还要选用低漂移、高精度的求和运算放大器。一般情况下要求 D/A 转换器的误差小于 $U_{LSB}/2$。

（3）转换时间　转换时间是指 D/A 转换器从输入数字信号开始到输出模拟电压或电流达到稳定值时所用的时间，即 D/A 转换器的输入变化为满度值（输入由全 0 变为全 1 或由全 1 变为全 0）时，其输出达到稳定值所需的时间为转换时间，也称建立时间。转换时间越小，工作速度就越高。

6.2.3　D/A 转换 Multisim 仿真实例

参考 Multisim 10 的软件使用方法，设计出电路原理图，如图 6-21、图 6-22 所示。D/A 转换器的引脚如下：0～7 为数字量的输入端，8 位二进制输入；“+”“-”为参考电压输入端。在输入端接 8 个单刀双掷开关，用开关的状态来模拟二进制输入的数值，输出端接一个电压表来测量 D/A 转换器的输出数据。

图 6-21 输入二进制数据为 11111110，即十进制 254，输出模拟电压为 9.922V。

验证：输出电压 = 10V × 254/256 = 9.921857V，非常接近。

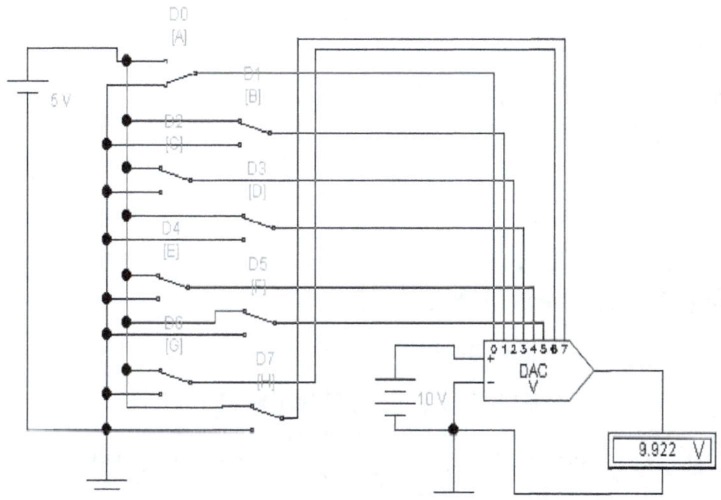

图 6-21 仿真实例 1

图 6-22 输入二进制数据为 01110110，即十进制数 118，输出模拟电压为 4.609V。

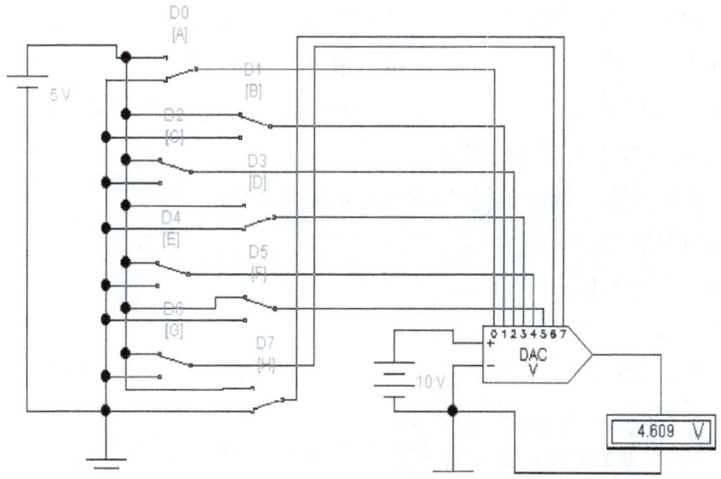

图 6-22 仿真实例 2

验证：输出电压 =10V ×118/256 =4.609375V，非常接近。

6.2.4 典型芯片 DAC0832 介绍

DAC0832 是 8 位分辨率的 D/A 转换集成芯片，其引脚图如图 6-23 所示，与微处理器完全兼容。这个 D/A 芯片以其价格低廉、接口简单、转换控制容易等优点，在单片机应用系统中得到广泛的应用。D/A 转换器由 8 位输入锁存器、8 位 DAC 寄存器、8 位 D/A 转换电路及转换控制电路构成。

1. DAC0832 的主要特性参数

* 分辨率为 8 位；
* 电流稳定时间为 1μs；

* 可单缓冲、双缓冲或直接数字输入；
* 只需在满量程下调整其线性度；
* 单一电源供电(5 ~ 15V)；
* 低功耗，200mW。

2. DAC0832 的引脚功能

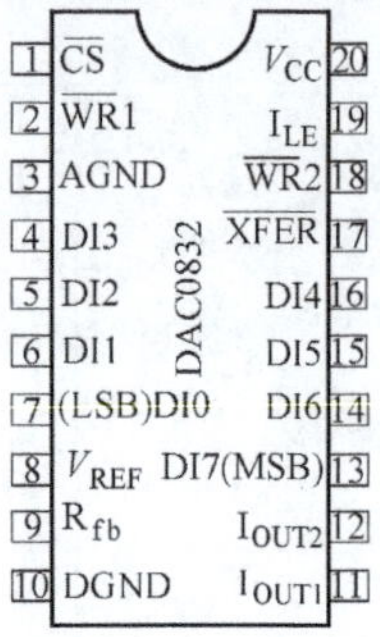

图 6-23　DAC0832 引脚图

* DI0 ~ DI7：8 位数据输入端，TTL 电平，有效时间应大于 90ns(否则锁存器的数据会出错)；
* I_{LE}：数据锁存允许控制信号输入端，高电平有效；
* $\overline{CS}$：片选信号输入端，低电平有效；
* $\overline{WR1}$：数据锁存器写选通输入端，负脉冲(脉宽应大于 500ns)有效。由 I_{LE}、$\overline{CS}$、$\overline{WR1}$ 的逻辑组合产生 I_{LE}，当 I_{LE} 为高电平时，数据锁存器的状态随数据输入端变化，I_{LE} 负跳变时将输入数据锁存；
* $\overline{XFER}$：数据传输控制信号输入端，低电平有效，负脉冲(脉宽应大于 500ns)有效；
* $\overline{WR2}$：DAC 寄存器选通输入端，负脉冲(脉宽应大于 500ns)有效；
* I_{OUT1}：电流输出端 1，其值随 DAC 寄存器的内容线性变化；
* I_{OUT2}：电流输出端 2，其值与 I_{OUT1} 值之和为一常数；
* R_{fb}：反馈信号输入端，改变 R_{fb} 端外接电阻值可调整转换满量程精度；
* V_{CC}：电源输入端，V_{CC} 的范围为 5 ~ 15V；
* V_{REF}：基准电压输入端，V_{REF} 的范围为 -10 ~ 10V；
* AGND：模拟信号地；
* DGND：数字信号地。

3. DAC0832 的工作方式

根据对 DAC0832 的数据锁存器和 DAC 寄存器的不同控制方式，DAC0832 有三种工作方式：直通方式、单缓冲方式和双缓冲方式。

(1) 双缓冲方式　DAC0832 包含输入寄存器和 DAC 寄存器两个数字寄存器，因此称为双缓冲，即数据在进入倒 T 形电阻网络之前，必须经过两个独立控制的寄存器。这对使用者是非常有利的，首先，在一个系统中，任何一个 DAC 都可以同时保留两组数据；其次，双缓冲允许在系统中使用任何数目的 DAC。

(2) 单缓冲与直通方式　在不需要双缓冲的场合，为了提高数据通过率，可采用单缓冲与直通方式。例如，当 $\overline{CS}=\overline{WR2}=\overline{XFER}=0$、$I_{LE}=1$ 时，DAC 寄存器就处于“透明”状态，即直通工作方式。当 $\overline{WR1}=1$ 时，数据锁存，模拟输出不变；当 $\overline{WR1}=0$ 时，模拟输出更新，这被称为单缓冲方式。当 $\overline{CS}=\overline{WR2}=\overline{XFER}=\overline{WR1}=0$、$I_{LE}=1$ 时，两个寄存器都处于直通状态，模拟输出能够快速反应输入数码的变化。

想一想：

1. D/A 转换芯片为什么一定要加上参考电压？
2. 数/模转换器的转换精度主要由什么决定？

专题3 知识拓展部分

专题要求：

- 上网查找和阅读有关温度传感器的理论知识；
- 收集并了解温度传感器的应用案例。

专题目标：

- 了解温度传感器的种类、特点与市场前景；
- 了解常用温度传感器的使用方法。

6.3.1 温度传感器介绍

温度是一个基本的物理量，自然界中的一切过程无不与温度密切相关。温度传感器是最早开发、应用最广的一类传感器。温度传感器的市场份额大大超过了其它传感器。从17世纪初人们就开始利用温度传感器进行测量。在半导体技术的支持下，20世纪相继开发了半导体热电偶传感器、PN结温度传感器和集成温度传感器。与之相对应，根据波与物质的相互作用规律，相继开发了声学温度传感器、红外传感器和微波传感器。

两种不同材质的导体，如在某点互相连接在一起，对这个连接点加热，则不加热部位就会出现电位差。这个电位差的数值与不加热部位测量点的温度有关，也和这两种导体的材质有关。这种现象可以在很宽的温度范围内出现，如果精确测量这个电位差，再测出不加热部位的环境温度，就可以准确知道加热点的温度。由于必须有两种不同材质的导体，所以称为热电偶。不同材质的导体做出的热电偶使用于不同的温度范围，它们的灵敏度也各不相同。热电偶的灵敏度是指加热点温度变化1℃时，输出电位差的变化量。对于由大多数金属材料制造的热电偶而言，这个数值在5～40mV/℃之间。

热电偶传感器有优点也有缺陷，它灵敏度比较低，容易受到环境干扰信号的影响，也容易受到前置放大器温度漂移的影响，因此不适合测量微小的温度变化。由于热电偶传感器的灵敏度与材料的粗细无关，用非常细的材料也能够做成温度传感器。由于制造热电偶的金属材料具有很好的延展性，所以这种细微的测温元件有极高的响应速度，可以测量快速变化的过程。

温度传感器是众多传感器中最为常用的一种，现在的温度传感器外形非常小，这使它广泛应用在生产实践的各个领域中，也为人们的生活提供了很多便利。

温度传感器有四种主要类型：热电偶、热敏电阻、电阻温度检测器（RTD）和IC温度传感器。IC温度传感器又包括模拟输出和数字输出两种类型。

接触式温度传感器的检测部分与被测对象有良好的接触，又称温度计。温度计通过传导或对流达到热平衡，从而使温度计的示值能直接表示被测对象的温度，一般测量精度较高。在一定的测温范围内，温度计也可测量物体内部的温度分布，但对于运动物体、小目标或热容量很小的对象却会产生较大的测量误差。常用的温度计有双金属温度计、玻璃液体温度计、压力式温度计、电阻温度计、热敏电阻和温差电偶等。它们广泛应用于工业、农业、商业等行业。在日常生活中，人们也常常使用这些温度计。随着低温技术在国防工程、空间技术、冶金、电子、食品、医药和石油化工等行业的广泛应用和超导技术的研究，测量120K

以下温度的低温温度计得到了发展，如低温气体温度计、蒸气压温度计、声学温度计、量子温度计、低温热电阻和低温温差电偶等。低温温度计要求感温元件体积小、准确度高、复现性和稳定性好。利用多孔高硅氧玻璃渗碳烧结而成的渗碳玻璃热电阻就是低温温度计的一种感温元件，可用于测量1.6~300K范围内的温度。

非接触式温度传感器的感温元件与被测对象互不接触，又称非接触式测温仪表。这种仪表可用来测量运动物体，小目标、热容量小或温度变化迅速(瞬变)的物体表面温度，也可用于测量温度场的温度分布。最常用的非接触式测温仪表基于黑体辐射的基本定律，称为辐射测温仪表。辐射测温法包括亮度法(见光学高温计)、辐射法(见辐射高温计)和比色法(见比色温度计)。以上各类辐射测温法只能测出对应的光度温度、辐射温度和比色温度。只有对黑体(吸收全部辐射并不反射光的物体)所测温度才是真实温度。如欲测定物体的真实温度，就必须进行材料表面发射率的修正。而材料表面发射率不仅取决于温度和波长，而且还与表面状态、涂膜和微观组织等有关，因此很难精确测量。在自动化生产中往往需要利用辐射测温法来测量或控制某些物体的表面温度，如冶金中的钢带轧制温度、轧辊温度、锻件温度和各种熔融金属在冶炼炉或坩埚中的温度。在这些具体情况下，材料表面发射率的测量是相当困难的。对于固体表面温度的自动测量和控制，可以采用附加的反射镜使之与被测固体表面一起组成黑体空腔。附加辐射的影响能提高被测物体表面的有效辐射和有效发射系数。利用有效发射系数通过仪表对实测温度进行相应的修正，最终可得到被测物体表面的真实温度，最为典型的附加反射镜是半球反射镜。球中心附近被测物体表面的漫射辐射能被半球反射镜反射回到表面而形成附加辐射，从而提高有效发射系数。至于气体和液体介质真实温度的辐射测量，则可以用插入耐热材料管至一定深度以形成黑体空腔的方法。通过计算求出与介质达到热平衡后的黑体筒空腔的有效发射系数，在自动测量和控制中就可以用此值对所测腔底温度(即介质温度)进行修正，从而得到介质的真实温度。

非接触式测温的优点：测温上限不受感温元件耐温程度的限制，因而对最高可测温度原则上没有限制。对于1800℃以上的高温，主要采用非接触式测温方法。随着红外技术的发展，辐射测温逐渐由可见光向红外线扩展，700℃以下直至常温都已采用，且分辨率很高。

6.3.2　温度传感器分类

按输出信号的模式，温度传感器可大致划分为三大类：模拟式温度传感器、逻辑输出式温度传感器、数字式温度传感器。

1. 模拟式温度传感器

传统的模拟式温度传感器，如热电偶、热敏电阻和RTD对温度的监控，在一定温度范围内线性不好，需要进行冷端补偿或引线补偿。另外，它热惯性大，响应时间慢。集成模拟式温度传感器与之相比，具有灵敏度高、线性度好、响应速度快等优点，而且它还将驱动电路、信号处理电路以及必要的逻辑控制电路集成在单片IC上，有实际尺寸小、使用方便等优点。常见的模拟式温度传感器有LM3911、LM335、LM45、AD22103电压输出型、AD590电流输出型。这里主要介绍几个典型的器件。

(1) AD590温度传感器　AD590是美国模拟器件公司生产的电流输出型温度传感器，供电电压范围为3~30V，输出电流为223μA(-50℃)~423μA(150℃)，灵敏度为1μA/℃。当在电路中串接采样电阻R时，R两端的电压可作为输出电压。**注意：**R的阻值不能取得太大，以保证 AD590 两端电压不低于 3V。AD590 输出电流信号的传输距离可达到 1km 以上，作为一种高阻电流源，其阻抗最高可达 20MΩ，所以它不必考虑选择开关或 CMOS 多路转换器所引入的附加电阻造成的误差，适用于多点温度测量和远距离温度测量的控制。

（2）LM135/235/335 温度传感器　LM135/235/335 系列是美国国家半导体公司（NS）生产的一种高精度、易校正的集成温度传感器，工作特性类似于稳压管。该系列器件灵敏度为 10mV/K，具有小于 1Ω 的动态阻抗，工作电流范围为 400μA ~ 5mA，精度为 1℃，LM135 的温度范围为 -55 ~ 150℃，LM235 的温度范围为 -40 ~ 125℃，LM335 的温度范围为 -40 ~ 100℃。封装形式有 TO-46、TO-92、SO-8。该系列器件广泛应用于温度测量、温差测量以及温度补偿系统中。

2. 逻辑输出式温度传感器

在许多应用中，人们并不需要严格测量温度值，只关心温度是否超出了一个设定范围，一旦温度超出所规定的范围，则发出报警信号，启动或关闭风扇、空调、加热器或其它控制设备，此时可选用逻辑输出式温度传感器。LM56、MAX6501/02/03/04、MAX6509/10 是其典型代表。

（1）LM56 温度开关　LM56 是 NS 公司生产的高精度低压温度开关，内置 1.25V 参考电压输出端，最大只能带 50μA 的负载。

电源电压为 2.7 ~ 10V，工作电流最大为 230μA，内置传感器的灵敏度为 6.2mV/℃，传感器输出电压为 6.2mV/℃ × T + 395mV。

（2）MAX6501/02/03/04 温度监控开关　MAX6501/02/03/04 是具有逻辑输出、SOT-23 封装的温度监控开关。它的设计非常简单：用户选择一种接近于自己需要控制的温度门限（由厂方预设在 -45 ~ 115℃，预设值间隔为 10℃），直接将其接入电路即可使用，无需任何外部元器件。其中，MAX6501/03 为漏极开路低电平报警输出，MAX6502/04 为推/拉式高电平报警输出。MAX6501/03 提供热温度预置门限（35 ~ 115℃），当温度高于预置门限时报警；MAX6502/04 提供冷温度预置门限（-45 ~ 15℃），当温度低于预置门限时报警。对于需要一个简单的温度超限报警而又空间有限的应用，如笔记本式计算机、蜂窝移动电话等应用来说是非常理想的，该器件的典型温度误差是 ±0.5℃，最大是 ±4℃，滞回温度可通过引脚选择为 2℃ 或 10℃，以避免温度接近门限值时输出不稳定。这类器件的工作电压范围为 2.7 ~ 5.5V，典型工作电流为 30μA。

3. 数字式温度传感器

（1）MAX6575/76/77 数字式温度传感器　这类器件可通过单线和微处理器进行温度数据的传送，提供三种灵活的输出方式：频率、周期或定时，一条线最多允许挂接 8 个传感器，并具备 ±0.8℃ 的典型精度，150μA 的典型电源电流，2.7 ~ 5.5V 的宽电源电压范围及 -45 ~ 125℃ 的温度范围。它输出的方波信号具有正比于绝对温度的周期，采用 6 脚 SOT-23 封装，仅占很小的板面。该器件通过一条 I/O 与微处理器相连，利用微处理器内部的计数器测出周期后就可计算出温度。

（2）可多点检测、直接输出数字量的数字式温度传感器 DS1612　DS1612 是美国达拉斯半导体公司生产的 CMOS 数字式温度传感器，内含两个非易失性存储器，可以在存储器中任意设定上限和下限温度值，进行恒温器的温度控制。由于这些存储器具有不挥发性，因此一次写入后，即使不用 CPU 也仍然可以独立使用。

DS1612 可测量的温度范围为 -55 ~ 125℃，在 0 ~ 70℃ 范围内，测量精度为 ±0.5℃，输出的 9 位编码直接与温度相对应。

DS1612 同外部电路的控制信号和数据的通信是通过双向总线来实现的，由 CPU 生成串行时钟脉冲(SCL)，SDA 是双向数据线。通过地址引脚 A_0、A_1、A_2 将 8 个不同的地址分配给各元器件。通过设定寄存器来设置工作方式，并对工作状态进行监控。被测温度数据存储在温度传感器的寄存器中，高温(TH)和低温(TL)阈值寄存器存储了恒温器输出(T_{out})的阈值。

现在，各种集成温度传感器的功能越来越专业化。比如，MAXIM 公司近期推出的 MAX1619 是一种增强型精密远端数字式温度传感器，能够监测远端 PN 结和其自身封装的温度。它具有双报警输出：ALERT 和 OVERT。ALERT 用于指示各传感器的高/低温状态，OVERT信号等价于一个自动调温器，在远端温度传感器超上限时触发。MAX1619 与 MAX1617A 软件完全兼容，非常适合于系统关断或风扇控制，甚至在系统“死锁”后仍能正常工作。美国达拉斯半导体公司的 DS1615 是有记录功能的温度传感器，器件中包含实时时钟、数字式温度传感器、非易失性存储器、控制逻辑电路以及串行接口电路。

数字式温度传感器的测温范围一般为 -40 ~ 85℃，精度为 ±2℃，9 位数码输出时的分辨率是 0.03125℃。时钟提供的时间从秒至年，并对 2100 年以前的闰年做了修正。电源电压为 2.2 ~ 5.5V，8 脚 SOIC 封装。

6.3.3 传感器市场前景

咨询公司 INTECHNOCONSULTING 的传感器市场报告显示，东欧、亚太地区和加拿大成为传感器市场增长最快的地区，而美国、德国、日本依旧是传感器市场分布最大的地区。就世界范围而言，传感器市场上增长最快的依旧是汽车市场，占第 2 位的是过程控制市场，通信市场前景看好。

一些传感器市场，比如流量传感器、压力传感器、温度传感器、水平传感器已表现出成熟市场的特征。流量传感器、压力传感器、温度传感器的市场规模最大，分别占到整个传感器市场的 21%、19% 和 14%。传感器市场的增长主要来自于无线传感器、MEMS(Micro-Electro-Mechanical Systems，微机电系统)传感器、生物传感器等新兴传感器。

目前，全球的传感器市场呈现出快速增长的趋势。有关专家指出，传感器领域的主要技术将在现有基础上延伸和提高，各国将竞相加速新一代传感器的开发和产业化，竞争也将日益激烈。新技术的发展将重新定义未来的传感器市场，比如无线传感器、光纤传感器、智能传感器和金属氧化传感器等新型传感器的出现与市场份额的扩大。

想一想：

1. 传感器有哪些种类？传感器在非电量测量技术中的地位与作用是什么？
2. 逻辑输出式温度传感器与数字式温度传感器有何异同？
3. 数字式传感器为什么越来越受到技术开发人员的青睐？

项目小结

A/D 转换是将输入的模拟量转换为与之成正比的数字量。常用 A/D 转换器主要有并联比较型 A/D 转换器、双积分型 A/D 转换器和逐次逼近型 A/D 转换器。其中，并联比较型 A/D 转换器属于直接转换型，其转换速度最快，但价格高；双积分型 A/D 转换器属于间接转换型，其速度慢，但精度高、抗干扰能力强；逐次逼近型 A/D 转换器也属于直接转换型，其速度较快、精度较高、价格适中，因而被广泛采用。

A/D 转换要经过采样和保持、量化与编码两步实现。采样—保持电路对输入模拟信号抽取样值，并展宽(保持)；量化是对样值脉冲进行分级，编码是将分级后的信号转换成二进制代码。在对模拟信号采样时，必须满足采样定理：采样脉冲的频率 f_s 必须大于输入模拟信号最高频率分量的 2 倍，这样才能不失真地恢复出原模拟信号。

D/A 转换是将输入的数字量转换为与之成正比的模拟量。常用的 D/A 转换器主要有权电阻网络 D/A 转换器、T 形电阻网络 D/A 转换器、倒 T 形电阻网络 D/A 转换器和权电流型 D/A 转换器。其中，后两者转换速度快，性能好，因而被广泛采用，权电流型 D/A 转换器转换精度高，性能最佳。

D/A 转换器和 A/D 转换器的分辨率和转换精度都与转换器的位数有关，位数越多，分辨率和转换精度越高。基准电压 V_{REF} 是重要的应用参数，要理解基准电压的作用，尤其是在 A/D 转换中，它的值对量化误差、分辨率都有影响。一般应按器件手册给出的范围确定 V_{REF} 值，并且保证输入的模拟电压最大值不大于 V_{REF} 值。

思考与练习

6.1 D/A 转换器由哪几部分组成？试简述 D/A 转换的过程。

6.2 A/D 转换的过程是什么？

6.3 试说明在 A/D 转换过程中产生量化误差的原因及减小量化误差的方法。

6.4 在选择采样—保持电路中的外接电容时应考虑哪些因素？

6.5 试说明影响 D/A 转换器转换精度的主要原因有哪些？

6.6 自己设计电路验证 ADC0809 的工作是否正常。

6.7 上网搜索有关压力传感器的知识，试选择一种并用其设计应用电路。

项目7 数字钟电路设计与装调

引言 数字钟已成为人们日常生活中很常见的电子产品，广泛用于个人家庭以及车站、码头、办公室等公共场所，给人们的生活、学习、工作、娱乐带来极大的方便。数字钟具有走时准确、性能稳定、携带方便等优点，它还用于计时、自动报时及自动控制等各个领域。

数字钟电路的基本组成包含了数字电路的主要组成部分，它的设计有助于将已经学过的比较零散的数字电路知识，有机地、系统地联系起来并用于实际，培养综合分析、装调电路的能力。

◆ 项目要求：

该电路要能够实现时、分、秒的显示，在整点时鸣响，并且具有时和分校正的功能。

◆ 项目目标：

- 掌握数字钟的基本组成；
- 熟悉数字钟各组成部分的作用；
- 熟悉数字钟电路中信号的传递过程。

◆ 项目介绍：

数字钟一般由时钟源、计数器、译码器/驱动器、显示器以及校时和报时等几部分组成。这些都是数字电路中应用最广泛的基本电路，逻辑框图如图7-1所示。

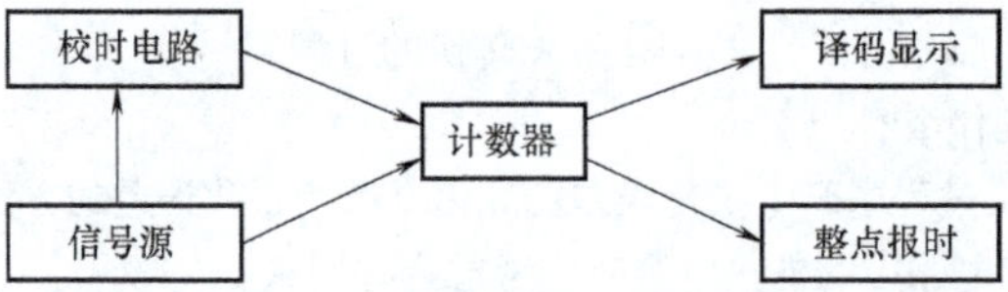

图7-1 数字钟的逻辑框图

在数字钟电路中，计数器是电路的核心器件，是电路的“心脏”，而计数器的工作又离不开时钟信号，要获得时钟信号必须先获得脉冲信号。将获得的脉冲信号分频后，得到1Hz的时钟信号，送入“秒”计数器进行计数，在“秒”计数器完成一个计数循环时，向“分”计数器产生进位信号，使“分”计数器计数，在“分”计数器完成一个计数循环时，向“时”计数器产生进位信号，使“时”计数器计数。所有计数结果由对应的译码器/驱动器和LED(或LCD)数码管显示出来。

进行单元电路的设计要选择集成电路的类型，确定单元电路的形式。由于器件的类型和性能各不相同，需用器件的数量和连接形式也就不一样，所以应将不同的方案进行比较，选择使用器件少、成本低、性能可靠、易于实现的方案。目前中大规模专用集成电路不断涌现，在设计时，应尽量选用新型中大规模集成电路。

任务1 时 钟 源

任务要求：

- 设计时钟源电路以及分频电路，并检验其功能。

任务目标：

- 掌握时钟源电路的工作原理与设计；
- 掌握分频电路的原理；
- 理解怎样提高数字钟的时钟信号精度。

振荡器是计数器/定时器的重要组成部分，它主要用来产生时间标准信号。作为非产品设计，系统对信号精度要求就不必过高，例如可用555集成定时器构成多谐振荡器或用门电路构成 *RC* 环形振荡器来提供信号。若希望信号精度较高，则可采用石英晶体振荡器并通过分频得到1Hz时钟信号。本任务就用这两种方式进行时钟源电路的设计。

7.1.1　用555集成定时器构成时钟源

根据前面章节中所介绍的555集成定时电路，用其构成多谐振荡器的典型电路如图7-2所示，其工作波形如图7-3所示。

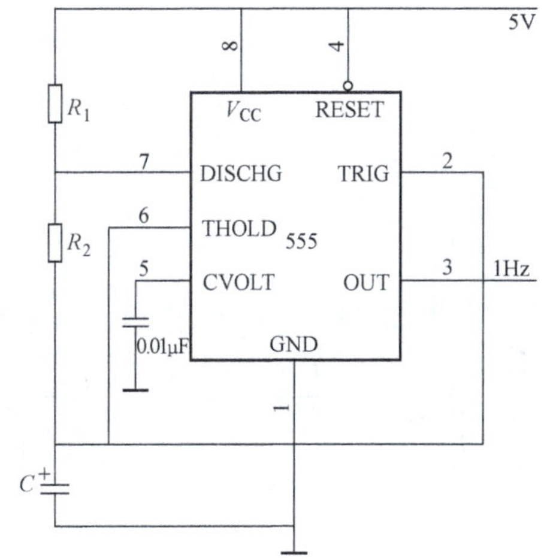

图7-2　555集成定时电路构成的多谐振荡器

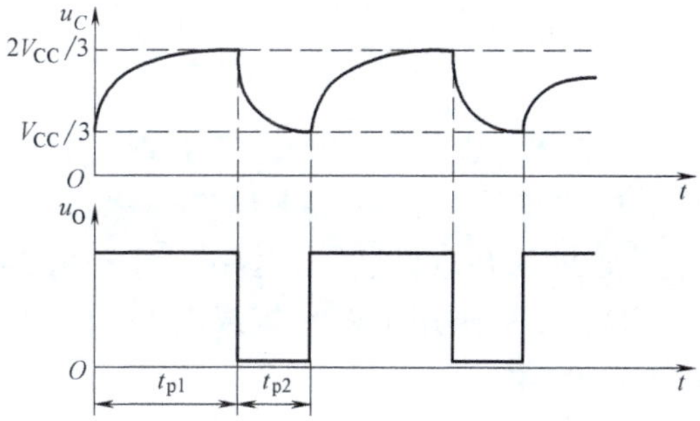

图7-3　多谐振荡器的工作波形

该多谐振荡器的指标为：

1）充电时间：$T_{PH} \approx 0.7(R_1+R_2)C$

2）放电时间：$T_{PL} \approx 0.7R_2C$

3）振荡周期：$T=T_{PH}+T_{PL} \approx 0.7(R_1+2R_2)C$

4）振荡频率：$f=1/T \approx 0.7(R_1+2R_2)C$

5）占空比：$D=T_{PH}/T=(R_1+R_2)/(R_1+2R_2)$

为实现频率调节，在 R_2 上串联一个电位器 R_P。为实现1Hz左右的脉冲输出，建议 R_1、R_2、R_P 分别选用6.8kΩ、3.3kΩ、47kΩ。参考电路如图7-4所示。

7.1.2　用石英晶体振荡器构成时钟源

利用石英晶体振荡器产生时间标准信号，经分频后得到秒时钟脉冲，因此数字钟的精度取决于石英晶体振荡器。从数字钟的精度考虑，晶振频率越高，数字钟的计时准确度就越高，但这将使振荡器的耗电量增大，分频电路的级数也要增加，因此一般选取石英晶体的振荡频率为 32678Hz(或 100kHz)，这样也便于分频得到 1Hz 的信号。

石英晶体振荡器的电路如图 7-5 所示。电路由石英晶体、微调电容与集成门电路等元器件构成。图中，门 1 用于振荡，门 2 用于整形。R_f 为反馈电阻(10 ~ 100MΩ)，其作用是为反相器提供偏置，使其工作于放大状态；C_1 是温度特性校正电容，一般取 20 ~ 40pF；C_2 是中频微调电容，取 5 ~ 35pF，电容 C_1、C_2 与石英晶体一起构成 Π 网络，完成正反馈选频。门 1 输出的波形为近似正弦波，经门 2 缓冲整形后输出矩形脉冲。

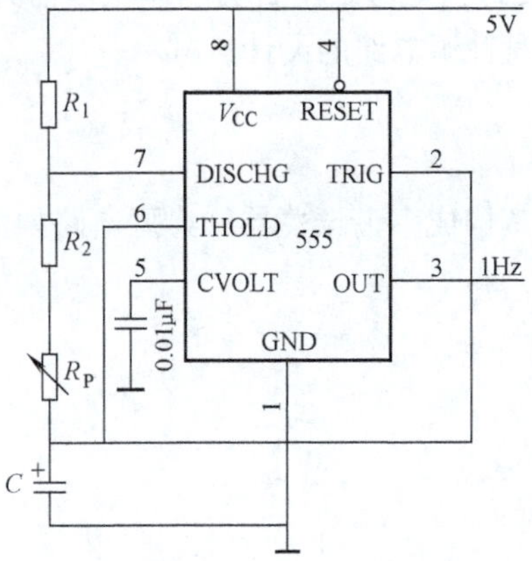

图 7-4 555 集成定时电路构成的振荡器

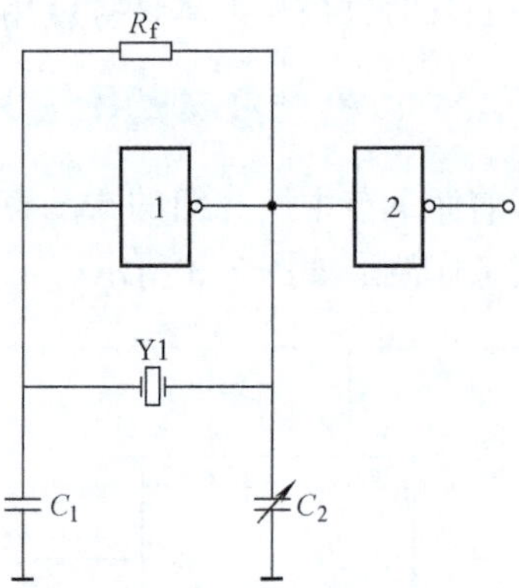

图 7-5 石英晶体振荡器

石英晶体振荡器产生的 32768Hz 时间标准信号，并不能用来直接计时，要把它分频成频率为 1Hz 的秒信号，因此需对它进行 2^{15} 次分频。分频电路如果采用 TTL 集成电路，可选用 74LS393(或 74LS293)；如果采用 CMOS 集成电路，可选用 CC4520(或 CC4060)等。

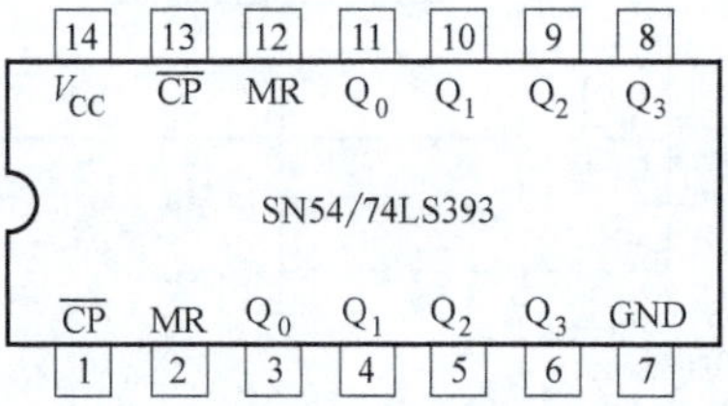

图 7-6 74LS393 的引脚图

下面详细介绍利用 74LS393 实现分频。74LS393 是双 4 位二进制加法计数器，其引脚图和时序图如图 7-6、图 7-7 所示。

由 74LS393 的时序图可知，*MR* 是异步清零端，当其接高电平时，输出端均实现清零，计数器正常计数时，此端应始终接低电平。计数器的计数输出端 Q_0 ~ Q_3 输出信号的频率依

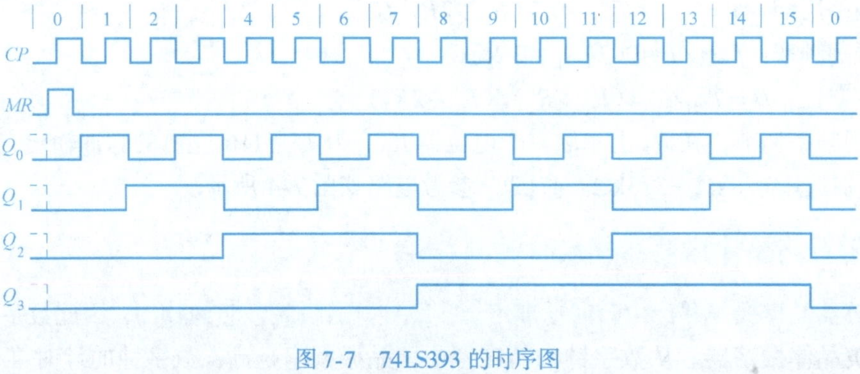

图 7-7 74LS393 的时序图

次为时钟信号的 $1/2^1$、$1/2^2$、$1/2^3$、$1/2^4$。由此可知，要从时钟源（$CP=32768\text{Hz}=2^{15}\text{Hz}$）得到1Hz 的时钟信号，则需要经过 2^{15} 次分频。由于 74LS393 是一片双四进制加法计数器，故可以实现 2^8 次分频，所以需要两片集成块才能实现 2^{15} 次分频，其连接方法如图 7-8 所示。

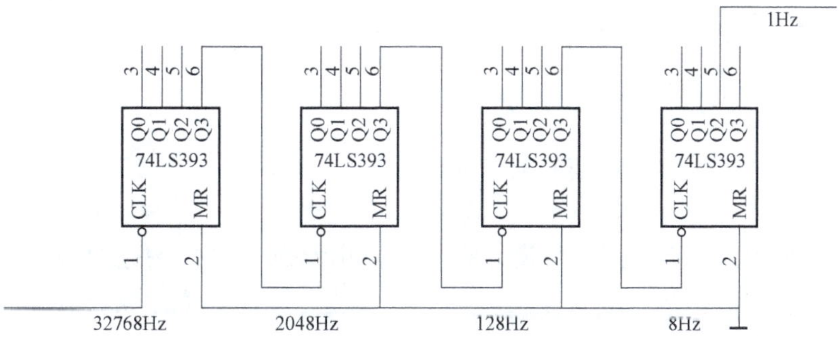

图 7-8　74LS393 的级联逻辑图 1

由图7-8 可知，若要对32768Hz 的信号进行 2^{15} 次分频，则需要两片 74LS393，两片级联后可以完成分频任务，如图 7-9 所示。

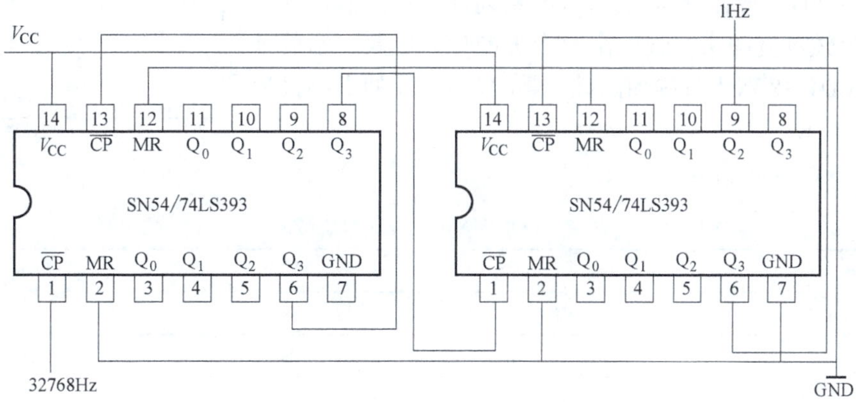

图 7-9　74LS393 的级联逻辑图 2

利用其它型号的计数器也可以实现分频，读者如有兴趣，可以查阅其它器件的应用，自行设计，在此不再赘述。

想一想：

1. 555 集成定时电路产生振荡信号的原理是什么？振荡信号的占空比对计数器有无影响？
2. 为何 555 集成定时电路组成的时钟源输出的信号比石英晶体振荡器产生的信号精度低？
3. 本任务中采用的 74LS393 实现分频的原理是什么？为什么不直接产生 1Hz 的脉冲信号，而是采用分频的方法？

任务 2　计数及译码驱动电路

任务要求：

■ 设计时、分、秒的计数电路以及译码驱动电路，并检验其功能。

任务目标：

- 掌握构成 N 进制计数器的方法及电路的设计；
- 掌握译码器在电路中的作用，并完成电路搭建；
- 熟悉计数器之间信号的传递过程；
- 熟悉电路的装调及故障分析。

7.2.1　秒计数器和分计数器的设计

经过分频得到的1Hz秒脉冲信号被送到计时电路，计时电路由三部分构成，完成“时”“分”“秒”计数。其中，“秒”“分”计数均为六十进制，“时”计数为十二或二十四进制。随着集成电路的发展，可以使用中规模计数器，采用反馈归零的方法去实现，即当计数状态达到所需模值后，经门电路或触发器反馈产生“复位”脉冲，使计数器清零，然后重新进行下一个循环的计数。

秒计数器和分计数器都是六十进制计数器，其连接方法可以完全相同。使用不同集成块的计数器连接方法也不尽相同，一般采用两个十进制计数器构成六十进制计数器。

1. 选用集成块

可选用TTL系列计数器或CMOS系列计数器，通过反馈清零法或反馈预置法来实现两个六十进制计数电路。本设计推荐采用CD4518双十进制加法计数器。CD4518的引脚排列如图7-10所示。

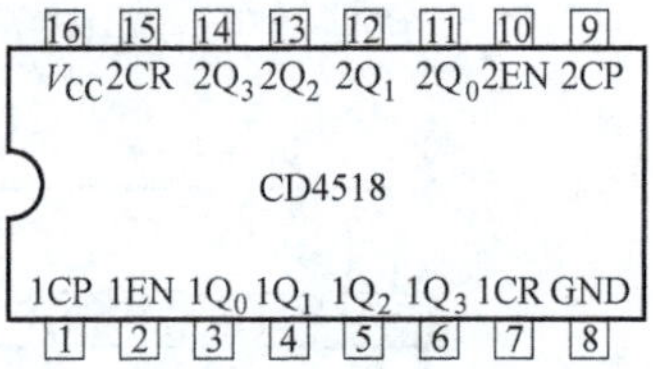

图7-10　CD4518引脚图

CD4518的逻辑功能表见表7-1。

表7-1　CD4518的逻辑功能表

输入			输出功能
CP	CR	EN	
↑	L	H	加法计数
L	L	↓	加法计数
↓	L	×	保持
×	L	↑	
↑	L	L	
H	L	↓	
×	H	×	全部为L

CD4518计数器为D触发器，具有两个时钟信号输入端 CP 和 EN，用于在时钟上升沿或下降沿时进行加法计数，不同时使用，具体见表7-1。其中，CR 为清零端，当 CR 接高电平时，计数器清零；而在正常计数时，此端必须接低电平。

2. 六十进制计数器的实现

所谓六十进制计数器，即该计数器每统计60个脉冲信号，就完成了一个计数循环，然后再从头开始计数。

用两个十进制计数器构成六十进制计数器，首先必须完成这两个十进制计数器的级联。已知CD4518计数器的时序图如图7-11所示。

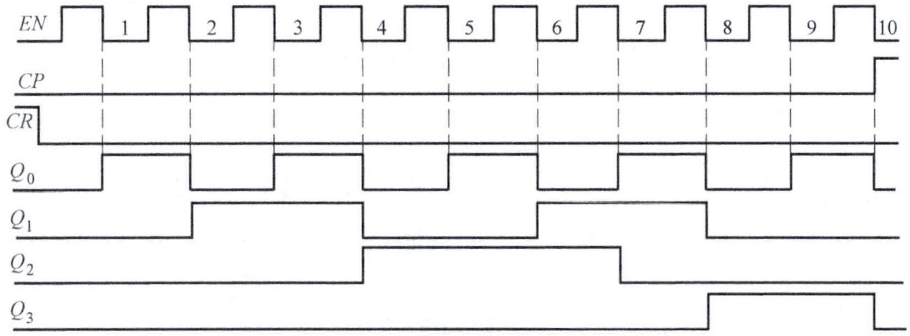

图 7-11 CD4518 的时序图

CD4518 计数器的级联可以通过以下方式完成，如图 7-12 所示。

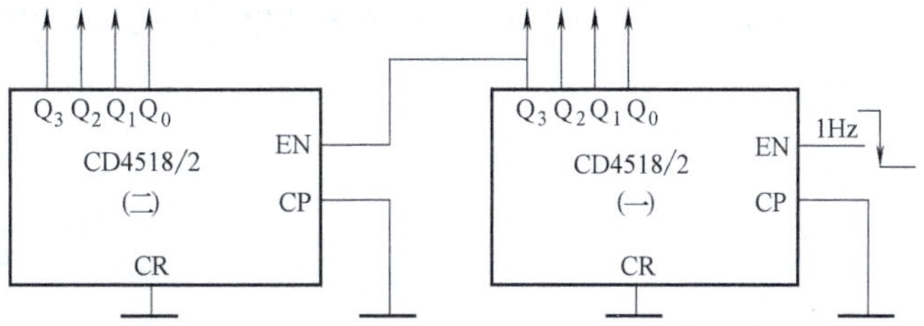

图 7-12 CD4518 的级联逻辑图

根据图 7-11 可知，在图 7-12 中，施加在第 1 个 CD4518 的 *EN* 端上时钟信号，当第 10 个下降沿到达时，其 Q_3 端就会产生一个下降沿，所以第 2 个 CD4518 就计一个数，这种级联法就是用两片 CD4518 构成了一百进制计数器。在此基础上，就能够实现六十进制计数器。在本设计中，利用反馈清零法比较简便，如图 7-13 所示。

在图 7-13 中，当第 2 个计数器计数到 6 时，即 $Q_3Q_2Q_1Q_0=0110$，Q_2 和 Q_1 上的高电平经过与非门和反相器输出高电平到 *CR* 端，对两个计数器同时清零，*CR* 上的高电平维持时间很短，然后又恢复低电平，计数器再从头开始计数。由于该计数器的有效状态是 0000 0000 ~ 0101 1001（0 ~ 59）共 60 个（0110 0000 是暂稳态，不属于有效状态），所以在一个计数循环内共计数 60 个，因此这是一个六十进制计数器。

由级联逻辑图，结合 CD4518 的引脚图就可以完成六十进制计数器（反馈清零法），如图 7-14 所示。

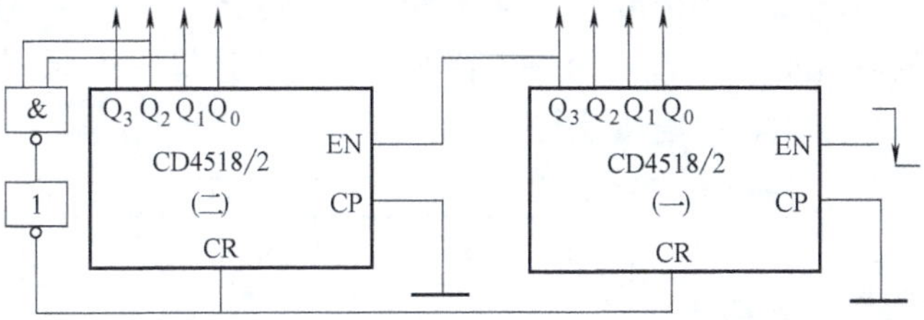

图 7-13 CD4518 构成六十进制计数器

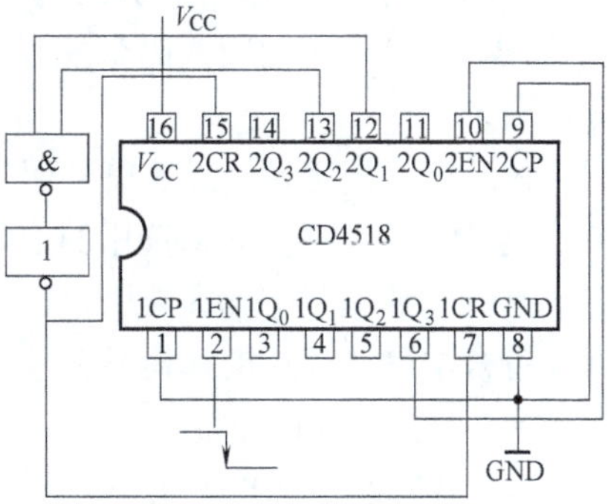

图 7-14 六十进制计数器的电路连接图

利用这种方法就可以做出秒计数器和分计数器，那么分的时钟信号从哪里来呢？分的时钟信号是 1min 才来一个下降沿，也就是在秒完成一个计数循环时产生一个下降沿，把这个下降沿输入到分的时钟信号上即可，从图 7-14 中可以发现，*CR* 端上的信号满足这个要求，所以把秒计数器的 *CR* 端和分计数器的时钟信号直接相连即可。

7.2.2 时计数器的设计

时计数器的设计还是选用 CD4518，其实现方法和分计数器、秒计数器的方法相类似。时计数器可以做成二十四进制或者十二进制的，二十四进制的逻辑电路图如图7-15所示。

图 7-15 所示连接方式的时计数器的工作过程是：在正常计数时，*CR* 端始终为低电平，当计数到 0010 0100（即 24）时，反相器的输出为高电平，此时对 CD4518 清零，又从头开始计数，所以该计数器的有效状态是 0000 0000 ~ 0010 0011（即 0 ~ 23）共 24 个，在一个计数循环内共计数 24 个，所以该计数器为二十四进制计数器。

由级联逻辑图，结合 CD4518 的引脚图就可以完成二十四进制计数器（反馈清零法），如图 7-16 所示。

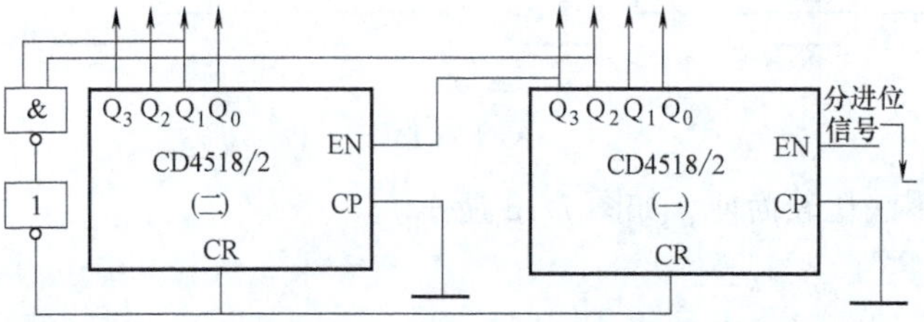

图 7-15　CD4518 构成二十四进制计数器

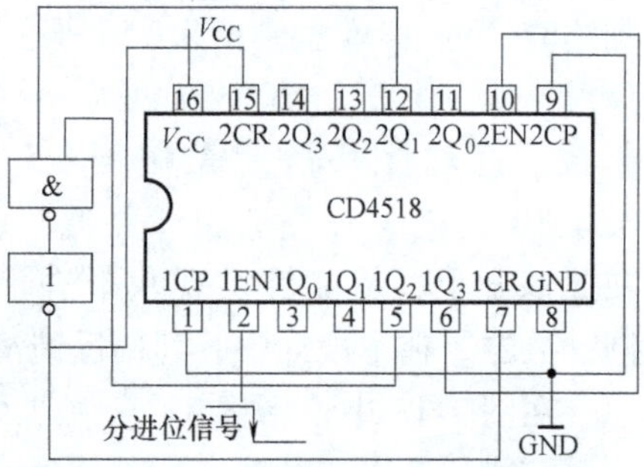

图 7-16　二十四进制计数器电路连接图

利用此方法也可以做成十二进制计数器。

7.2.3 译码电路（含驱动）的设计

译码电路采用专用译码器，其功能是将“时”“分”“秒”计数器中计数的输出状态（8421BCD）翻译成七段数码管能显示十进制数所要求的电信号，然后经数码显示器把数字显示出来。

显示器件选用发光二极管数码管，可选用共阳极或共阴极数码管；译码器件可选用 TTL 系列或 CMOS 系列。如果选用的数码管功耗低，可直接用译码器驱动。需要遵循一个原则：高电平输出译码器驱动共阴极数码管，低电平输出译码器驱动共阳极数码管。

符合本设计要求的译码器的型号很多，本项目以 CD4511 为例进行介绍。

CD4511 是一种 BCD-7 段显示译码器，它属于 CMOS 器件，高电平输出电流可达 25mA。CD4511 的引脚排列如图 7-17 所示，逻辑功能表见表 7-2。该器件用于驱动共阴极 7 段式 LED 数码管。

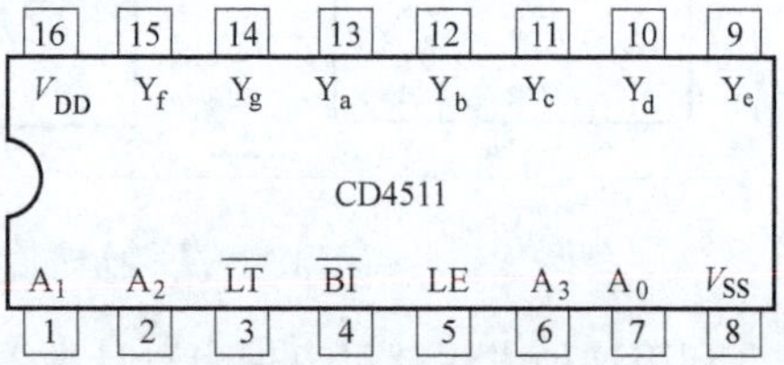

图 7-17　CD4511 的引脚图

表 7-2　CD4511 的逻辑功能表

输入							输出							显示字符
LE	$\overline{BI}$	$\overline{LT}$	*D*	*C*	*B*	*A*	*g*	*f*	*e*	*d*	*c*	*b*	*a*	
×	×	0	×	×	×	×	1	1	1	1	1	1	1	8
×	0	1	×	×	×	×	0	0	0	0	0	0	0	灭
1	1	1	×	×	×	×	不变							维持
0	1	1	0	0	0	0	0	1	1	1	1	1	1	0
0	1	1	0	0	0	1	0	0	0	0	1	1	0	1
0	1	1	0	0	1	0	1	0	1	1	0	1	1	2
0	1	1	0	0	1	1	1	0	0	1	1	1	1	3
0	1	1	0	1	0	0	1	1	0	0	1	1	0	4
0	1	1	0	1	0	1	1	1	0	1	1	0	1	5
0	1	1	0	1	1	0	1	1	1	1	1	0	1	6
0	1	1	0	1	1	1	0	0	0	0	1	1	1	7
0	1	1	1	0	0	0	1	1	1	1	1	1	1	8
0	1	1	1	0	0	1	1	1	0	1	1	1	1	9
0	1	1	1	0	1	0	0	0	0	0	0	0	0	灭
0	1	1	1	1	1	1	0	0	0	0	0	0	0	灭

从逻辑功能表可知：

$\overline{LT}$：灯测试。当该信号为低电平时，无论其它输入端为何值，$a\sim g$ 输出全为高电平，使七段显示器显示数字“8”，此功能用于测试显示器件。

$\overline{BI}$：灭灯输入。在$\overline{LT}=1$ 时，$\overline{BI}=0$，使 $a\sim g$ 输出全为低电平，可使共阴极 LED 数码管熄灭。

LE：锁存允许。在$\overline{LT}=1$、$\overline{BI}=1$ 时，$LE=1$，此时计数器保持一个计数状态不变，具有锁存功能。

在使用该集成块时，必须要对这些功能引脚做合理的处理，否则可能会造成无法正常译码，读者要学会看逻辑功能表，根据逻辑功能表合理搭配电路，这是一个基本的技能。另外，值得注意的是：在实物连接时，计数器的每一位都需要对应连接一个 CD4511 进行译码，要注意计数器的输出端和译码器的输入端对应相连接，即 $A_3A_2A_1A_0=Q_3Q_2Q_1Q_0$，不能把权值搞错。

该集成块功能简单，还有其它常见的译码器，例如 74LS48/248、74HC4543 等也可使用，有兴趣的读者可以自行查阅它们的引脚图和逻辑功能表，来搭建电路。

CD4511 译码器的输出信号可驱动段式数码管。CD4511 和数码管的连接如图 7-18 所示。尤其要注意的是：CD4518 的输出和 CD4511 的输入在进行连接时，一定要对应连接(即 Q_3-A_3、Q_2-A_2、Q_1-A_1、Q_0-A_0)。

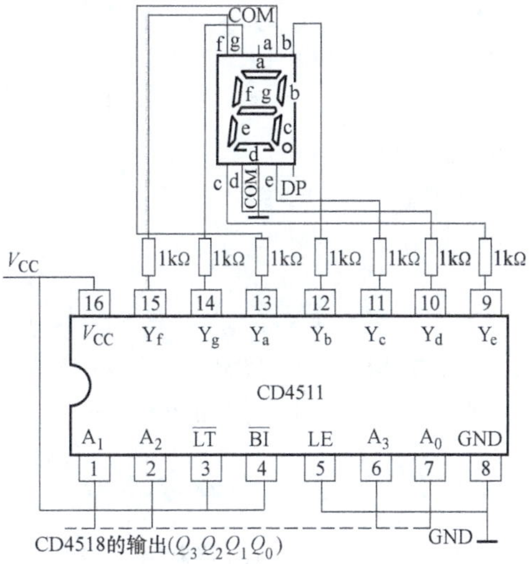

图 7-18　CD4511 和数码管连接图

想一想：

1. 如何通过实验的方法来验证数码管的好坏？在验证时要注意什么？

2. CD4511 能否直接和共阳极数码管相连接？如果相连接该如何处理？

任务3 校时电路

任务要求：

设计时、分的校时电路。

任务目标：

■ 掌握校时的原理；

■ 理解开关的消抖功能。

当数字钟刚接通电源或走时出现误差时，需要对其进行时间的校准。校时电路包括校准小时电路和校准分钟电路(也可包括校准秒电路,但校准信号频率必须大于1Hz)，可手动校时或脉冲校时，可用普通机械开关或由机械开关与门电路构成无抖动开关来实现校时。本任务只对时计数器和分计数器进行校时。

7.3.1 用单刀双掷开关实现校时

用单刀双掷开关实现校时是最简单的一种方法，如图7-19所示。

以分计时电路为例，介绍校时功能的实现。由前述已知，分计数器的时钟信号就是秒计数器的进位信号，即1min才来一个下降沿，所以分计数器1min才计一个数，如果改变分计数器的时钟信号频率，使频率升高，例如改变为1s就来一个下降沿，则分计数器的计数速度就变得很快，当在很短时间内跳变到标准时间时，再切换到原来分计数器正常计数的频率，这样就完成了对分计数器的校时。在图7-19中，标准信号就是1Hz的脉冲信号，进位信号就是秒计数器向分计数器的进位信号，而单刀双掷开关的1脚和分计数器的时钟信号相连接。

时计时电路的校时电路连接方式和分计时电路的校时相类似，在此不再赘述，请读者自行设计。

机械开关都会存在一个抖动问题，如图7-20所示。

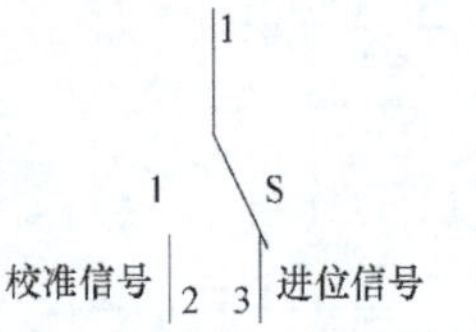

图7-19 单刀双掷开关校时电路示意图

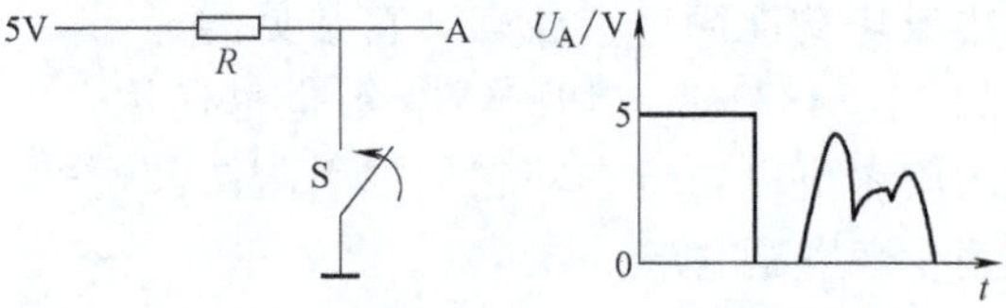

a) 普通开关　　b) 普通开关的实际输出波形

图7-20 机械开关的抖动问题

从图7-20b中可以看出，机械开关的一次闭合有可能产生两个以上的有效脉冲信号，所以这种方法不利于进行时间的准确调整。

7.3.2 用门电路实现校时

校时电路也可由门电路和开关等组成，如图7-21所示。该校时电路可以用来实现校准时和分。正常工作时开关拨向右边，门5输出高电平，门4输出低电平，正常输入信号通过门3和门1输出，加到个位计数器的 CP 脉冲端。作为校“时”电路，正常输入信号是“分”进位信号，校准信号可以用秒脉冲信号。需要校准时将开关拨向左边，校准信号(秒脉冲)就可以通过门2和门1送到时个位计数器的计数输入端。“分”校时与“时”校时是相同的。只是输入信号不同。与非门5和与非门4构成的是一个基本RS触发器，开关拨向右边时，即使开关有抖动，与非门5的输出都始终为高电平不变，实现了消抖功能。

可以分别利用上述的两种校时电路，接入计时电路进行校时，并比较这两种电路的优劣。

想一想：

1. 校时的原理是什么？
2. 采用开关校时的方法存在什么缺陷？如何改进？

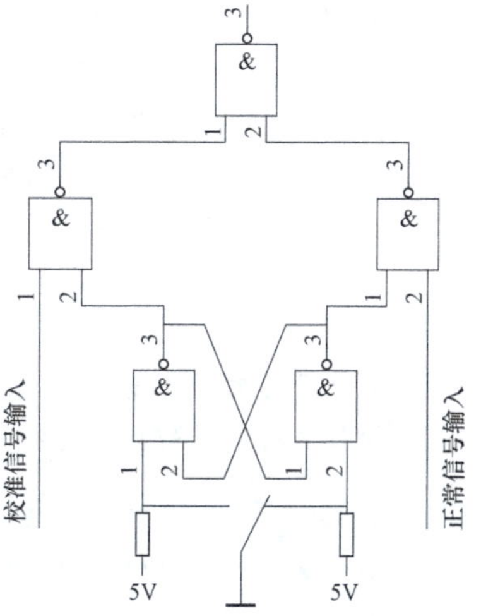

图7-21 门电路和开关组成的校时电路

任务4 整点报时电路

任务要求：

设计整点报时电路，要求在差10s到整点时产生每隔1s鸣叫一次的响声，声音共6次，每次持续1s。前五声为低音500Hz左右，后一声为高音1kHz左右。

任务目标：

- 理解整点报时电路的原理；
- 熟悉整点报时电路的装调和故障分析。

根据计数器在差10s到整点时的输出特点，可以有不同的设计方法，下面介绍一种利用与非门构成的整点报时电路。电路如图7-22所示。

当分计数器和秒计数器计到59分50秒时，“分”十位 $Q_DQ_CQ_BQ_A$ = 0101，“分”个位 $Q_DQ_CQ_BQ_A$ = 1001，“秒”十位 $Q_DQ_CQ_BQ_A$ =0101，“秒”个位 $Q_DQ_CQ_BQ_A$ =0000，从59分50秒到60分0秒(0分0秒)，只有“秒”个位在计数，最后到整点时全部置“0”。在59分50秒到59分59秒期间，门1的输入全为高电平，门2的输入除“秒”个位 Q_A 外也是高电平，那么当“秒”个位 Q_A =0时，门2输出低电平，这个时间对应是50s、52s、54s、56s、58s。在这几个时间点上，500Hz的振荡信号可以通过门3，再经过门4送到音响电路，发出5次音响。而当时间达到整点时，门2输出为1，500Hz的信号不能通过门3。此刻在“分”十位有一

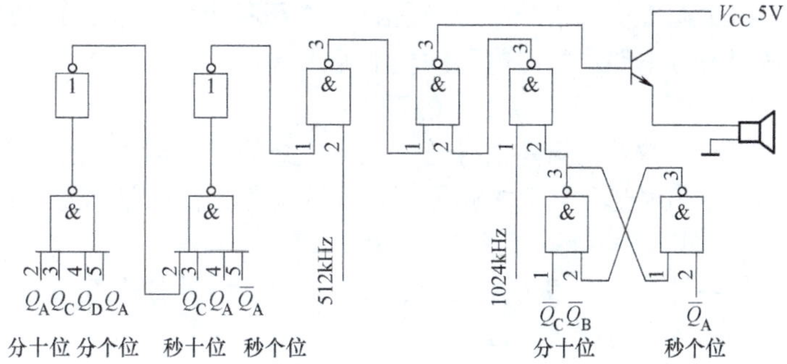

图7-22 门电路构成的整点报时电路

个反馈归零信号 Q_CQ_B，把它引来触发由门6、门7构成的基本RS触发器并使门6的输出为高电平“1”，这时1kHz振荡信号可以通过门5，再经过门4送入音响电路，在整点时，报出最后一响。触发器的状态保持1s后被“秒”个位 Q_A 作用回到零，整个电路结束报时。报时所需的500Hz和1kHz信号可以从分频电路中取出，频率分别为512Hz和1024Hz。

根据以上的介绍，进行有机的结合，大家就可以做出一个具有整点报时和校时功能的简易数字钟。

想一想：

1. 为何报时电路能发出高低两种声音？
2. 如果最后一声高音不能发出，如何排除该故障？

任务5　功能器件的装配和检修

任务要求：

根据前面已学知识设计完整的数字钟电路。

任务目标：

- 掌握数字钟功能器件之间的连接；
- 熟悉数字钟功能器件之间的信号传递；
- 熟悉数字钟的故障分析和排除方法。

本项目虽然只是一个简易的数字钟，但是它毕竟是一个较复杂的系统，要成功地设计出本电路，读者必须要深刻理解电路中各功能器件的作用、原理、设计方法以及故障分析、排除方法，同时还要在单元电路选定后，解决它们之间的连接问题，以保证单元电路在电平上、时序上协调一致，在电气性能上应该相互匹配，保证各部分逻辑功能得以实现并稳定工作。

7.5.1　功能器件之间的连接

1. 时钟源与计数器及校时电路之间的连接

时钟源提供的信号(或分频信号)送至秒个位计数器的 *CP* 输入端；时钟源提供的信号同时送至校分电路和校时电路的校准输入端。

2. 计数器与计数器之间的连接

将秒计数器的清零信号送至校分电路的正常输入端作为向分计数器的进位信号；分计数器的清零信号送至校时电路的正常输入端作为向时计数器的进位信号。

3. 计数器与译码显示器之间的连接

将各计数器的 $Q_3Q_2Q_1Q_0$ 分别送至相应译码器的 *DCBA* 端，并将每个译码器的输出与数码管的输入对应接入。

4. 计数器与整点报时电路之间的连接

按照原理图连接实物。图7-23为数字钟的系统逻辑图，整体电路图见附录G。

7.5.2　数字钟的装配

1. 列出元器件清单

根据设计思想和设计方法，必须首先确定要使用哪些元器件，同时要考虑不同元器件之

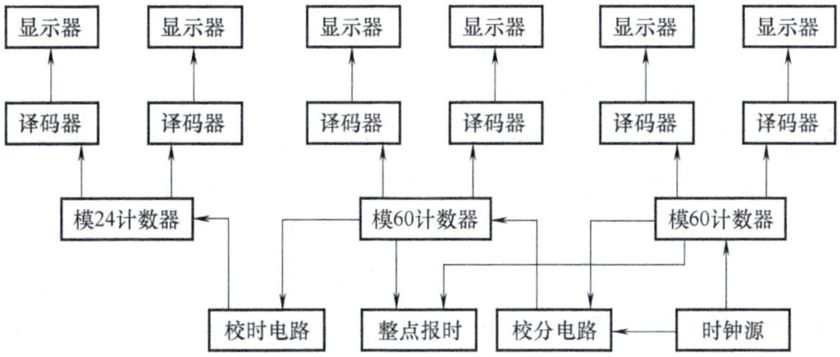

图 7-23 数字钟的系统逻辑图

间电气特性的匹配问题，确保电路功能能够实现。

2. 画出实物连接图

根据图 7-23 所示数字钟的系统逻辑图，结合每个功能器件的设计方法，画出实物连接图，这样在装配时就可以根据实物连接图进行器件之间的实物连接。注意，要反复检查实物连接图是否正确，因为借助实物连接图，可以很方便地进行故障分析。

3. 装配

(1) 布局 本设计可以在面包板上进行安装插接，首先要熟悉面包板的结构和要使用的元器件(个数、引脚等)，然后在面包板上对元器件进行总体布局。

(2) 连接顺序 根据实物连接图，按照信号的传递方向，逐级进行实物连接。注意，每连接完成一个功能器件都要保证该器件能够正确地实现功能，然后再连接下一级器件，这样做的最大好处在于提高电路设计的成功率。

(3) 使用导线 使用线径为 0.5 ~ 0.6mm 的塑料单芯导线，要求线头剪成 45°斜口，以便能方便地插入面包板。线头剥皮长度为 6 ~ 8mm，使用时应全部插入，既保证良好接触，又避免裸露在外与其它导线发生短路。

(4) 布线 要求横平竖直、整齐清楚，尽可能使用不同颜色的导线，以便检查。走线不要跨越集成电路。布线的顺序一般是先布电源和地线，再连接固定电平线，最后由时钟源开始逐级连接信号线，以免漏线。

4. 装调

在装调之前一定要再认真检查电路，主要是检查有无短路、集成块插反等明显的错误，避免烧坏集成块。检查无问题之后通电，验证功能是否和设计要求相符合。实际上，如果每完成一个功能器件都验证该器件能够正确地实现功能，那么通电后，电路是能正常工作的；否则，就去检查器件之间的连线，一般都能够找到问题所在。

7.5.3 故障分析

在进行电路的装调时，不可避免地会遇到电路故障。对于一个复杂的电路，最好的办法就是将其分解成几个相对独立的功能器件，逐一加以分析，这样可以方便、快捷地解决问题。为了解决数字钟的故障，有必要将数字钟电路进行有机分解，根据本章的介绍，可以将数字钟电路分成以下几个功能器件：时钟源电路、分频电路、计数电路、译码电路和显示电路。在进行数字钟电路的装调时，常见的故障及其分析方法如下：

1. “秒”对应的两位数码管无法计数

遇到这类故障时，常用的方法就是从时钟源电路开始，逐级查找。用示波器观察时钟源电路的输出，观察是否有振荡信号输出；也可以用一个 LED 指示灯来做一个简单的判断（LED 的阴极接地，阳极接时钟源电路的输出），如果 LED 发光，可以暂且认为时钟源电路是正常工作的。然后验证分频电路是不是正常工作的，用万用表判断时钟源电路的输出和分频电路的输入之间是否正常连接（使用万用表的电阻档，两者之间的电阻为零），然后用 LED 观察分频电路的 1Hz 输出，如果 LED 一闪一闪，则可以判断分频电路是正常工作的，如果 LED 一直亮或者处于灭的状态，那么要深入到分频电路的内部查找问题，有可能是内部连接的问题或者分频电路中的集成块没有工作，先用万用表的欧姆档判断集成块的电源、地和功能引脚是否可靠连接，然后再判断集成块之间的连线。

在排查完分频电路之后，再检查“秒”个位计数器的 *CP* 端是否有 1Hz 的脉冲信号输入，然后检查秒计数器的电源、地和功能引脚（尤其是 *CR* 端电压应该为零）是否可靠连接，然后检查该集成块的其它连线是否正确。

如果遇到“秒”的个位计数而十位无法计数，那么要重点排查十位所对应计数器（CD4518）的 *CP* 端输入和个位所对应计数器的进位之间是否可靠连接。

在此要提醒读者注意的是：用万用表判断两个引脚之间是否可靠连接，就是测两个引脚之间的电阻是否为零，如果不为零则说明没有实际导通，有可能存在虚接现象。

分和小时的计数问题也可以采用上述方法，它们的工作原理是一样的。

2. 秒对应的两位数码管不是六十进制计数

遇到计数器能够计数但是模不是 60 时，要重点查找秒十位计数器的 Q_2Q_1 输出端和 *CR* 端之间的连接是否正确。先检查秒计数器在连接过程中所使用到的与非门和反相器集成块的电源和地是否可靠连接，然后检查秒十位计数器的 Q_2Q_1 输出端和与非门的输入之间、与非门的输出和反相器的输入之间、反相器的输出和秒计数器集成块的 *CR* 端之间的连接是否正确。也不排除所使用到的与非门和反相器集成块被损坏，读者可以思考怎样判断这两个集成块是否正常工作。

3. 分计数器无法计数

这种情况可以先采用故障 1 的排除方法，在此基础上重点排查秒计数器的进位信号和分计数器的 *CP* 端之间的连线是否正确。

4. 整点时不报时

这种情况最好的办法就是去排查电路的连线是否正确，大部分都是因为线路的连接错误而出现这种故障，还要排查与非门和反相器集成块的电源和地是否连接正确。如果是 5 声低音不能正常发声，可以参照图 7-22 所示门电路构成的报时电路，将 3 号与非门的 1 脚置 1，如果能够发出声音则可以断定是 3 号与非门的左半部分电路出现问题，否则就去查右半部分。如果 5 声低音可以正常发声，最后一声高音不能正常发音，重点检查的对象就是与非门 4、5、6、7 的连接。总之，遇到这种故障时，要确定是左半部分还是右半部分出现的问题，然后再有目的、有重点地去检查。

5. 在正常计数时，突然停止计数

遇到这种情况时，需要去检查时钟源电路的输出与分频电路 *CP* 端输入之间的导线连接是否可靠、分频电路的输出和秒计数器 *CP* 端之间的导线连接是否可靠、各个集成块电源和

地的连接是否松动，多数是因为接触不良所造成的。

在进行故障排查时，先要尽量缩小范围，然后再进行排查和验证。而缩小范围，要靠读者对电路原理的理解。如果读者对电路原理的理解很深刻，那么无论遇到任何问题，在进行故障排查时都能很快地发现和解决问题，做到事半功倍。

想一想：

1. 在设计数字钟电路时，要分成几部分设计，有无先后顺序？为什么要这样做？

2. 在进行电路的整体布线时为何不允许出现跨线的情形？

3. 如果在电路中出现了虚接的故障，如何有效地排除？

4. 数字钟电路中利用十进制计数器构成二十四进制和六十进制计数器，除了书上介绍的方法你还有别的方法吗？

5. 你对数字钟电路有无改进的建议？如何做？

项目小结

数字钟是一种用数字电路技术实现时、分、秒计时的装置，与机械式时钟相比具有更高的准确性和直观性，且无机械装置，具有更长的使用寿命，已得到广泛的使用。数字钟的设计方法有许多种，例如，可以利用中小规模集成电路组成数字钟，也可以利用专用的数字钟芯片配以显示电路及其所需要的外围电路组成数字钟，还可以利用单片机来实现数字钟等。

本项目采用的是利用中小规模集成电路组成数字钟，利用这种方法可以更好地理解数字电路，以及中小规模集成电路的使用。

在设计一个较复杂电路时，先要有一个设计思路，然后根据设计思路，制定出多种设计方案，对不同的设计方案，从可行性、经济性、可靠性等几个方面确定一个较优的方案。然后画出原理图，选取材料，搭建电路，调试电路，再修改原理图，调试电路，直至达到预想的效果。在设计本电路的过程中，可以着重锻炼故障的分析和排除能力，对于初学数字电路的人来说，这可能会存在一些问题，但是只要多动手、勤思考、善积累，就会逐渐具备对电路进行一般分析的能力，并形成自己的特点。

思考与练习

7.1　利用555定时电路做成的振荡器，怎样改变输出脉冲信号的占空比？

7.2　用示波器观察振荡电路的输出波形，并将之记录下来。

7.3　请指出分频电路(74LS393)中输出为4Hz脉冲信号的引脚。

7.4　你能否在图7-8所示分频电路的基础上得到0.5Hz的脉冲信号？

7.5　怎样利用CD4518得到五十进制计数器？请至少举出两种方法。

7.6　如用CD4518构成二百进制计数器，至少需要几片该集成块？

7.7　CD4518在工作时，输出高电平的电压是多少？如果利用高电平点亮白色的LED，是否需要限流电阻？阻值最好多大？

7.8　利用各种手段查找集成块之间的电压匹配问题。

项目8 用FPGA实现计数器

引言 半导体存储器是当今数字系统不可缺少的组成部分，用来存储二值信息，根据其结构和工作原理不同，一般分为只读存储器(ROM)和随机存取存储器(RAM)两大类。

可编程逻辑器件(PLD)是20世纪70年代后期发展起来的一类大规模集成电路，是一种通用型半定制电路。用户可以通过对PLD编程，方便地构成一个个大型的、复杂的数字系统，降低了系统的价格和功耗、减少占用空间、增强系统性能和可靠性。

现代数字系统设计的核心是EDA(Electronic Design Automation)技术。EDA技术包括电子电路设计的各个领域。MAX+PLUSⅡ开发工具是Altera公司自行设计的EDA软件。

◆ 项目要求：

以MAX+PLUSⅡ为开发环境，利用FPGA典型芯片实现计数器等各种数字电路或系统。

◆ 项目目标：

■ 了解RAM、ROM的功能和结构；

■ 掌握PAL、GAL等的结构和使用；

■ 了解FPGA、CPLD的结构；

■ 掌握用MAX+PLUSⅡ设计数字电路的方法。

◆ 项目介绍：

可编程逻辑器件(Programmable Logic Device，PLD)是20世纪80年代发展起来的具有划时代意义的新型逻辑器件，PLD是一种由用户编程来完成某种逻辑功能的器件。不同种类的PLD基本都具有与、或两级结构，且具有现场可编程的特点。作为一种理想的设计工具，可编程逻辑器件给数字系统的设计带来了很大方便。使用这类器件，可及时方便地研制出各种所需要的逻辑电路，它简化了系统设计，保证了系统的高性能、高可靠性，有效地降低了系统的成本。

随着系统的复杂性越来越高，大规模可编程逻辑器件获得空前发展。复杂可编程逻辑器件(Complex Programmable Logic Device，CPLD)和现场可编程门阵列(Field Programmable Gate Array，FPGA)就是这一类理想器件。

EDA(Electronic Design Automation)技术应用于电子电路设计的各个领域，即从低频电路到高频电路、从线性电路到非线性电路、从模拟电路到数字电路、从分立元器件到集成电路的全部设计过程，涉及电子产品开发的全过程。

本项目通过最常用的Altera公司生产的FPGA器件EPF10K10LC84和最常用的开发环境MAX+PLUSⅡ，详细介绍数字电路设计的一般过程，包括设计项目的建立，原理图或者VHDL文本的输入编辑、编译，波形仿真分析，最后将目标文件编程下载到指定目标器件中。

专题1 存储器

专题要求：

通过本专题学习，熟悉存储器的分类方法，并了解它们的组成结构。

专题目标：

- 了解 ROM 的一般结构；
- 了解 ROM 的分类及各自的工作原理；
- 了解 RAM 的一般结构；
- 了解 RAM 的分类及各自的工作原理。

半导体存储器是当今数字系统中不可缺少的组成部分，它用来存储大量的二值信息。一般将半导体存储器分为只读存储器(ROM)和随机存取存储器(RAM)两大类。

8.1.1 只读存储器

只读存储器(ROM)属于数据非易失性器件，在外加电源消失后，数据不会丢失，能长期保存。按照其数据写入方式的不同，将它分成掩模式 ROM、可编程 ROM(PROM)和可擦除可编程 ROM(EPROM)。

ROM 的电路结构主要有地址译码器、存储矩阵和输出缓冲器三部分。存储矩阵由许多结构相同的存储单元组成，存储单元可用二极管构成，也可用 BJT 或 MOS 管构成，每个或每组存储单元有唯一的地址与之对应。ROM 的结构框图如图 8-1 所示。

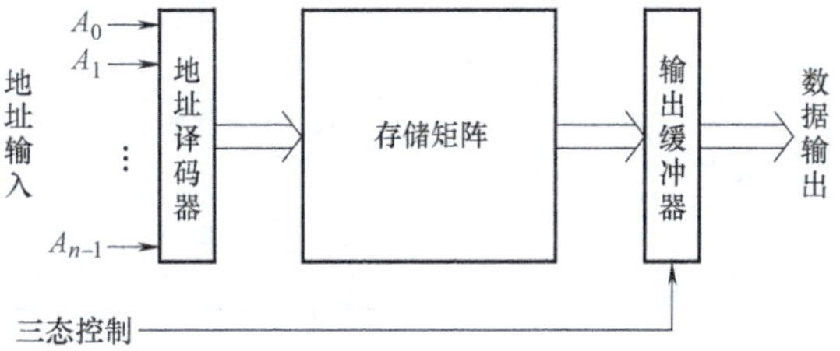

图 8-1 ROM 的结构框图

地址译码器的作用是将输入的地址代码转换成相应的控制信号，利用这一控制信号从存储矩阵中找出指定的单元，并将该单元中存储的数据送入输出缓冲器。输出缓冲器提高了存储器的带负载能力，将输出电平调整为标准的逻辑电平值，实现对输出状态的三态控制，以便于 ROM 与数字系统的数据总线连接。

1. 掩模式只读存储器(固定 ROM)

用户按照使用要求确定存储器的存储内容，存储器制造商根据用户的要求设计掩模板，利用掩模板生产出相应的 ROM。它在使用时内容不能更改，只能读出其中的数据。

由二极管存储矩阵构成的 ROM 电路结构图如图 8-2 所示，它是两位地址输入、四位数据输出的掩模式 ROM，其地址译码器由四个二极管与门构成，两

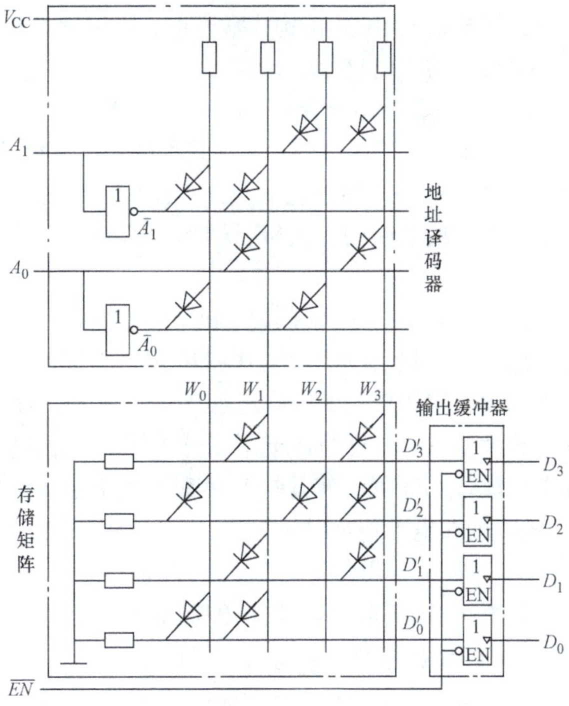

图 8-2 二极管 ROM 电路结构图

位地址代码 A_1A_0 能给出四个不同的地址码，地址译码器将这四个地址码分别译成 W_0、W_1、W_2、W_3 四根线中某一线的高电平信号。而存储矩阵实际上是由四个二极管或门组成的编码器，当 $W_0 \sim W_3$ 中任意一根线给出高电平信号时，都会在 $D_0 \sim D_3$ 四根数据线上输出一组4位二进制代码。将每组输出代码称为一个字，并把 $W_0 \sim W_3$ 称为字线，$D_0 \sim D_3$ 称为位线(数据线)，则 A_1、A_0 即为地址线。

读取数据时，先使 $\overline{EN}=0$，再从 A_1A_0 输入指定的地址码，则由地址码所指定的各存储单元中存放的数据便出现在输出数据线上。例如，当 $A_1A_0=10$ 时，仅 $W_2=1$，其它字线均为0。由于只有 D_2 一根线与 W_2 之间接有二极管，所以该二极管导通后使 D_2' 为高电平，而 D_0'、D_1' 和 D_3' 均为低电平。这时因 $\overline{EN}=0$，故四个输出三态缓冲器打开，即在数据输出端得到 $D_3D_2D_1D_0=0100$。现将四个地址所指定的存储单元中存放的数据列于表8-1中。

表8-1　图8-2中ROM的数据表

地　址		数　据			
A_1	A_0	D_3	D_2	D_1	D_0
0	0	0	1	0	1
0	1	1	0	1	1
1	0	0	1	0	0
1	1	1	1	1	0

不难看出，字线和位线的每一个交叉点都是一个存储单元，交叉点处接有二极管相当于存入1，没接二极管相当于存入0。交叉点的数目就是存储单元的数目，也即存储器的容量，因此图8-2所示二极管ROM的存储容量可表示为4×4。

由于掩模式ROM结构非常简单，所以它的集成度可以做得很高，而且一般都是批量生产，价格也相当便宜。

2. 可编程只读存储器(PROM)

PROM是一种仅可进行一次编程的只读存储器。图8-3为熔丝型PROM存储单元的原理电路图。图中，晶体管发射结相当于接在字线与位线之间的二极管，熔丝用低熔点合金丝或多晶硅导线制成。

图8-4是一个16×8位的PROM结构原理图。编程时，首先输入地址码，找出欲改写为0的单元，使相应的字线被选中为高电平，再在编程单元的位线上加入编程脉冲，使稳压管VS击穿，写入放大器Aw输出为低电平、低内阻状态，这样就有较大的脉冲电流流过熔断器，使其快速熔断。当正常工作时，读出放大器 A_R 输出的高电平不足以使VS击穿，Aw不工作。

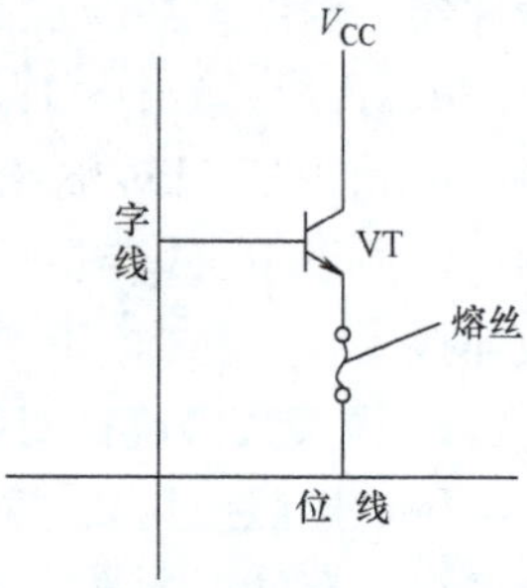

图8-3　熔丝型PROM存储单元的原理电路图

3. 可擦除可编程只读存储器(EPROM)

与PROM不同，可擦除可编程ROM(EPROM)中的存储数据是可以擦除、可以重写的。根据EPROM数据擦除、写入方式的不同，又分为紫外线可擦除可编程ROM(UVEPROM)、电可擦除可编程ROM(E^2PROM)和快闪式存储器(Flash Memory)三种。

快闪式存储器(简称闪存)采用一种单管叠栅结构的存储单元，叠栅MOS管的结构如

图 8-5 所示。快闪式存储器中的存储单元如图 8-6 所示，它的公共端 V_{SS}为低电平。在读出状态下，字线给出 5V 的高电平，如果浮栅上没有充电，则 5V 电压使叠栅 MOS 管导通，位线 B_j 上输出低电平；如果浮栅上充有电荷，则 5V 电压不能使叠栅 MOS 管导通，位线 B_j 上输出高电平。

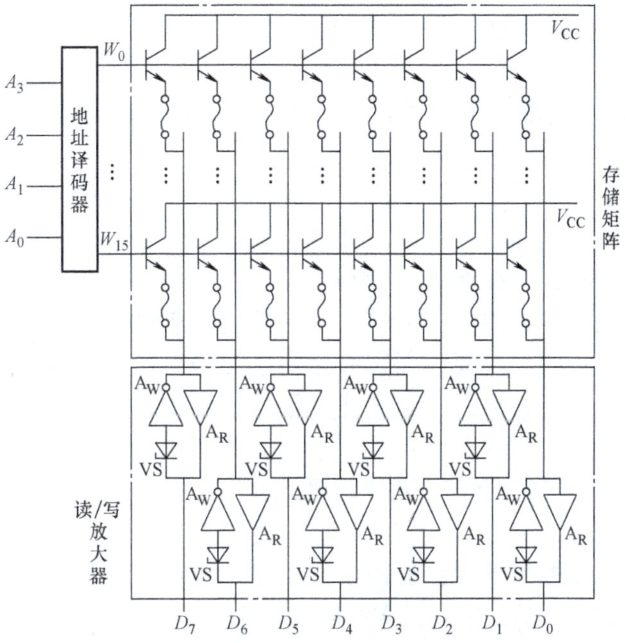

图 8-4　16×8 位的 PROM 结构原理图

在写入状态下，将需要写入 1 的存储单元中叠栅 MOS 管的漏极，经位线接至一较高的正电压（一般为 6V），V_{SS} 接低电平，同时在控制栅上加一个幅值为 +12V 左右、脉宽约为 10μs 的正脉冲，这时叠栅 MOS 管漏—源极之间将发生雪崩击穿，一部分速度快的电子便穿过氧化层到达浮栅，形成浮栅充电电荷。浮栅充电后，漏极正电压消失，这时叠栅 MOS 管的开启电压为 7V 以上，当字线上加上正常的高电平（5V）时，叠栅 MOS 管不会导通，即该单元写入数据 1。闪存的擦除操作利用隧道效应进行，由于闪存芯片内所有的叠栅 MOS 管的源极是连在一起的，所以在进行擦除操作时，片内的全部存储单元同时被擦除，速度较快。

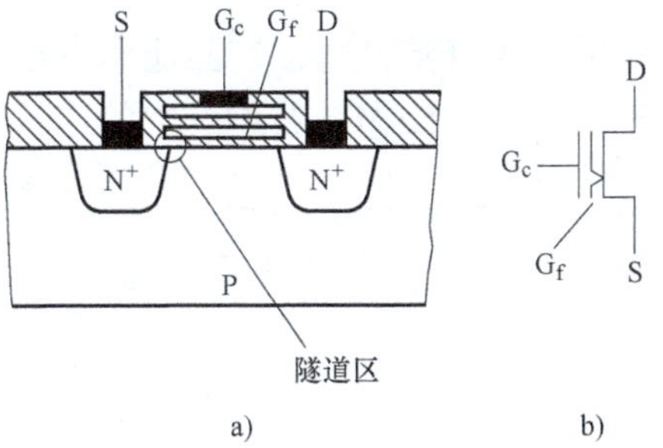

图 8-5　闪存中的叠栅 MOS 管

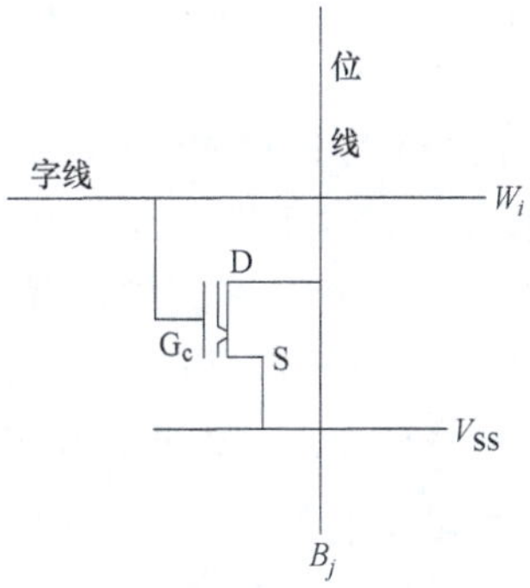

图 8-6　闪存中的存储单元

8.1.2　随机存取存储器

随机存取存储器 RAM 又称随机读/写存储器，它在工作时，在控制信号的作用下，随时从任何指定地址对应的存储单元中读出数据或向该单元写入数据。它的最大优点是读写方便、快速，最明显的缺点是数据易失，即一旦断电，RAM 中的信息就会丢失。

SRAM（静态存储器）和 DRAM（动态存储器）这两类 RAM 的整体结构基本相同，它们的不同点在于存储单元的结构和工作原理有所不同。SRAM 以静态触发器作为存储单元，依靠触发器的自保持功能存储数据，而 DRAM 以 MOS 管栅极电容的电荷存储效应来存储数据。

1. RAM 的结构

RAM 通常由存储矩阵、地址译码器和读/写控制电路（也称输入/输出电路）三部分组成。电路结构如图 8-7 所示。

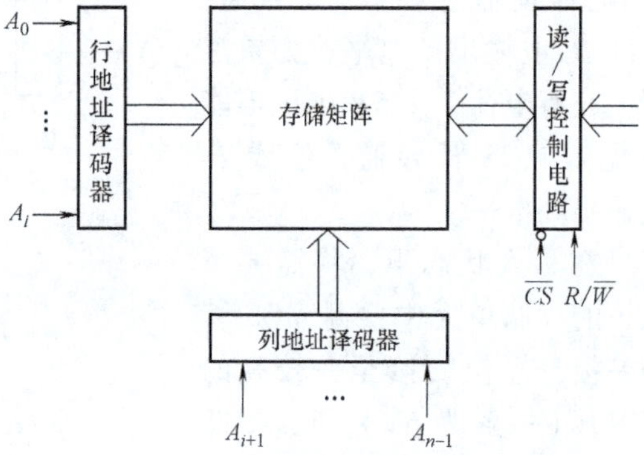

图 8-7　RAM 的电路结构

（1）存储矩阵　一个 RAM 中有许多个结构相同的存储单元，因这些存储单元排列成矩阵形式，故称为存储矩阵。每个存储单元存储 1 位二进制信息（0 或 1），在地址译码器和读/写控制电路的作用下，将某存储单元中的数据读出或为该单元写入数据。

通常存储器中数据的读出或写入是以字为单位进行的，每次操作读出或写入一个字，一个字含有若干个存储单元（若干位数据），每位数据被称为该字的一个位，一个字中所含的位数称为字长。在工程实际中，常以字数乘以字长表示存储器的容量，存储器的容量越大，意味着存储的数据越多。为了区别不同的字，将同一个字的各位数据编成一组，并赋予一个序号，称之为该字的地址，每个字都有唯一的地址与之对应，同时每个字的地址反映该字在存储器中的物理位置。地址通常用二进制数或十六进制数表示。

（2）地址译码器　在 RAM 中，地址的选择是通过地址译码器来实现的。地址译码器通常有字译码器和矩阵译码器两种。在大容量存储器中，通常采用矩阵译码器，这种译码器将地址分为行地址译码器和列地址译码器两部分，行地址译码器对行地址译码，而列地址译码器对列地址译码，行、列地址译码器的输出为存储器的行、列选择线，由它们共同选择欲读/写的存储单元。

（3）片选和读/写控制电路　每片 RAM 的存储容量极为有限，而在实际应用中通常需要大容量存储器，故工程中解决大容量存储器的方法是用多片 RAM，通过一定的连接方式组成大容量存储系统。在这种情况下，当任一时刻进行读/写操作时，通常只与其中的一片或几片 RAM 交换数据，为此，在 RAM 中设有片选端 $\overline{CS}$（低电平有效）。若在某片 RAM 的 $\overline{CS}$ 端加低电平，则该 RAM 就被选中，可对其进行读/写操作，否则该 RAM 不工作，它与存储系统隔离。

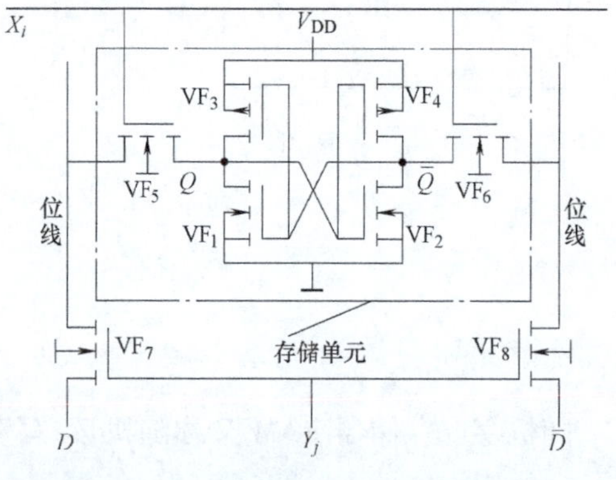

图 8-8　六管 CMOS 存储单元电路图

2. RAM 的存储单元

（1）静态存储器（SRAM）的存储单元　SRAM 以静态触发器作为存储单元，靠触发器的保持功能存储数据。在电路结构上，SRAM

是在触发器的基础上附加门控管构成。目前，大容量 SRAM 一般都采用 CMOS 器件作为存储单元。

图 8-8 所示为六管 CMOS 存储单元的典型电路，图中，VF_1 和 VF_3、VF_2 和 VF_4 分别是两个 CMOS 反相器，它们首尾交叉连接成基本 RS 触发器，作为 SRAM 的一个存储单元。VF_5、VF_6、VF_7、VF_8 均为门控管，VF_5、VF_6 由行线 X_i 控制，VF_7、VF_8 由列线 Y_j 控制，它们分别控制位线与数据线 D、$\overline{D}$ 的通断，并且 VF_7、VF_8 为该列线上各 CMOS 存储单元所共用。

当地址译码器使 X_i、Y_j 均为高电平时，VF_5、VF_6、VF_7、VF_8 均导通，该单元被选中。在读操作时，存储单元中储存的数据先经位线到达互补数据线 D、$\overline{D}$ 端，然后经过片选和读/写控制电路输送到 I/O 端。读出后，存储单元中的数据不丢失。在写操作时，同样使 $X_i = Y_j = 1$，这时 I/O 端的输入数据经读/写控制电路及位线写入该存储单元。采用六管 CMOS 存储单元的 SRAM 有 6116(2K×8)、6264(8K×8)、62256(32K×8)等芯片。

（2）动态存储器(DRAM)的存储单元 DRAM 的存储单元是基于 MOS 管栅极电容的电荷存储效应来存储数据的。目前大容量存储器中使用较多的是单管存储单元，其结构简单，有利于提高集成度，但是外围控制电路则比较复杂。下面介绍四管存储单元的结构(见图8-9)和工作原理。

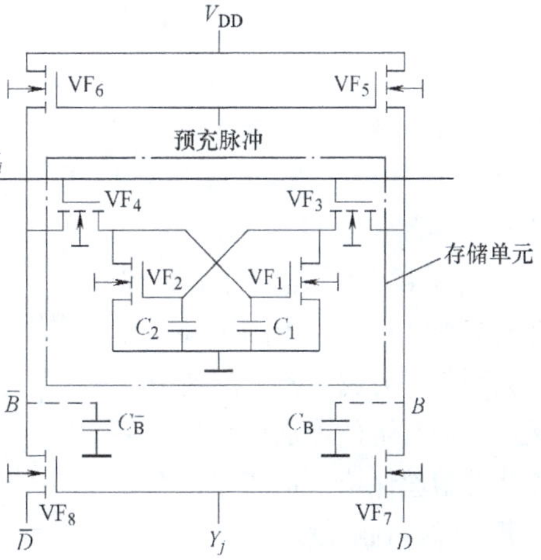

图 8-9 四管动态存储单元电路图

在图 8-9 中，VF_1、VF_2 是两个增强型 NMOS 管，它们的栅极和漏极相互交叉连接，数据以电荷的形式存储在 C_1 和 C_2 上，而 C_1 和 C_2 上的电压又控制着 VF_1、VF_2 的导通或截止，从而决定存储单元存 0 或存 1。图中，增强型 NMOS 管 VF_5、VF_6 组成对位线的预充电电路，它们为每一列存储单元所共用。

若 C_1 被充电，且 C_1 上的电压大于 VF_1 的开启电压，同时 C_2 未被充电，则 VF_1 导通、VF_2 截止，因此将 C_1 为高电平(逻辑 1)、C_2 为低电平(逻辑 0)的状态称为存储单元的 0 状态。反之，将 C_1 为低电平(逻辑 0)、C_2 为高电平(逻辑 1)，即 VF_2 导通、VF_1 截止的状态称为存储单元的 1 状态。

想一想：

1. 半导体存储器的主要技术指标包括哪些？
2. 闪存的擦除速度为什么比较快？

专题 2 可编程逻辑器件

专题要求：

通过本专题的学习，熟悉可编程逻辑器件的分类方法，并了解它们的组成结构。

专题目标：

■ 了解 PAL 的结构和使用；

■ 了解 GAL 的结构和使用；

■ 了解 CPLD 和 FPGA 的结构。

8.2.1 可编程阵列逻辑

可编程阵列逻辑(PAL)由可编程的与逻辑阵列、固定的或逻辑阵列和各种不同的输出结构共三部分组成。通过对与逻辑阵列编程，获得不同形式的组合逻辑函数。另外，在有些PAL器件中，输出电路还设置有触发器和由触发器输出到与逻辑阵列的反馈线，利用这些PAL器件可以方便地构成各种时序逻辑电路。

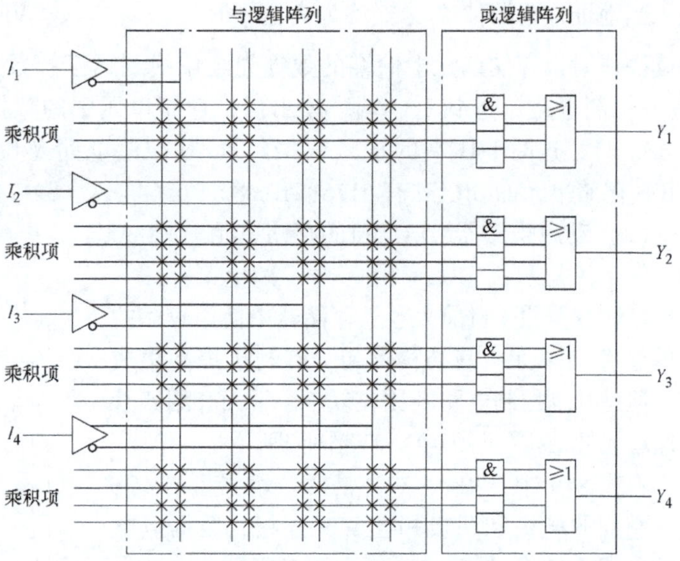

图 8-10 PAL 器件的基本结构图

用PAL器件设计组合逻辑电路时，与逻辑阵列的每个输出为一乘积项，或逻辑阵列的每个输出为若干个乘积项之和，即PAL器件是用乘积项之和的形式来实现组合逻辑函数的。

图8-10所示是一种PAL器件的基本结构图。由图可知，在未编程前，与逻辑阵列的所有交叉点上均有熔丝连通，编程时将需要的熔丝保留，不需要的熔丝熔断，即得到所设计的电路。

图8-11所示是编程后该PAL器件的结构图，图中如果输入端 I_1、I_2、I_3、I_4 分别接逻辑变量 A、B、C、D，则该PAL电路所实现的逻辑函数为

$$Y_1 = ABC + BCD + ACD + ABD$$

$$Y_2 = \overline{A}\,\overline{B} + \overline{B}\,\overline{C} + \overline{C}\,\overline{D} + \overline{A}\,\overline{D}$$

$$Y_3 = A\overline{B} + \overline{A}B$$

$$Y_4 = AB + \overline{A}\,\overline{B}$$

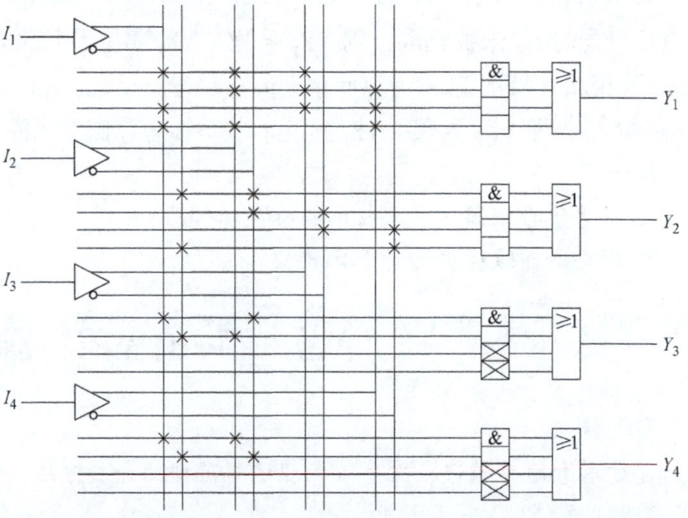

图 8-11 PAL 器件编程后的结构图

目前，常见的PAL器件产品中，输入变量最多的达20个，与逻辑乘积项最多可达80个，或逻辑阵列输出端最多达10个，每个或门的输入端最多达16个。这样一来，对于绝大多数的组合逻辑函数，PAL器件都能满足设计要求。

8.2.2 通用阵列逻辑

1. 通用阵列逻辑(GAL)的基本结构

根据 GAL 器件的门阵列结构，GAL 器件分为两大类：一类与 PAL 器件基本相似，即与逻辑阵列可编程、或逻辑阵列固定连接，这类器件有 GAL16V8、ispGAL1628 和 GAL20V8 等，称为通用型 GAL 器件；另一类 GAL 器件的与逻辑阵列和或逻辑阵列均可编程。通用型 GAL 器件中的 GAL16V8 是 20 脚器件，“16”表示最多有 16 个引脚作为输入端，“8”表示芯片内含 8 个输出逻辑宏单元(OLMC)，并且最多可有 8 个引脚作为输出端。以 GAL16V8 为例，它包括以下几个部分：

1）8 个输入缓冲器(对应引脚 2 ~ 9，作为固定输入)。

2）8 个输出缓冲器(对应引脚 12 ~ 19，作为输出缓冲器的输出)。

3）8 个输出逻辑宏单元(OLMC12 ~ 19，或逻辑阵列包含在其中)。

4）8 个输出反馈/输入缓冲器(中间一列 8 个缓冲器)。

5）可编程与逻辑阵列(由 8 × 8 个与门构成，形成 64 个乘积项，每个与门有 32 个输入端)。

6）一个系统时钟 *CP* 输入端(引脚 1)、一个三态输出控制端 *OE*(引脚 11)、一个电源 V_{CC} 端和一个接地端(引脚 20 和引脚 10，通常 V_{CC} = 5V)。

2. GAL 器件的结构控制字和输出逻辑宏单元

GAL 器件的每个输出端都有一个对应的输出逻辑宏单元，通过对 GAL 器件的编程，可以使 OLMC 具有不同形式的输出结构，以适应各种不同的应用需要。

GAL16V8 有一个 82 位的结构控制字，通过对 GAL 器件编程，可以实现对结构控制字每位的设定，从而决定各个 OLMC 的工作方式。GAL16V8 结构控制字的组成如图 8-12 所示，图中，XOR(*n*)和 AC1(*n*)字段下面的数字分别表示它们控制该器件中各个 OLMC 的输出引脚号。

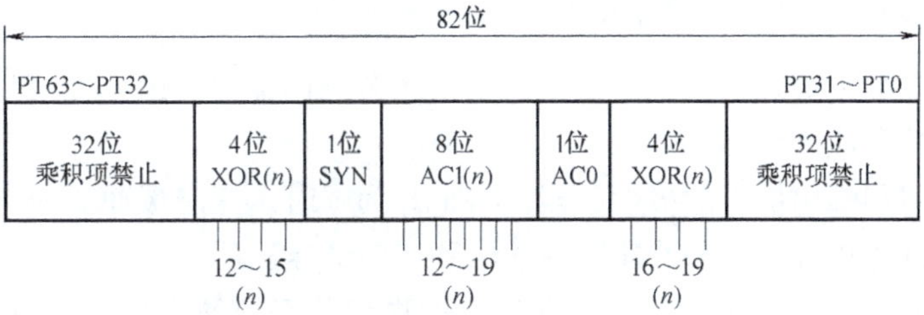

图 8-12 GAL16V8 结构控制字的组成

GAL16V8 结构控制字的各位的功能如下：

同步位 SYN：该位用来确定 GAL 器件是具有组合型输出能力，还是具有寄存器输出能力。当 SYN 为 1 时，具有组合型输出能力；当 SYN 为 0 时，具有寄存器输出能力。此外，对于 GAL16V8 中的 OLMC(12)和 OLMC(19)，$\overline{\text{SYN}}$代替 AC0、SYN 代替 AC1(*m*)作为反馈数据选择器 FMUX 的输入信号。这里，AC1(*m*)中的 *m* 表示邻级宏单元对应的 I/O 引脚号。

结构控制位 AC0：这一位为 8 个 OLMC 所共用，它与 OLMC(*n*)各自的 AC1(*n*)配合，控制 OLMC(*n*)中的各个多路开关。

结构控制位 AC1：AC1 共有 8 位，使每个 OLMC(*n*)有单独的 AC1(*n*)。

极性控制位 XOR(*n*)：该位通过 OLMC 中间的异或门，控制逻辑操作结果的输出极性：当

XOR(n)为 0 时，输出信号 $O(n)$ 低电平有效；当 XOR(n)为 1 时，输出信号 $O(n)$ 高电平有效。

乘积项(PT)禁止位：共有 64 位，分别控制与逻辑阵列的 64 个乘积项，即 PT0 ~ PT63，以便屏蔽某些不用的乘积项。当 PT 某一位为 1 时，对应的乘积项送入或逻辑阵列，否则屏蔽该乘积项。

OLMC 的逻辑结构框图如图 8-13 所示，主要由四部分组成。

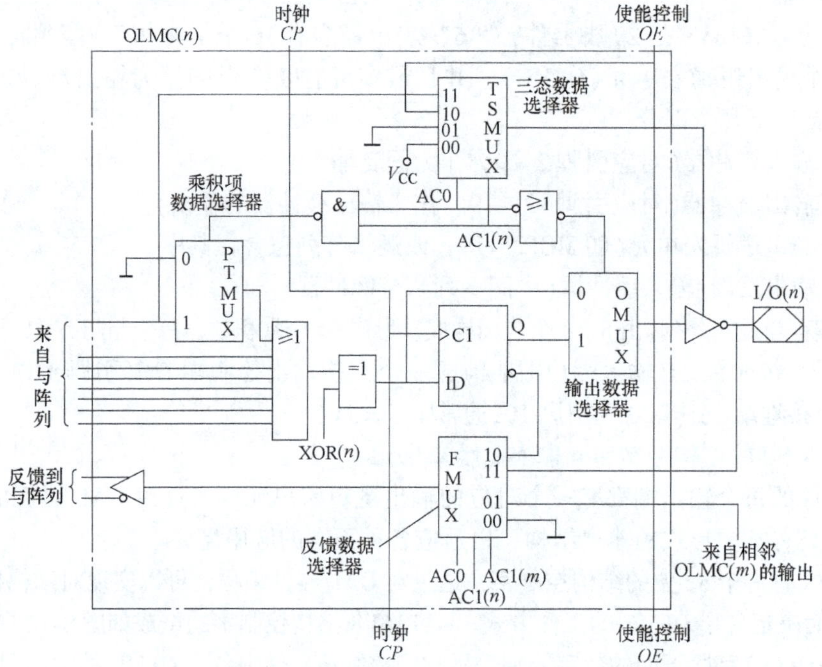

图 8-13　OLMC 的逻辑结构框图

或逻辑阵列有 8 个输入端，其输入来自与逻辑阵列的输出，由此在或门的输出端得到乘积项不多于 8 项的与或逻辑表达式。

异或门用于控制输出信号的极性，当 XOR(n)为 1 时，三态缓冲器的输出和或门的输出同相；当 XOR(n)为 0 时，三态缓冲器的输出和或门的输出反相。

上升沿触发的 D 触发器的功能是锁存或门的输出状态，使 GAL 器件适用于设计时序逻辑电路。四个数据多路开关(数据选择器)是 PTMUX、TSMUX、OMUX 和 FMUX。

由于 OLMC 提供了灵活的输出功能，因此编程后的 GAL 器件可以替代所有其它固定输出级的 PLD。GAL16V8 有三种工作模式，即简单型、复杂型和寄存器型，见表 8-2、表 8-3、表 8-4。适当连接该器件的引脚线，根据 OLMC 的输入/输出特性可以决定其工作模式。

表 8-2　简单型工作模式

引　脚　号	功　　能	引　脚　号	功　　能
20	$+V_{CC}$	15，16	仅作为输出(无反馈通路)
10	地	12 ~ 14、17 ~ 19	输入或输出(无反馈通路)
1 ~ 9、11	仅作为输入		

表 8-3　复杂型工作模式

引　脚　号	功　　能	引　脚　号	功　　能
20	$+V_{CC}$	12、19	仅作为输出(无反馈通路)
10	地	13～18	输入或输出(有反馈通路)
1～9、11	仅作为输入		

表 8-4　寄存器型工作模式

引　脚　号	功　　能	引　脚　号	功　　能
20	$+V_{CC}$	1	时钟脉冲输入
10	地	11	使能输入(低电平有效)
2～9	仅作为输入	12～19	输入或输出(有反馈通路)

【例 8.1】　用 GAL16V8 设计一个具有使能端的 2 线-4 线二进制译码器。

解： 设输出使能端为 ST(高电平有效)，译码器的输入为 A_1、A_0，输出为 $\overline{Y_3}$、$\overline{Y_2}$、$\overline{Y_1}$、$\overline{Y_0}$(低电平有效)。2 线-4 线二进制译码器的输出逻辑表达式为

$$\overline{Y_3}=\overline{A_1A_0}\quad \overline{Y_2}=\overline{A_1\overline{A_0}}\quad \overline{Y_1}=\overline{\overline{A_1}A_0}\quad \overline{Y_0}=\overline{\overline{A_1}\,\overline{A_0}}$$

由于题目要求具有使能控制，所以选择反馈组合输出模式，取三个输入分别为 A_1、A_0 和使能信号 ST(高电平使能)，输出为 $\overline{Y_3}$、$\overline{Y_2}$、$\overline{Y_1}$、$\overline{Y_0}$，可以取四个 OLMC，本题选取 OLMC(12)～OLMC(15)，用相应的开发软件为 GAL 器件配置结构控制字的存储单元，具体配置情况见表 8-5。

表 8-5　例 8.1 的 GAL16V8 结构控制字存储单元的配置情况

OLMC(n)	乘积项数	SYN	AC0	AC1(n)	XOR(n)	输出极性	配 置 模 式
15	1	1	1	1	0	低电平	反馈组合输出
14	1	1	1	1	0	低电平	反馈组合输出
13	1	1	1	1	0	低电平	反馈组合输出
12	1	1	1	1	0	低电平	反馈组合输出

8.2.3　复杂可编程逻辑器件

早期的 CPLD 是从 GAL 器件的结构发展而来的，但针对 GAL 器件的缺点进行了改进。在流行的 CPLD 中，Altera 公司生产的 MAX7000 系列器件具有一定的典型性。

MAX7000 系列器件的内部结构主要包括五个部分：逻辑阵列块 LAB(Logic Array Block)、宏单元(Macrocells)、扩展乘积项 EPT(Expander Product Terms)、可编程连线阵列 PIA(Programmable Interconnect Array)和 I/O 控制块 IOC(I/O Control Blocks)。另外，在 MAX7000 系列器件的内部结构中还包括全局时钟输入和全局输出使能的控制线，这些控制线在不用时，可作为一般的输入使用。其内部结构如图 8-14 所示。

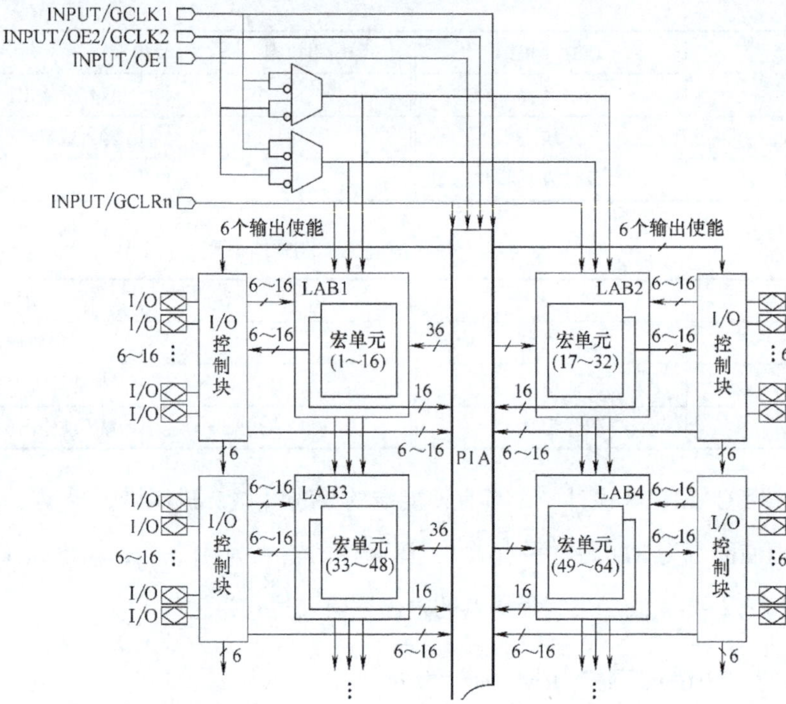

图 8-14　MAX7000 系列器件的内部结构

8. 2. 4　现场可编程门阵列

现场可编程门阵列(Field Programmable Gate Array,FPGA)是在 PAL、GAL、EPLD 等可编程器件的基础上进一步发展的产物。它是作为专用集成电路(ASIC)领域中的半定制电路出现的，既弥补了定制电路的不足，又克服了原有可编程器件门电路数有限的缺点。下面以 Altera 公司生产的 FLEX10K 系列为例，介绍 FPGA 的结构。

FLEX10K 主要由嵌入式阵列块(EAB)、逻辑阵列块(LAB)、I/O 块和快速互连通道(Fast Track)组成，内部结构如图 8-15 所示。在图 8-15 中可以看到，处于行列之间的结构块是嵌入式阵列块 EAB，多个嵌入式阵列块组成了一个嵌入式阵列，这是 FLEX10K 的核心。每一个嵌入式阵列块可以提供 2048 位存储单元，可以用来构造片内 RAM、ROM、FIFO 或双端口 RAM 等功能，同时还可以创建查找表、快速乘法器、状态机、微处理器等。嵌入式阵列块可以单独使用，也可以多个组合起来使用，以提供更强大的功能。

在图 8-15 中，与嵌入式阵列块相间的结构块是逻辑阵列块(LAB)，每个逻辑阵列块包含 8 个逻辑单元(Logic Element,LE)和一些连接线，每个 LE 含有一个四输入查找表、一个可编程触发器、一个进位链和一个级联链。LE 的结构能有效地实现各种逻辑函数。每个 LAB 是一个独立的结构，它具有共同的输入、互连与控制信号。

图 8-15 中，连续的行、列排列的部分是连线资源，称之为快速互连通道，器件内部的连线都可以连接到快速互连通道。

四周的 IOE 是 FLEX10K 器件的输入输出单元。IOE 位于快速互连通道的行和列的末端，每个 IOE 有一个双向 I/O 缓冲器和一个既可以作输入寄存器，也可以作输出寄存器的触发

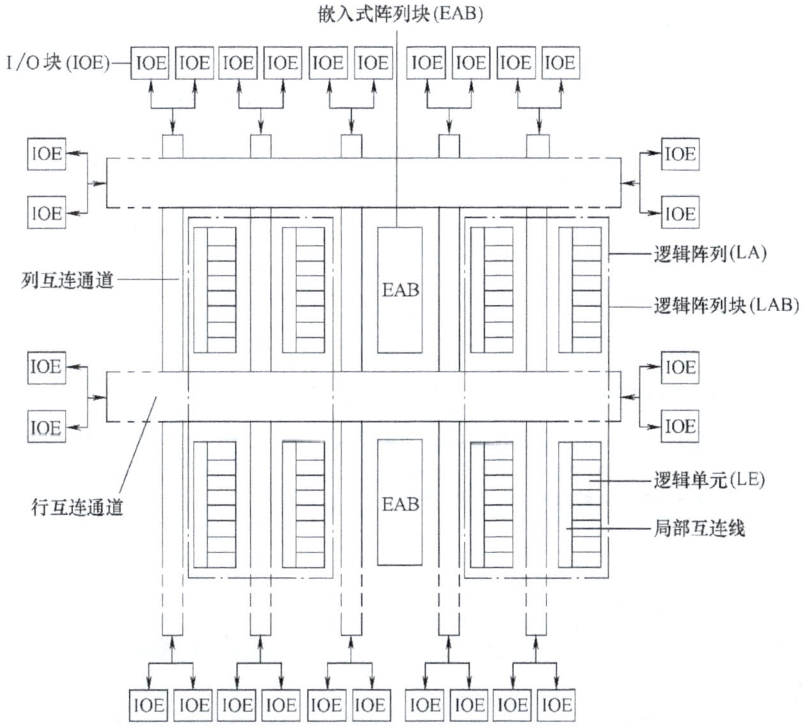

图8-15　FLEX10K的内部结构

器。IOE还提供了一些有用的特性，如JTAG编程支持、BST边界扫描支持、三态缓冲和漏极开路输出等。

想一想：

1. 通过查阅资料，了解PAL器件和GAL器件在结构上有何异同？两者典型芯片有哪些？

2. 通过查阅资料，了解CPLD器件和FPGA器件在使用上有何异同？主要的生产厂商有哪些？

任务　计数器的设计

任务要求：

■ 在掌握所学知识的基础上，完成一个十二进制计数器的设计；

■ 使学生得到一定的VHDL语言的编程训练，能完成常见组合逻辑电路和时序逻辑电路的设计任务。

任务目标：

■ 掌握MAX+PLUSⅡ的使用；

■ 熟悉超大规模可编程逻辑器件及其使用；

■ 掌握数字电路设计的一般方法。

8.3.1　MAX+PLUSⅡ的原理图输入

首先，启动MAX+PLUSⅡ。

1. 定义设计项目的名称

在用 MAX + PLUS Ⅱ软件进行设计时，要求给设计的项目定义一个名称，且设计者要注意的是项目名称须与所要设计的文件名一致。定义设计项目的名称可采用以下几步：

1）选择菜单项“File/Project/Name”，出现“Project Name”对话框。

2）在“Project Name”对话框中输入项目名称，如“counter12”。

3）在“Directories”栏中指定当前设计的路径，如“d:\my_project”，如图 8-16 所示。

4）单击“OK”即可。

2. 建立图形文件

1）选择菜单项“File/New”，出现“New”对话框。

2）在“New”对话框中选择“Graphic Editor file”项。

3）指定文件格式为“. gdf”，如图 8-17 所示。

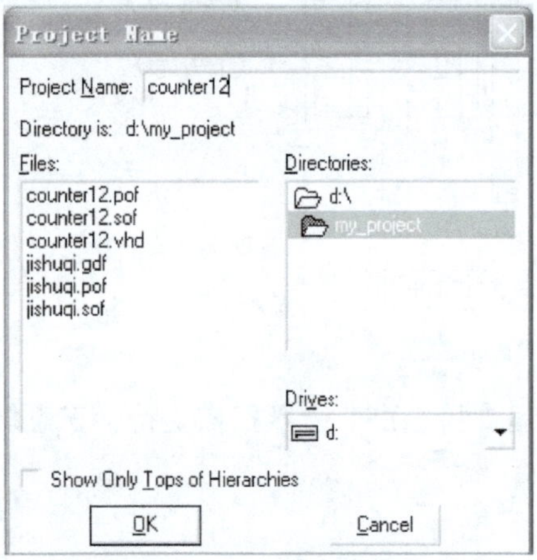

图 8-16　定义设计项目名称窗口

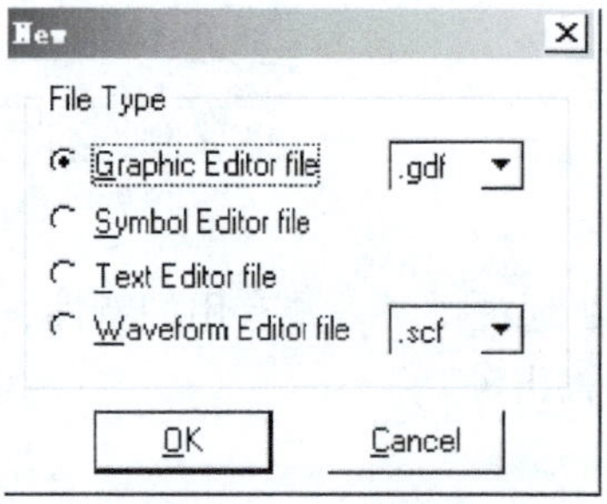

图 8-17　建立原理图编辑器窗口

4）单击“OK”，出现无名称的图形编辑窗口，此时可将这个未进行任何设计的文件保存在当前的路径下，且文件名与设计项目名相同。

3. 按设计的要求选择宏功能符号

为实现不同的逻辑功能，MAX + PLUS Ⅱ 提供了大量的供设计者使用的图元及宏功能符号库，见表 8-6。

设计模 12 计数器，可选用 74161 和一个三输入与非门实现，单击编辑窗口的空白处，从相应的库中找出所需器件，再添加输入、输出引脚（基本库中的 input、output），并给每个输入、输出引脚命名。

表 8-6　图元及宏功能符号库

库　　名	内　　容
用户库	放有用户自己建立的元器件，即一些底层设计
Prim（基本库）	基本的逻辑块器件，如各种门、触发器等
Mf（宏功能库）	包括所有 74 系列逻辑器件，如 74161 等
mega-lpm（可调参数库）	包括参数化模块、功能复杂的高级功能模块，如可调值的计数器、FIFO、RAM 等
edif	和 Mf 库相似

4. 连线

模 12 计数器的连线图如图 8-18 所示。

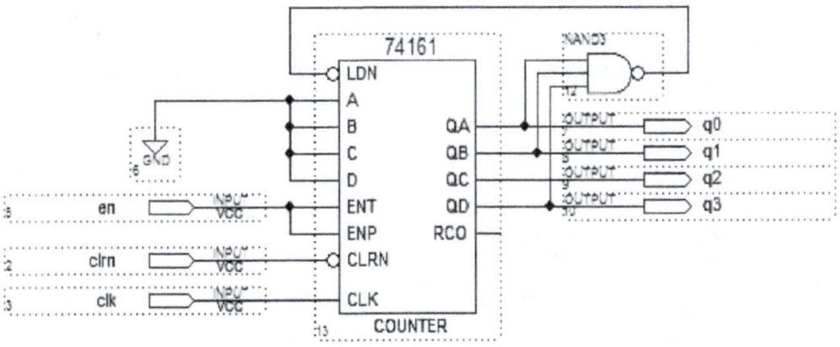

图 8-18　模 12 计数器的连线图

8.3.2　项目编译

完成设计文件输入后，可开始对其进行编译。编译的功能是将完成的设计文件转换成可烧写用的输出文件，选择菜单“MAX＋PLUSⅡ/COMPILER”，即打开编译器窗口，如图 8-19 所示。

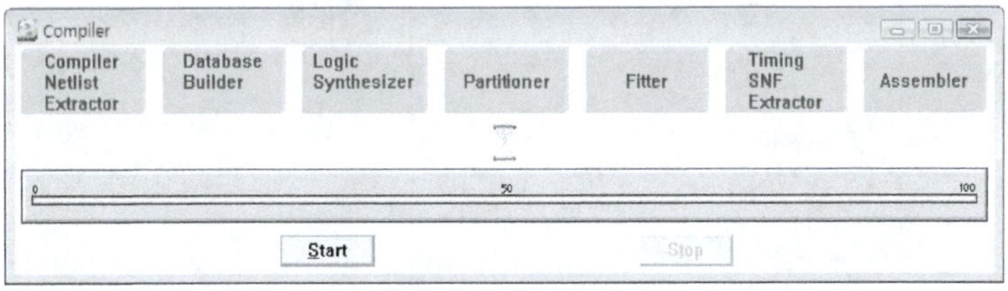

图 8-19　运行编译器

单击“Start”按钮开始对项目进行编译。编译器对项目进行检错、逻辑综合处理，并将结果加载到一个器件上，同时生成报告文件、编程文件和用于时序仿真的输出文件。若编译过程中存在错误，则停止编译，并显示错误信息及错误出现的位置。设计者可根据出错位置及原因进行相应的修改，所有写出的程序都必须经过编译后才可以进行时序仿真、分析及烧写。编译器窗口各组成部分的名称及主要功能分别为：

Compiler Netlist Extractor：编译器网络表提取器。网络表提取完成后生成网络表设计文件，若图形连接有误，它会指出显示错误。

Database Builder：数据库建库器。

Logic Synthesizer：逻辑综合设计。它选择合适的逻辑化简算法，确保有效地利用器件的逻辑资源，去除无用的逻辑设计。

Fitter：适配器，通过一定的算法进行布局布线，将通过逻辑综合设计的逻辑设计最恰当地用一个或多个器件来实现。

Timing SNF Extractor：时序模拟的模拟器网络表文件生成器，可生成用于时序模拟的标准时延文件。

Assembler：适配器，生成用于器件下载/配置的文件。

8.3.3　项目校验

项目输入和项目编译是整个设计过程的一部分，编译成功，只表示为设计项目创建了一个编程文件，它不能保证会出现预期的结果。项目校验的方法有仿真和定时分析。定时分析包括以下三方面的分析：Delay Matrix——输入/输出间的延迟；Setup/Hold Matrix——触发器的建立/保持时间；Registered Performance——寄存器的性能分析，可获得最坏的信号路径、系统工作频率等信息。

仿真分为功能仿真和时序仿真。功能仿真可以验证一个设计项目的逻辑功能是否正确，而时序仿真可以验证一个设计项目的逻辑功能是否正确。时序仿真的整个过程分为以下几步：

1. 创建仿真通道

（1）创建输入、输出相量

1）选择文件菜单项，打开设计文件。

2）打开波形编辑窗口，从“File/New”打开的对话框中选择“Waveform Editor File”，从而出现一个无标题的波形编辑器，如图 8-20 所示。

3）在图 8-20 中“Name”下的空白处单击鼠标右键，弹出一菜单，选中“Enter Node from SNF”后，出现选择节点对话框，如图 8-21 所示。

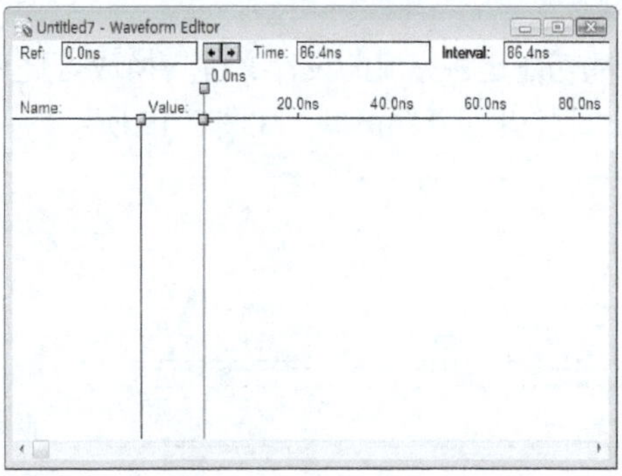

图 8-20　波形编辑器

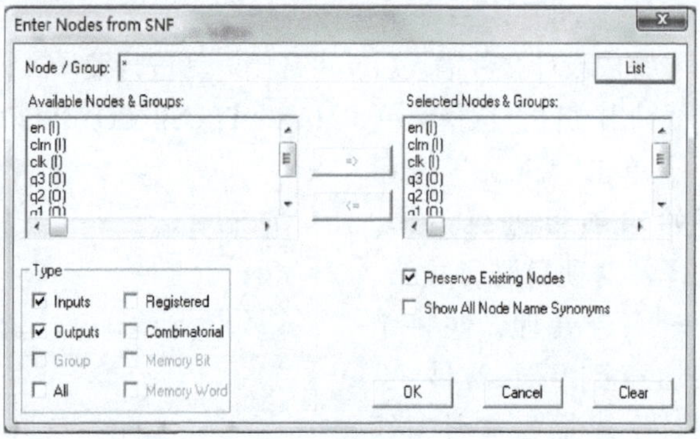

图 8-21　选择信号节点

在图 8-21 所示对话框中单击“List”后，单击“Available Nodes & Groups”栏中的所需项，选择右箭头，这样，选中的节点和组数就送到右边的栏中。单击“OK”，出现了刷新的波形编辑器。所有未编辑的节点默认为低电平，而所有的输出节点都默认为未知的状态，如图 8-22 所示。

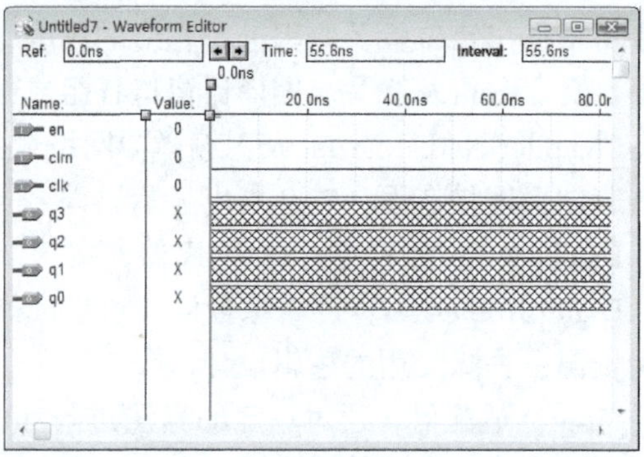

图 8-22　为输入信号设定必要的测试电平、数据

（2）编辑节点或按钮　对节点或按钮的编辑可以是添加，也可以是删除，还可以为了方便观察而进行重新排列，设计者可以按不同的情形进行相应的编辑。

（3）编辑输入信号的波形　包括控制信号电平的添加及时钟信号的输入，在定义时钟信号时，可以通过菜单命令改变时钟信号的周期及设定仿真的时间长度。最后，保存并关闭文件。

2. 仿真设计项目

在 MAX + PLUS Ⅱ 中选择菜单“Simulator”，打开仿真器窗口，如图 8-23 所示，运行仿真器，单击“Open SCF”，即打开了当前设计项目的 . scf 文件。在观察波形时，有可能出现毛刺现象或是输入与输出不完全对称，这主要是由于延时产生的，在设计过程中，毛刺现象是不可避免的。

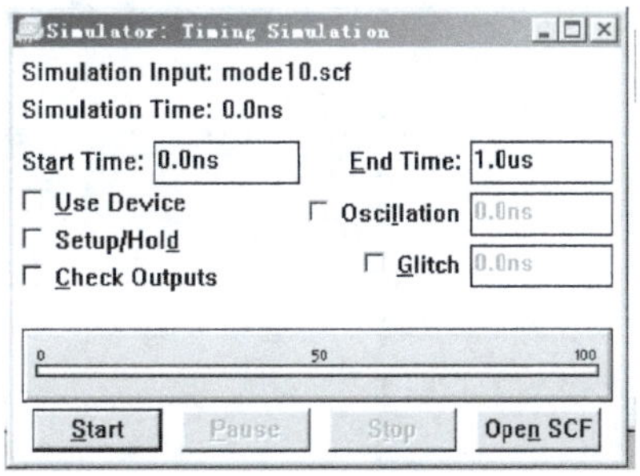

图 8-23　运行仿真器

8.3.4　器件编程/配置

项目编译并校验后，需选择目标器件并对输入、输出引脚进行锁定。完成引脚锁定后，重新编译、校验使之生效。若这些操作均正确，便可进行器件的编程/配置。器件编程是用 MAX + PLUS Ⅱ编程器通过 Altera 编程硬件或是其它的工业标准编程器将项目编译后生成的编译目标文件编入所选择的可编程逻辑器件中。本任务中使用的下载板用到 EPF10K10LC84，它属于 Altera 公司的 FLEX 系列。下面以它为例介绍配置的过程：

1）将下载电缆一端插入打印机接口，另一端插入系统板，打开系统实验电源。

2）在 MAX + PLUS Ⅱ 中选择菜单 “Programmer”，便打开图 8-24 所示的对话框。

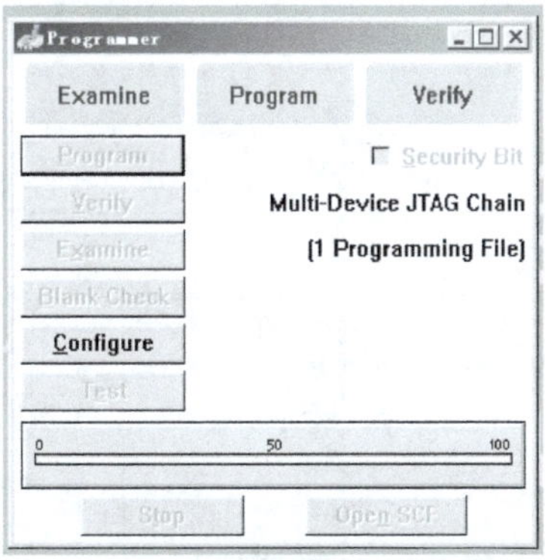

图 8-24　编程对话框

单击 “Configure”，即可完成配置。若是第 1 次运行，上面对话框中所有按钮均为灰色，则需从 “Options” 菜单下选择 “Hardware setup”，弹出硬件设置对话框，如图 8-25 所示。在该对话框的 “Hardware Type” 下拉框中选择 “ByteBlaster”，单击 “OK”。

随着电路规模越来越复杂，用原理图输入设计方法显得极为繁琐，而且容易出错，这时我们更多地会采用语言输入法，目前用得最为广泛的就是 VHDL 语言，其余的设计步骤与采用原理图输入设计方法的一致。同样地，首先建立一个工作目录，存放设计文件。创建源文件时，选择 “File/New”，出现 “New” 对话框，选择 “File Type” 选项区域中的 “Text Editor file”，单击 “OK” 按钮后，即可输入 VHDL 程序，输入完毕后，一定要将文件保存为 . vhd 文件，如图 8-26、图 8-27 所示。仿真波形如图 8-28 所示。

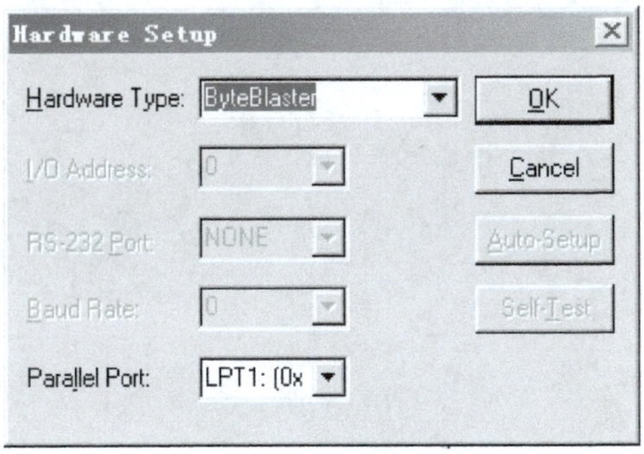

图 8-25　硬件设置对话框

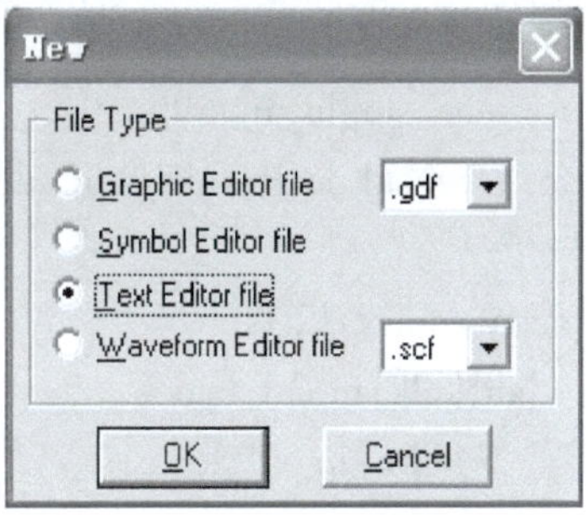

图 8-26　建立文本编辑器窗口

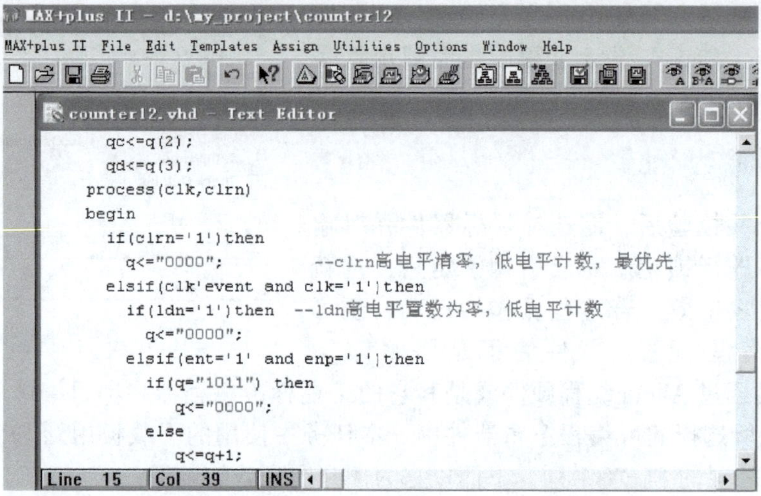

图 8-27 在编程窗口中输入 VHDL 程序

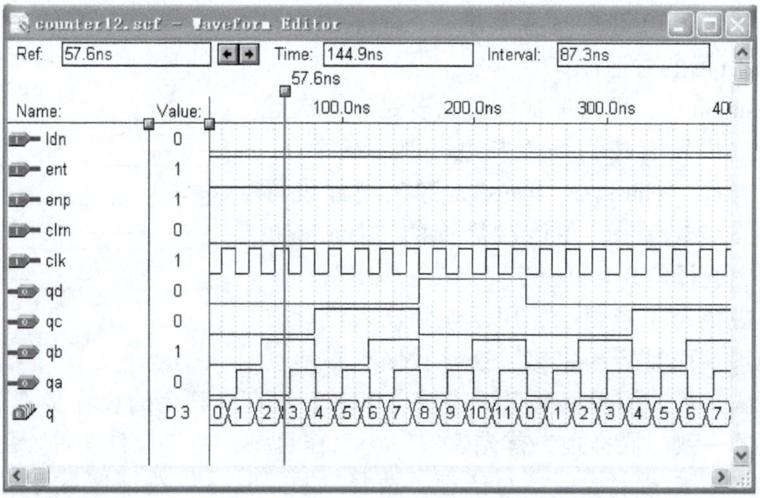

图 8-28 仿真波形

十二进制计数器的 VHDL 程序如下：

```
library ieee;
use ieee. std_logic_1164. all;
use ieee. std_logic_arith. all;
use ieee. std_logic_unsigned. all;

entity counter12 is
  port( clk:in std_logic;
        clrn:in std_logic;
        ldn:in std_logic;
        ent,enp:in std_logic;
        qa,qb,qc,qd:OUT std_logic);
```

```
end counter12;
  architecture rtl of counter12 is
  signal q:std_logic_vector(3 downto 0);
  begin
      qa <=q(0);
      qb <=q(1);
      qc <=q(2);
      qd <=q(3);
  process(clk,clr)
  begin
     if(clrn ='1')then
        q <="0000 ";                          "clrn 高电平清零,低电平计数,最优先
     elsif(clk'event and clk ='1')then
        if(ldn ='1')then                      "ldn 高电平置数为零,低电平计数
           q <="0000 ";
        elsif(ent ='1'and enp ='1')then
           if(q ="1011")then
              q <="0000";
           else
              q <=q +1;
           end if;
        end if;
     end if;
  end process;
end rtl;
```

对于 VHDL 语言的知识、MAX + PLUS Ⅱ 的使用、PLD 及其使用更详细的介绍，感兴趣的同学可参考其它书籍。

想一想：

通过自己查阅资料，本任务若要实现十二进制倒计时计数，VHDL 程序应如何修改？

项目小结

半导体存储器是一种能存储大量二值信息的半导体器件，其功能是在数字系统中存放不同程序的操作指令及各种需要计算处理的数据。

半导体存储器按存、取功能分为只读存储器(ROM)和随机存取存储器(RAM)两大类。ROM 又分为掩模式 ROM、可编程 ROM(PROM)、可擦除可编程 ROM(EPROM)。ROM 属于数据非易失性存储器，断电后所存储的数据不消失。RAM 又分为静态随机存储器 SRAM 和动态随机存储器 DRAM，SRAM 的存储单元是在静态触发器的基础上附加门控管构成的，而 DRAM 则是利用 MOS 管栅极电容的电荷存储效应来存储数据的。

可编程逻辑器件(PLD)是数字系统设计的主要硬件基础。目前生产和使用的PLD产品主要有可编程阵列逻辑(PAL)、通用阵列逻辑(GAL)、复杂可编程逻辑器件(CPLD)、现场可编程门阵列(FPGA)等几种类型。

可编程逻辑器件种类较多，但一般由输入缓冲器、与逻辑阵列、或逻辑阵列、输出缓冲器四部分组成。其中，输入缓冲器主要用来对输入信号进行预处理，以适应各种输入情况；与逻辑阵列、或逻辑阵列是可编程逻辑器件的主体，能够有效地实现“积之和”形式的布尔逻辑函数；输出缓冲器主要用来对输出信号进行处理，用户可以根据需要选择各种灵活的输出方式(组合方式、时序方式)，并可将反馈信号送回输入端，以实现复杂的逻辑功能。

复杂可编程逻辑器件(CPLD)由逻辑阵列块LAB(Logic Array Block)、宏单元(Macrocells)、扩展乘积项EPT(Expander Product Terms)、可编程连线阵列PIA(Programmable Interconnect Array)和I/O控制块IOC(I/O Control Blocks)组成。现场可编程门阵列(FPGA)由嵌入式阵列块(EAB)、逻辑阵列块(LAB)、I/O块和快速互连通道(Fast Track)组成。FPGA的I/O块排列在芯片周围，它是逻辑阵列块与外部引脚的接口。

本章最后介绍了利用EDA开发工具进行数字系统开发的过程，主要讲述利用MAX + PLUSⅡ进行数字电路设计的过程，包括项目输入、编译、仿真、下载和配置等过程。

思考与练习

8.1　什么是半导体存储器？它有哪些种类？

8.2　ROM主要有哪三大类？它们在电路结构和工作原理上有什么相同和不同之处？

8.3　RAM分为哪两类？这两类RAM在电路结构和工作原理上有什么相同和不同之处？动态存储器为什么要刷新？

8.4　设存储器的地址线数目为n，数据线数目为m，试问存储器的字数和存储容量分别与n、m之间存在什么关系？

8.5　指出下列存储系统各具有多少个存储单元？至少需要多少根地址线和数据线？

(1) 64K×4　(2) 256K×1　(3) 1M×1　(4) 128K×8

8.6　设存储器的起始十六进制数地址全0，试指出下列存储器的最高十六进制数地址为多少？

(1) 2K×1　(2) 16K×8　(3) 262K×32

8.7　试用ROM设计一个组合逻辑函数，用来产生下列一组逻辑函数，列出ROM应用的数据表，画出存储矩阵的点阵图。

$$Y_1=\overline{A}\,\overline{B}\,\overline{C}\,\overline{D}+\overline{A}B\,\overline{C}D+\overline{A}\,\overline{B}\,\overline{C}D+A\,\overline{B}\,\overline{C}\,\overline{D}$$

$$Y_2=\overline{A}\,\overline{B}\,C\,\overline{D}+\overline{A}BCD+AB\,\overline{C}D$$

$$Y_3=\overline{A}BD+\overline{B}\,C\,\overline{D}$$

$$Y_4=\overline{B}\,\overline{D}+BD$$

8.8　可编程逻辑器件有哪些种类？它的基本结构是什么？

8.9　简述PAL器件的基本结构。它是如何来实现组合逻辑电路和时序逻辑电路的？

8.10　通用型GAL器件由哪几部分组成？

8.11　试用GAL16V8设计一个3线-8线二进制译码器。

8.12　写出一个全加器的VHDL设计源程序并画出仿真波形。

附　录

附录 A　Multisim 介绍

加拿大 Interactive Image Technologies(IIT)公司于 20 世纪 80 年代推出了颇具特色的电子仿真软件 EWB5.0，这款 EDA 软件界面形象直观、操作方便、分析功能强大。2005 年，IIT 公司被美国国家仪器公司(National Instrument, NI)收购。2007 年初，NI 公司推出 Multisim10.0 版本。虽然它的界面、元器件调用方式、搭建电路、虚拟仿真、电路基本分析方法等方面还是沿袭了 EWB 的优良传统，但软件的内容和功能已大不相同。

A.1　软件安装

在安装软件前，最好先关闭所有打开的应用程序。

1）将 Multisim10 安装光盘放入光盘驱动器，运行“setup.exe”文件。

2）按照对话框中的说明进行安装。

A.2　Multisim 的主窗口

用鼠标双击 Multisim 图标启动 Multisim，出现图 A-1 所示的主窗口。Multisim10 的用户界面主要由菜单栏、系统工具栏、元器件工具栏、设计工具栏、仿真开关、设计管理窗口、状态栏和电子平台等组成。

基本界面左侧是默认打开的设计管理窗口；中间带网格的白色图纸也称为电子平台，用来组建仿真电路；基本界面右侧是包含 21 个按钮的虚拟仪器、仪表工具条；基本界面最下方为状态栏，显示当前操作及鼠标所指条目的信息。

A.2.1　菜单栏

Multisim10 的菜单栏如图 A-2 所示。菜单栏提供文件管理、创建电路和仿真分析等所需的各种命令，共 12 项。

1. File 菜单

此菜单提供了打开、新建、保存等操作。用法与 Windows 类似，此处不再赘述。

2. Edit 菜单

此菜单中，Undo、Redo、Cut、Copy、Paste、Delete、Find 和 Select All 选项的用法与 Windows 类似，下面介绍另外一些选项：

1）Delete Multi-Page：删除多页电路中的某一页。

2）Paste as Subcricuit：将电路复制为子电路。

3）Find：寻找元器件命令。

4）Comment：编辑仿真电路的注释。

5）Graphic Annotation：编辑图形注释，利用它可以改变导线的颜色等设置。

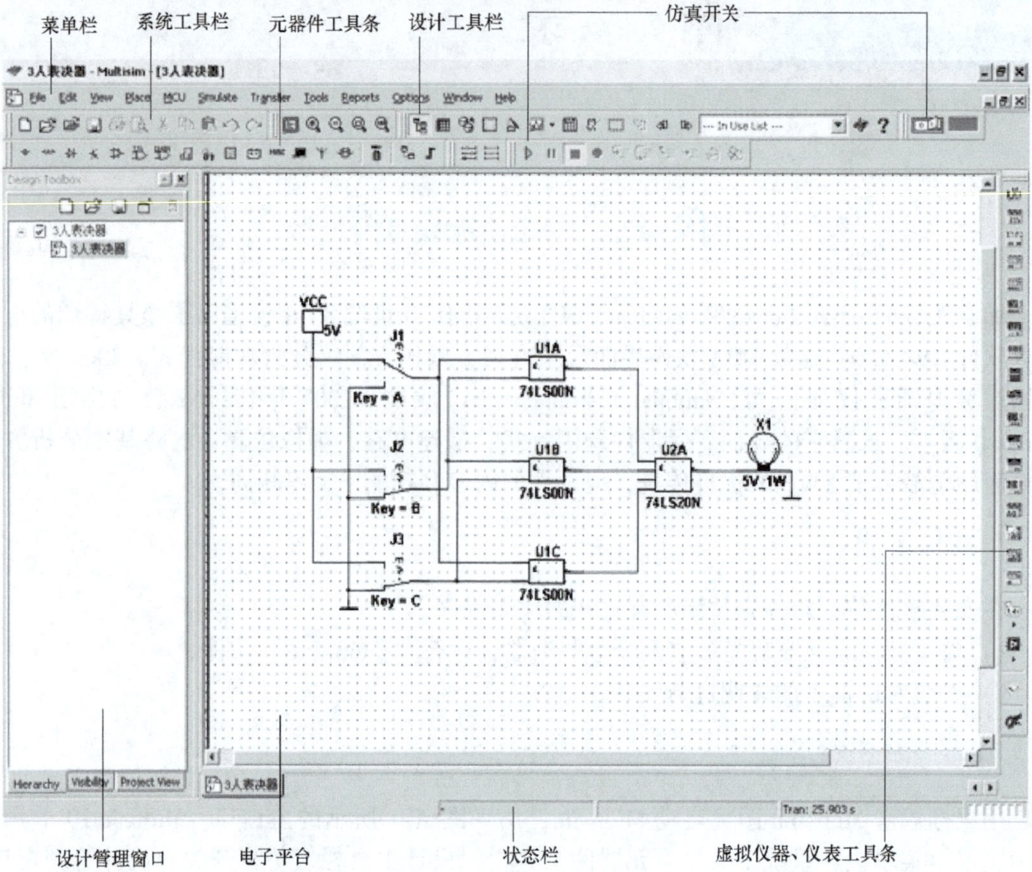

图 A-1　Multisim10 的基本界面

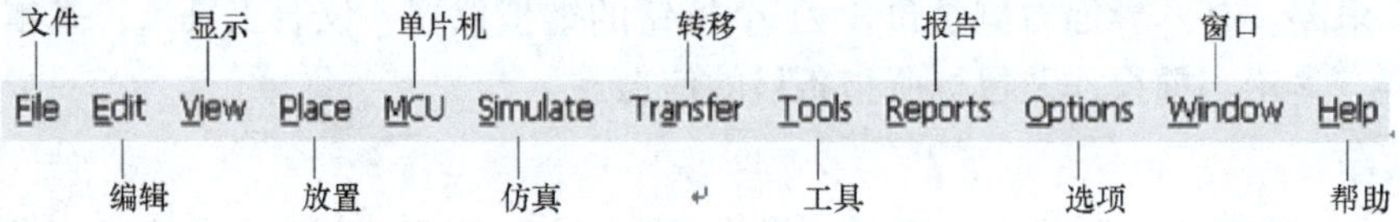

图 A-2　菜单栏

6）Order：编辑图形在电路工作区中的顺序。

7）Assign to Layer：用于层的分配。

8）Layer Setting：用于层的设计。

9）Title Block Position：设置标题栏在电路工作区中的位置。

10）Orientation：调整电路元器件方向，包括水平调整、垂直调整、顺时针旋转 90°、逆时针旋转 90°。

11）Edit Symbol/Title Block：编辑电路元器件的外形或标题栏的形式。

12）Font：字体设置。可以用于对电路窗口中的元器件的标识号、参数值等进行设置。

13）Properties：属性编辑窗口。单击“Properties”选项，弹出图 A-3 所示的对话框，其中有 6 个选项卡，在对应的选项卡中包括了对电路窗口各个方面的设置。

① Circuit 选项卡，用于对电路窗口内的仿真电路图和元器件参数值进行设置。该选项卡分成两个区：Show 区用于设置是否显示元器件的标识名(Label)和数值(Value)等，以及是否显示网络名和总线；Color 区用于设置仿真电路图的颜色，该区的下拉列表框中有以下几种选项：

◆ Custom：用户自定义颜色设置，可对导线、背景、有源器件、无源器件、虚拟器件进行颜色设置。

◆ Black Background：采用黑色背景和彩色电路的显示方式。

◆ White Background：采用白色背景和彩色电路的显示方式。

◆ White & Black：采用白色背景和黑色电路的显示方式。

◆ Black & White：采用黑色背景和白色电路的显示方式。

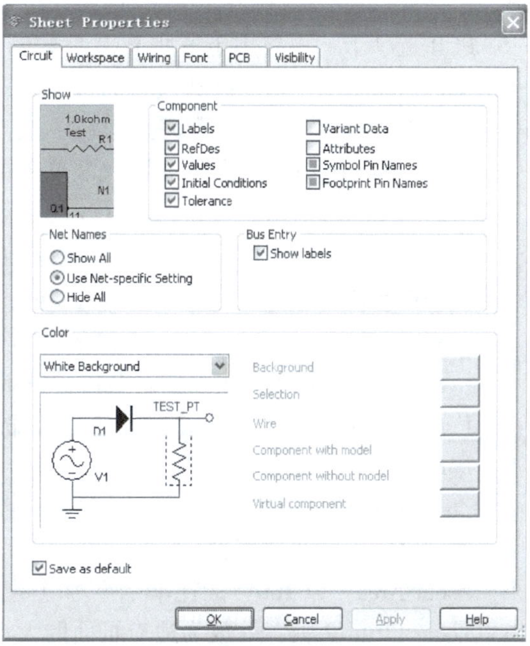

图 A-3 属性编辑窗口

图 A-3 中，最底下的复选框可以恢复所有的用户设置或其它设置为默认设置。

② Workspace 选项卡，主要用于设置电路图样的纸张大小以及图样的显示方式等参数。它也分为两个区：Show 区和 Sheet size 区。

Show 区用于设置电路图样的格式。选中右侧的选项后，可以通过左侧的窗口预览。

◆ Show grid：显示栅格。

◆ Show page bounds：显示纸张边界。

◆ Show border：显示电路边界。

Sheet size 区用于设置图样的大小和方向，其子区 Custom size 区为用户自定义区。用户根据自己的需要，可以自行定义所需要图样的宽度和高度的单位，其中提供了厘米和英寸两种计量方式。

③ Wiring 选项卡，用于设置仿真电路中导线的宽度。它分成两个区：Drawing Option 区和 Bus Wiring Mode 区。

Drawing Option 区用于设置导线宽度。

◆ Wire：设置一般导线的宽度。

◆ Bus：设置数据通路导线的宽度。一般为两根或两根导线以上，可以根据用户的需要任意指定数据通路导线的数目。选中右侧的选项后，可以通过左侧的窗口预览。

Bus Wiring Mode 区用于设置数据总线模式，有网络名和默认数据线名两种。

Wiring 选项卡中最底下的复选框可以恢复所有的用户设置或其它设置为默认设置(图中没有画出)。

④ Font 选项卡，用于设置字体。它可以对电路窗口中的元器件的标识号、参数值等进

行设置。

⑤ PCB 选项卡，主要用于一些 PCB 参数的设计。它分成三个区：

Ground Option 区用于对 PCB 模式的接地方式进行设置。如果勾选其中的复选框，Multisim10 会在 PCB 中将数字地和模拟地连接在一起。

Export Settings 区用于设置输出的 PCB 文件的尺寸大小的单位。

Number of Copper Layer 区用于对 PCB 的层数进行设置，用以表示 PCB 是双面板还是多面板。单击其中的下拉按钮可以选择敷铜的层数，此时下方的框中将出现每一层的名称。

⑥ Visibility 选项卡，其功能与执行“Edit/Font”一致。

3. View 菜单

View 菜单用于设置电路窗口中某些内容的显示。其中各选项的含义如下：

1）Full Screen：全屏显示电路工作区的电路图。

2）Parent Sheet：总电路原理图设置。

3）Zoom In：放大电路窗口。

4）Zoom Out：缩小电路窗口。

5）Zoom Area：以 100% 的比率来显示电路窗口。

6）Zoom Fit to Page：缩放为适应页面的大小。

7）Zoom to Magnification：以特定比例缩放电路窗口，单击该项后，有多种比例可以选择。

8）Zoom Select：有选择性地对电路中的某个元器件放大，单击某个元器件后，选择该项，则电路窗口中仅仅呈现该元器件放大后的特写。

9）Show Grid：显示栅格。

10）Show Border：显示电路的边界。

11）Show Page Bounds：显示纸张的边界。

12）Ruler bars：显示或隐藏电路工作区左上角空白处的标尺栏。

13）Status bars：状态条，用于显示鼠标指向的工具栏或菜单栏中的按钮名称，在基本工作界面的左下方显示。

14）Design Toolbox：显示或隐藏基本工作界面左方的 Design Toolbox 窗口。

15）Spreadsheet View：显示或隐藏 Spreadsheet 窗口。

16）Circuit Descripition Box：电路功能表示。选中该项后弹出事先写好的只读的电路功能表示文本框。该文本框需通过“Tools”菜单中的“Descrpition Box Edit”选项来编辑。

17）Toolbars：用于显示或隐藏系统工具栏、元器件工具栏、设计工具栏等基本操作界面中的菜单选项。单击后以快捷菜单的方式出现在工具栏中。

18）Show Comment/Probe：显示或隐藏电路窗口中用于解释全部电路功能或者部分电路功能的文本框，只有通过 Place 菜单项添加文本框后，才能激活该选项。

19）Grapher：用于显示或隐藏仿真结果的图表。该选项需要在使用 Multisim10 中自带的分析方法后才能在 Grapher View 对话框中展示结果。

4. Place 菜单

Place 菜单中各选项的含义如下：

1）Comment：需要放置的相应元器件。

2）Junction：用于放置节点。

3）Wire：用于放置导线。

4）Bus：放置创建的总线。

5）Connectors：放置创建的不同种类的电路连接器。

6）New Hierarchical Block：新建分层电路。

7）Hierarchical Block From File：用分层结构放置一个电路。

8）New subcircuit：新建子电路。

9）Multi-Page：新建多页电路。

10）Merge Bus：连接两条总线。

11）Bus Vector Connect：放置总线矢量连接。

12）Comment：为电路工作区或某个元器件增加功能表示类文本。当鼠标停留在相应元器件上时显示该文本，降低阅读难度。

13）Text：为电路增加文本文件。

14）Graphics：放置直线、折线、长方形、椭圆、圆弧、不规则图形等图形。

15）Title Block：放置一个标题块。

5. MCU 菜单

MCU 菜单提供对含有微控制器芯片的电路的仿真功能。

6. Simulate 菜单

Simulate 菜单中各选项的含义如下：

1）Run：运行创建完的仿真电路。

2）Pause：暂停仿真。

3）Stop：停止仿真。

4）Instruments：虚拟仪器工具栏。Multisim10 提供的虚拟测试仪器，如虚拟示波器，也有与实物外观完全一致的安捷伦示波器，利用这些虚拟仪器，可以直观、迅速地检验创建的电路是否能够满足要求。

5）Interactive Simulation Settings：对与瞬态分析有关的仪表进行默认设置(如示波器等)。

6）Digital Simulation Settings：仿真环境设置，分为理想和实际两种情况。

7）Analysis：对被选中的电路进行直流工作点分析、交流分析、瞬态分析、傅里叶分析等 18 种分析。

8）Postprocessor：对电路分析后进行处理。

9）Simulation Error Log/Adit Trail：仿真错误记录/审记追踪。

10）Xspice Command Line Interface：显示 Xspice 命令行窗口。

11）Load simulation settings：使用用户以前保存过的仿真设置。

12）Save simulation settings：保存现有仿真设置。

13）Auto Fault Option：在创建的仿真电路中加入故障。

14）VHDL Simulation：运行 VHDL 仿真软件。此软件需要另外安装。

15）Dynamic Probe Properties：展示“Probe Properties”对话框。

16）Reverse Probe Direction：将探针的极性取反。

17）Clear Instrument Data：将虚拟仪表中的数据清除。在仿真过程中，该选项一直处于激活状态，若单击则使虚拟仪表中的数据暂时消失。

18）Use Tolerances：设置全局元器件的容差。

7. Transfer 菜单

Transfer 菜单中各选项的含义如下：

1）Transfer to Ultiboard10：将仿真文件的网络表传送给软件 Ultiboard10。

2）Transfer to Ultiboard9 or earlier：将网络表传送给软件 Ultiboard9 或者更早版本的 Ultiboard。

3）Export to PCB Layout：将网络表传送给其它的 PCB 软件。

4）Forward Annotate to Ultiboard10：将 Multisim10 中电路元器件的注释变动传送到 Ultiboard10。

5）Forward Annotate to Ultiboard or earlier：将 Multisim10 中电路元器件的注释变动传送到 Ultiboard9 或者更早版本的 Ultiboard。

6）Back annotate from Ultiboard：将 Ultiboard 软件中电路元器件的注释变动传送到 Multisim10 中，从而使 Multisim10 中的元器件注释发生相应的变化。

7）Highlight Selection in Ultiboard：将 Ultiboard 软件中所选择的元器件高亮显示。首先要在 Multisim10 中选中对应的元器件才能进行此操作。

8）Export Netlist：输出电路文件所对应的网络表。

8. Tools 菜单

Tools 菜单中各选项的含义如下：

1）Component Wizard：元器件创建向导。

2）Database：用户数据库管理。

3）Variant Manager：变量设置。变量对应着特定的电路版本。不同的市场需要不同参数标准的电路元器件，因此一些电路设计需要根据实际要求进行修改。此选项的作用在于，当一个电路设计使用不同标准的同一类型元器件时，能够产生唯一符合各个标准的印制电路板。

4）Set Active Variant：在电路进行仿真时，满足不同标准的元器件不可能同时被激活，这时需要进行设置以达到激活某类元器件的目的。

5）Circuit Wizards：电路创建向导，包括 555Timer Wizard（555 电路创建向导）、Filter Wizard（滤波器创建向导）、CE BJT Amplifier Wizard（射极放大器创建向导）、Opamp Wizard（集成运放创建向导）。

6）Rename/Renumber Component：对电路工作区中的元器件重命名或重新编号。

7）Replace Component：替换元器件。

8）Update Circuit Component：更新电路元器件。

9）Update HB/SC Symbols：更新 HB/SC 连接器。

10）Electrical Rules Check：在电路工作窗口中进行电气性能测试。

11）Clear ERC Marker：清除错误标识。

12）Toggle NC Marker：切换空闲引脚标识。单击该项后，如果再单击仿真电路器件中没有任何连接的引脚，则该引脚上会出现一个橙色的小圆圈作为标识。

13）Symbol Editor：电路元器件外形编辑器。用法与“Edit”菜单中“Edit Symbol/Title Block”选项类似。

14）Title Block Editor：标题块编辑器。

15）Description Box Editor：在“Design Toolbox”窗口中添加关于电路功能的文本表示。

16）Edit Labels：与“Description Box Editor”配合使用，只有当用户在“Design Toolbox”窗口中添加了关于电路功能的文本表示后，该选项才被激活。选中该选项后，在弹出的对话框中单击“OK”，然后就可以编辑“Design Toolbox”窗口中的电路功能表示文本。

17）Capture Screen Area：复制电路工作区中的指定部分到剪贴板中，即截图功能。

9. Reports 菜单

Reports 菜单中各选项的含义如下：

1）Bill of Materials：产生当前电路文件的元器件清单。

2）Component Detail Repot：产生指定元器件存储在数据库中的所有信息。

3）Netlist Repot：产生网络表文件报告。

4）Cross Reference Report：产生当前电路窗口中所有元器件的详细参数报告。

5）Schematic Statistics：产生电路图的统计信息。

6）Spare Gates Report：产生电路文件中未使用的门电路的报告。

10. Options 菜单

Options 菜单中各选项的含义如下：

1）Global Preferences：用于设置全局的电路参数。单击“Global Preferences”选项后，弹出图 A-4 所示的对话框，共有四个选项卡，单击可以打开对应的选项卡。

Paths 选项卡，用于设置电路文件、用户设置、数据库文件的存取路径。

Save 选项卡，用于设置电路文件的自动备份、仿真结果的自动存储等。

Parts 选项卡，用于设置元器件的放置方式、采用的标准、数字电路的仿真模式。

General 选项卡，鼠标滚轮移动时，用以缩放电路图或上下拉电路区滑动条，设置是否自动连线。

下面重点介绍 Parts 选项卡的功能。Parts 选项卡中分为四个区域，每个区域中都有若干个单选项。

① Place component mode 区。该区用来设置放置元器件的模式，有以下三种模式：

➢ Place single component：放置元器件时，采用单个逐一放置的模式。

➢ Continuous placement for multi-section part only(ESC to quit)：对于内部采用若干个功能相同的模块封装在一起的元器件(集成电路内部一般包括若干个相同的逻辑门)，选择该选项后，可以连续逐次放置若干个功能相同的模块，直至按 Esc 键结束放置。

➢ Continuous placement(ESC to quit)：

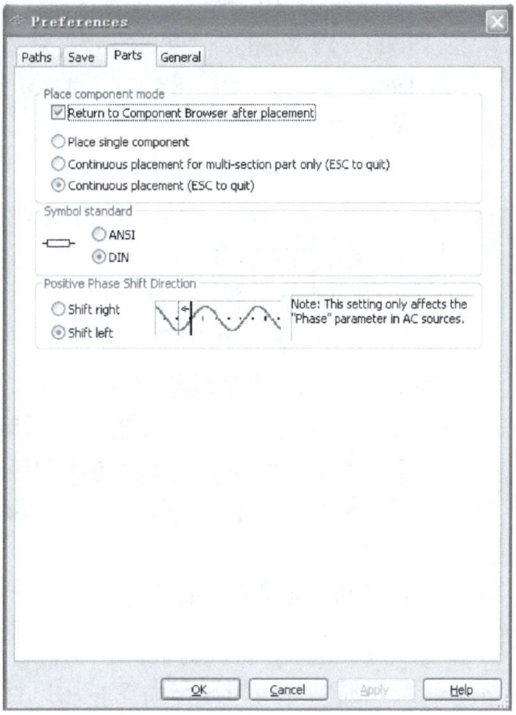

图 A-4　Preferences 对话框

对于同一元器件，可以连续放置许多次，直到按 Esc 键结束放置或单击鼠标右键结束放置。

② Symbol standard 区。该区用于设置电路窗口中元器件符号的标准，有两种标准：

➢ ANSI：采用美国标准。

➢ DIN：采用欧洲标准。选中后，电路窗口中的元器件符号会发生变化。

③ Positive Phase Shift Direction 区。该区用于调整相移参数。

④ Digital Simulation Settings 区。该区用于设定数字电路仿真方式。

➢ Ideal：对数字电路仿真时采用理想化标准，能够实现快速仿真。

➢ Real：对数字元器件实现更高精度的仿真。

2）Sheet Propertied：用于设置电路工作区中参数是否显示、显示方式和 PCB 参数的设置。

3）Customize User Interface：设计个人化的用户界面。单击 "Customize User Interface" 选项后，弹出的对话框中各选项卡的含义如下：

Commands：用于显示 Multisim10 的菜单和子菜单。

Toolbars：显示或隐藏工具条。如果勾选某个工具条，则该工具条出现在 Multisim10 基本工作界面中。

Keyboard：为 Multisim10 中的某个菜单命令创建快捷键。

Menu：通过编辑，Multisim10 将其内部的不同功能或不同模块所包含的命令以缩略图的形式展现出来。由于该选项很少涉及，保持默认设置即可。

Options：用于设置 Multisim10 的工具条的外观。

➢ Show ScreenTips on toolbars：选中此项后，当鼠标移到某个工具条上的某个选项时，会出现文本来简单表示该选项的功能。

➢ Large Icons：以大图标的形式显示快捷工具栏。

➢ Look2000：以 Windows 2000 的形式显示快捷工具栏。

➢ look OfficeXP：以 Office XP 的形式显示快捷工具栏。

11. Window 菜单

Window 菜单中各选项的含义如下：

1）New Window：创建一个与当前电路文件完全相同的电路文件。

2）Close：关闭当前的电路窗口。

3）Close All：关闭所有的电路窗口。

4）Cascade：使电路文件层叠。

5）Tile Horizontal：水平调整使所有电路同时呈现在电路工作区。

6）Tile Vertical：垂直调整使所有电路同时呈现在电路工作区。

7）Windows：窗口管理。用于关闭或激活某个已经打开的窗口。

该菜单在 Multisim10 中很少涉及，并且用法与其它 Windows 软件完全一致，此处不再赘述。

12. Help 菜单

Help 菜单的功能很简单，此处不做叙述。

A.2.2 系统工具栏

系统工具栏提供常用的操作命令，用鼠标单击某一按钮，可完成对应功能，共 16 项，如图 A-5 所示。

图 A-5　系统工具栏

A.2.3　设计工具栏

设计工具栏都是一些快捷键按钮，均包含在菜单栏的下拉菜单中，共 11 项。其右侧是使用中的元器件列表框和帮助按钮，如图 A-6 所示。

图 A-6　设计工具栏

A.2.4　元器件工具条

元器件工具条以元器件库按钮分门别类地集中了大量的常用仿真元器件。元器件库按钮分别对应着电源元件、基本元件、二极管、晶体管、模拟器件、TTL 器件、CMOS 器件、其它数字电路、混合器件、指示器件、电源模块、杂项器件、外围设备、射频器件、机电器件、微处理器、放置分层模块和放置总线，如图 A-7 所示。

图 A-7　元器件库按钮

A.2.5　仿真开关

仿真开关有两处，界面上有停止、运行和暂停三个按钮；工具栏下方右侧的仿真开关主要用于单片机仿真，包括停止、运行和暂停等按钮，如图 A-8 所示。

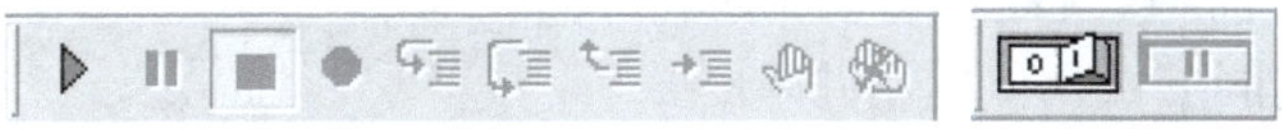

图 A-8　仿真开关

基本界面右侧是包含 21 个按钮的虚拟仪器、仪表工具条，如图 A-9 所示。

图 A-9　虚拟仪器、仪表工具条

A.3　仿真电路的创建

1. 元器件调用

下面以调用电阻为例，讲述如何从 Multisim10 软件元器件库中调出元器件。

1）单击基本界面元器件工具条中的“Place Basic(放置基本元器件)”按钮，如图 A-10 所示，将弹出“Select a Component”对话框，如图 A-11 所示。先在对话框左侧“Family”栏中选中“RESISTOR(电阻)”，然后拉动对话框中间“Component”栏下右侧滚动条，可以从 1mΩ ~ 5TΩ 范围内任选所需要的电阻（注：1T = 10^{12}）。在此选取“200Ω”，最后单击对话框右上角的“OK”按钮退出。

2）退出后，鼠标箭头将带出一个电阻，如图 A-12a 所示，在电子平台上单击一下鼠标左键，即可将一个 200Ω 电阻放置在电子平台上。移开鼠标箭头，仍然可以连续在电子平台上单击鼠标左键放置多个电阻，如图 A-12b 所示，已经在电子平台上放置了三个电阻。不需要放置时单击鼠标右键，即可退出放置电阻操作。

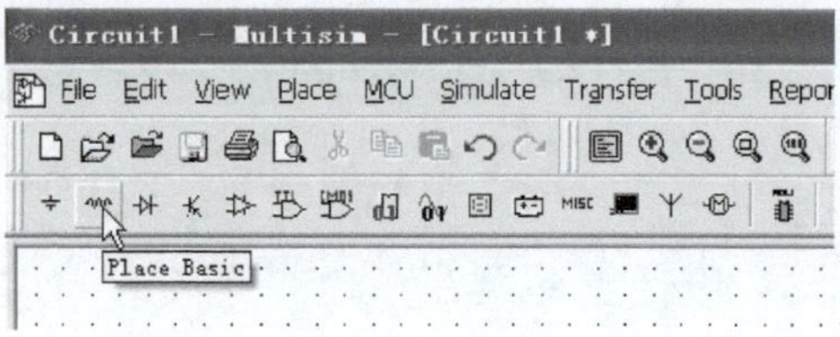

图 A-10　放置基本元器件快捷键按钮

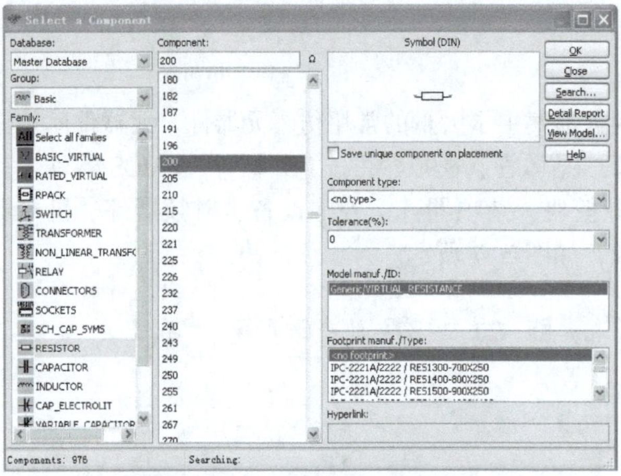

图 A-11　元器件选择对话框

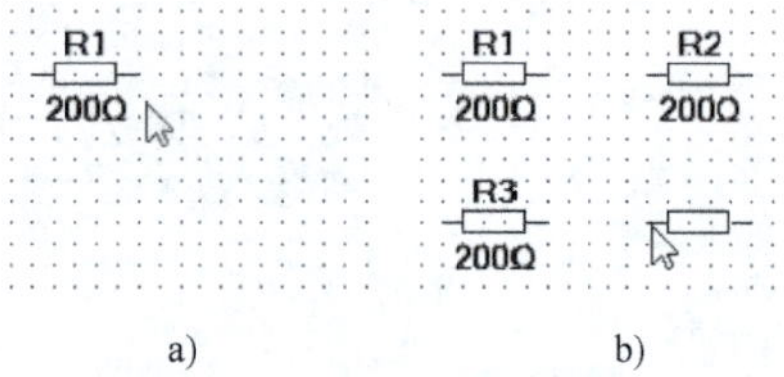

图 A-12　放置电阻示意图

3）若要对元器件实施删除操作，可右击该元器件图标，如图 A-13 所示，右击电阻 R2 后将弹出快捷菜单，选择“Cut”或“Delete”项，均可将该元件删除；或用鼠标左键单击要删除的元器件，该元器件四周将出现虚线框，即该元器件处于“激活”状态，如图 A-14 所示，这时按一下键盘上的 Delete 键，也可将其删除，以上三种方法可以根据个人习惯和喜好选择其中任意一种。

4）若要对元器件实施“水平转向”操作，可右击该元器件，弹出图 A-13 所示快捷菜单，选择“Flip Horizontal”项，可使元器件“水平转向”放置，图A-15所示分别是开关 J1 和电位器 R1 在实施“水平转向”操作前后的对比图。

5）若要对元器件实施“垂直转向”操作，可右击该元器件，弹出图 A-13 所示的快捷菜单，选择“Flip Vertical”项，可使元器件“垂直转向”放置，图 A-16 所示分别是

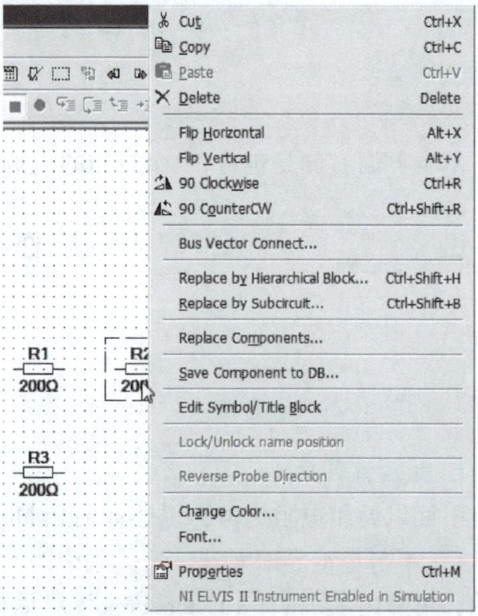

图 A-13　用鼠标右击电阻后弹出的快捷菜单

PNP 型晶体管 Q1 和电源 V1 在实施“垂直转向”操作前后的对比图。

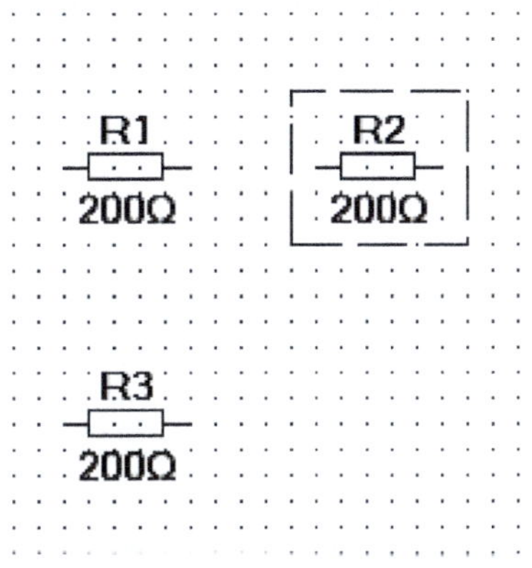

图 A-14　用鼠标左键单击电阻呈“激活”状态

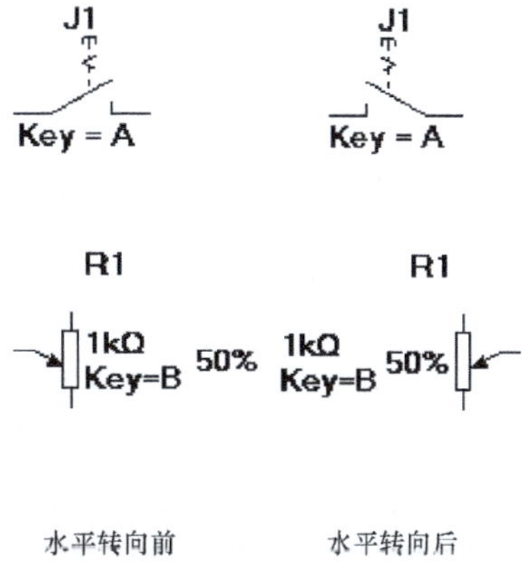

图 A-15　对元器件实施“水平转向”操作前后的对比图

6）若要对元器件实施“垂直翻转”操作，可右击该元器件，弹出图 A-13 所示的快捷菜单，选择“90 Clockwise”项，可使元器件按顺时针方向进行 90°垂直翻转放置的操作，图 A-17a 所示为电阻 R1 实施“90 Clockwise”操作前后的对比图；若选择“90 Counter-CW”项，元器件将按逆时针方向进行 90°垂直翻转放置的操作，图 A-17b 所示为电压表 U1 实施“90 CounterCW”操作前后的对比图。

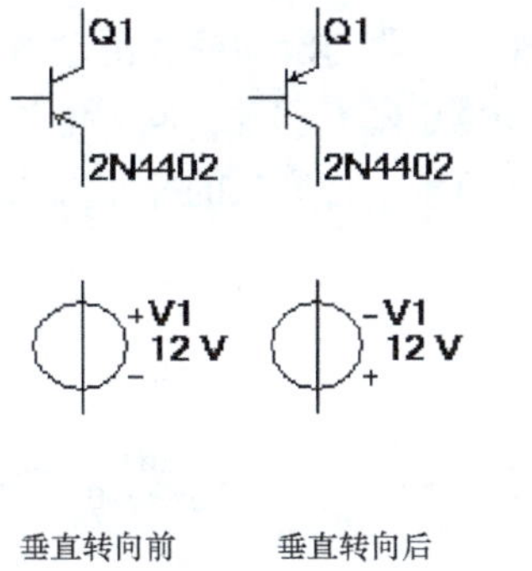

图 A-16　对元器件实施“垂直转向”操作前后的对比图

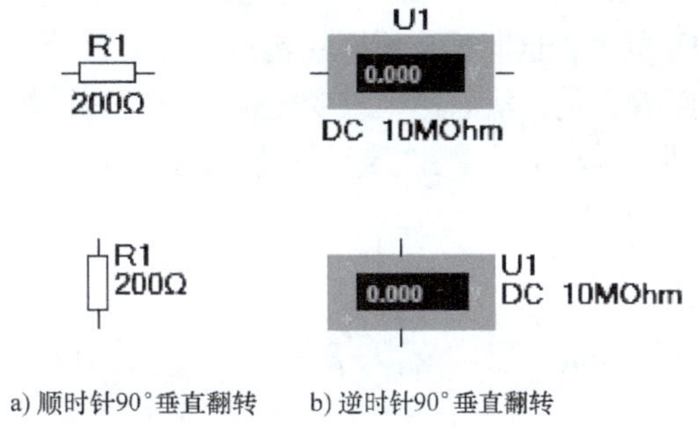

图 A-17　对元器件实施“垂直翻转”操作

7）若要对元器件(这里以电阻 R1 为例)实施“复制”操作，可右击该元器件，弹出图 A-13 所示的快捷菜单，选择“Copy”项后，该元器件被选中处于“激活”状态，元器件四周出现虚线框；再次右击该元器件，在弹出的快捷菜单中，选择“Paste”项，如图 A-18 中鼠标箭头所指，这时鼠标箭头即带出一个被复制的元器件，如图 A-19a 所示，在电子平台上单击鼠标左键即可放置元器件，并自动生成序号 R2，如图 A-19b 所示。

若需复制多个元器件，可以多次右击该元器件，在弹出的快捷菜单中，选择“Paste”项。

2. 其它操作功能

（1）交互式元器件的鼠标单击支持

1）图 A-20a 为调出的一个开关，将鼠标移近它时鼠标呈手指状，并且开关的活动臂线条变粗，如图 A-20b 所示，这时如果单击鼠标，开关的活动臂即打到下方，如图 A-20c 所示，即可以用鼠标控制开关，且原先的操作方法仍然有效，即按键盘上的“A”键同样能控制开关的开与合。

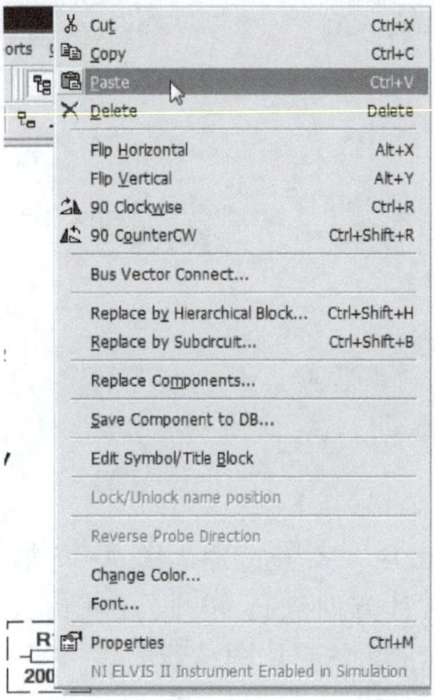

图 A-18　选择“Paste”项

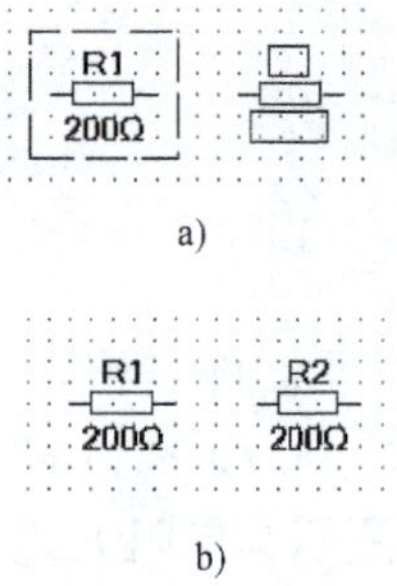

图 A-19　复制元器件

2）图 A-21a 为调出的一个电位器，将鼠标移近它时将出现电位器的滑动槽和滑动块，如图 A-21b 所示，这时按住鼠标左键可以使电位器的滑动块在滑动槽中随意移动，同时电位器的百分比跟着变化，从而达到改变电位器阻值的目的，如图 A-21c 所示，且原先的操作方法仍然有效，即按键盘上的“B”键同样能改变电位器的百分比和阻值。

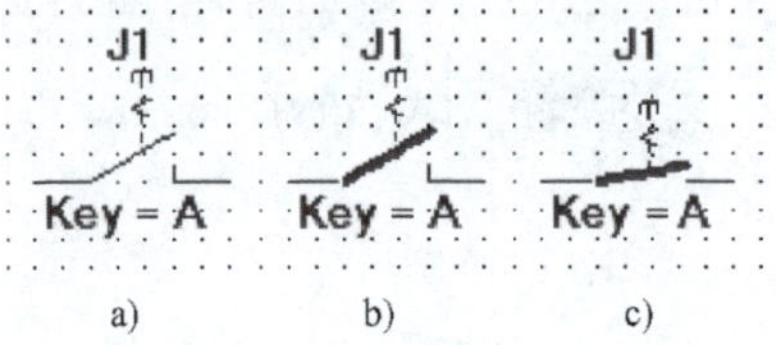

图 A-20　用鼠标控制开关

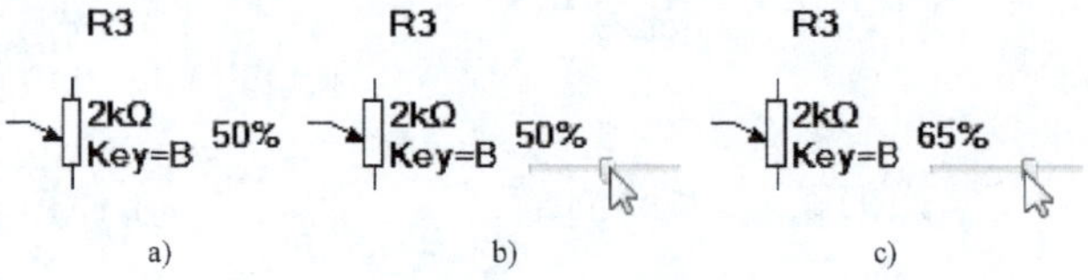

图 A-21　用鼠标控制电位器

（2）元器件的调出与修改

1）仿真电路图中需要多个不同阻值的电阻。

① 在电子仿真软件 Multisim10 基本界面的电子平台上，先随意调出五个任何阻值的电阻，如图 A-22 所示。

② 双击其中的任意一个电阻，将弹出“Resistor”对话框，单击默认打开的“Value”选项卡中“Resistance (R)：”栏右侧下拉箭头，拉动滚动条选取“5.1k”，如图 A-23 所示。若需要选择电阻的误差等级，可以单击

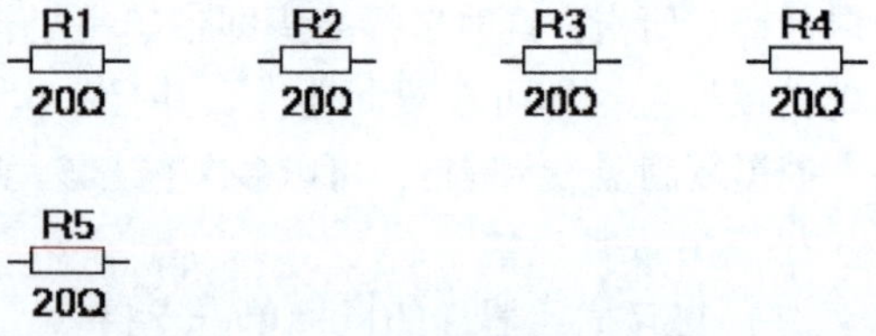

图 A-22　随意调出五个电阻

“Tolerance”栏右侧下拉箭头进行选取，最后单击对话框下方的“OK”按钮退出，就可以将电阻由原来的20Ω修改为5.1kΩ了。用同样的方法可以将五个电阻修改成所需要的阻值，如图A-24所示。

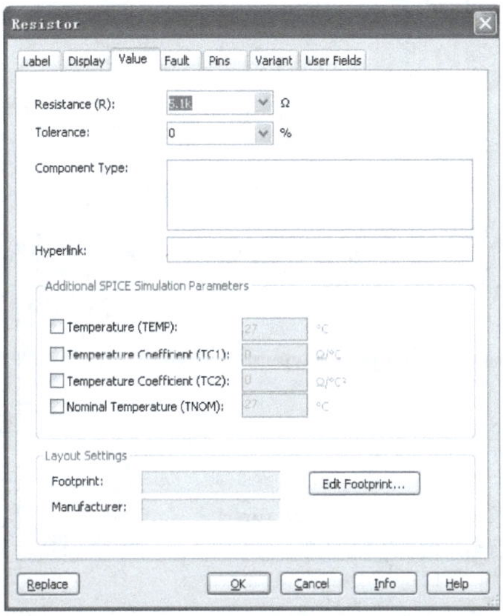

图A-23 “Resistor”对话框

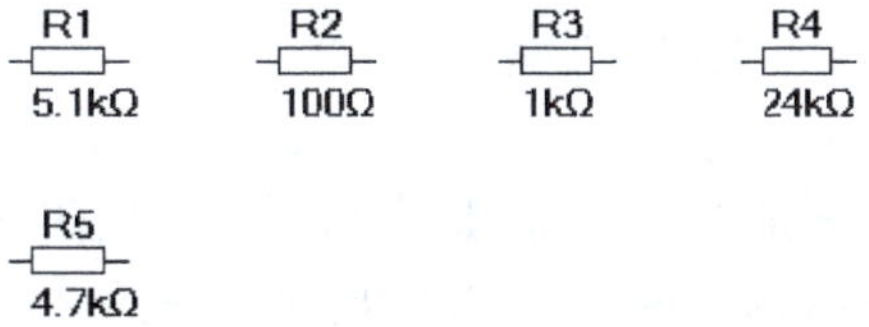

图A-24 修改后的电阻

2）对多个元器件实施转向、翻转等操作。若需对图A-24中的三个电阻实施垂直竖放，可以按住键盘上的Shift键，逐个单击需要竖放的电阻，使它们被选中处于“激活”状态，如图A-25所示，然后右击其中任一个选中的电阻，在弹出的快捷菜单中选取“90 Clockwise”项，即可实现一次性将多个元器件竖放，如图A-26所示。

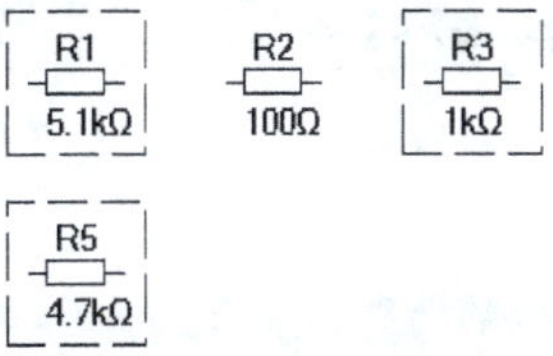

图A-25 选中多个元器件

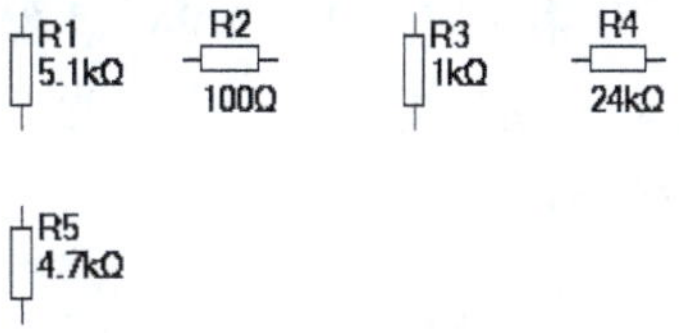

图A-26 多个元器件实现竖放

3）直接修改仿真电路中的元器件参数。如果已经组建好的电路经仿真后，发现某元器件参数不对，只要双击该元器件，在弹出的对话框中直接修改元器件参数即可。

4）一次性删除仿真电路中的多个元器件或全部元器件。

① 如果是一次性删除仿真电路中的多个元器件，可以仿照上述第2)点的步骤，先选取要删除的元器件，使它们被选中处于“激活”状态，此时周围出现虚线框，然后右击选中的任一个元器件，在弹出的快捷菜单中选取“Cut”或“Delete”，即可以将它们一起删除。

② 如果是一次性删除仿真电路中的全部元器件，则可以将鼠标左键移到仿真电路的左上角，然后按住鼠标左键向右下角拉出矩形框，将所有要删除的元器件都圈在矩形框内，如图A-27所示。

③ 放开鼠标后，所有要删除的元器件均被选中，如图A-28所示，这时只要右击选中的

任一元器件，在弹出的快捷菜单中选取“Cut”或“Delete”，或直接按键盘上的 Delete 键，均可将它们全部删除。

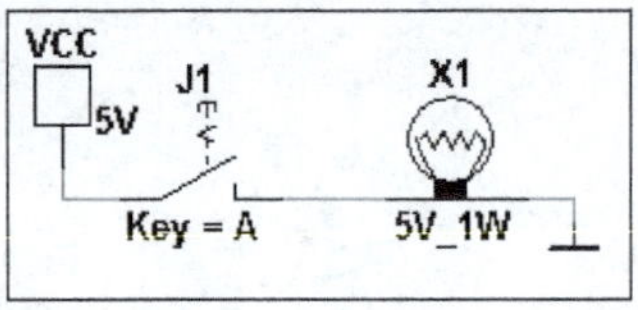

图 A-27　框选所有要删除的元器件

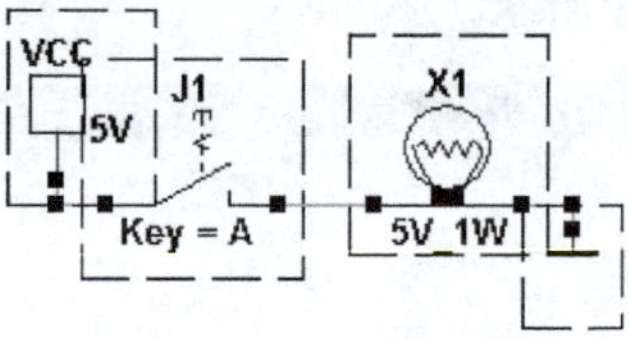

图 A-28　全部元器件被选中

5）直接向前推动三键鼠标中的中间滚动圆形键，可以使仿真电路图放大，如图A-29a所示；向后推动三键鼠标中的中间滚动圆形键，则可使仿真电路图缩小，如图 A-29b 所示。

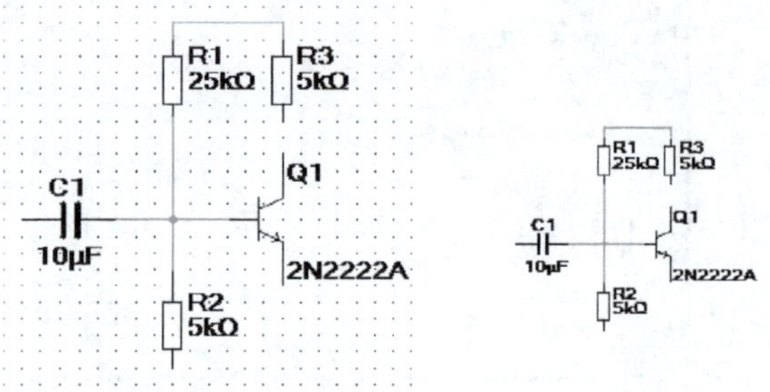

a)　b)

图 A-29　利用鼠标缩放仿真电路图

3. 元器件连接

（1）调出元器件

1）在电子仿真软件 Multisim10 基本界面的电子平台上，单击元器件工具条中的“Place Basic”按钮，从弹出对话框的“Family”栏中选取电阻，并从“Component”栏中找到电阻 R1（25kΩ）和 R2（5kΩ），将它们分别调出并实施 90°旋转，竖直摆放在电子平台上；仍在“Family”栏中选取“CAPACITOR（电容）”，再从“Component”栏中找到电容 C1（10μF），将它调出置于电子平台上。单击元器件工具条中的“Place Transistor（放置晶体管）”按钮，如图 A-30 所示，将弹出“Select a Component”对话框，先在对话框左侧“Family”栏中选取“BJT_NPN”，然后在“Component”栏中选取 2N2222A，如图 A-31 所示，将它调出置于电子平台上。为了连线方便，单击菜单栏“View/Show Grid”，在电子平台上显示出网格点。

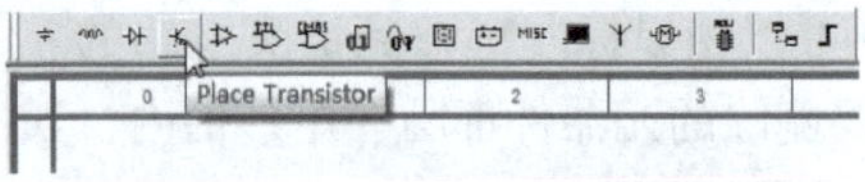

图 A-30　放置晶体管按钮

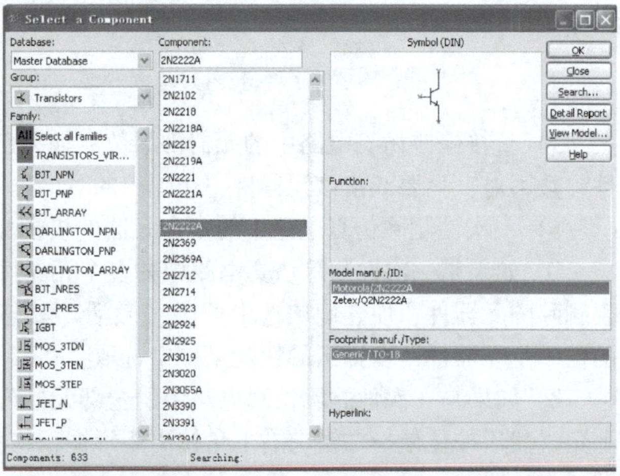

图 A-31　“Select a Component”对话框

2）调出四个元器件后，用鼠标左键单击某个元器件并按住鼠标左键可以将元器件在电子平台上随意移动，到合适位置后放开鼠标左键即可。经转向、移动等操作，放置好后的四个元器件如图 A-32 所示。

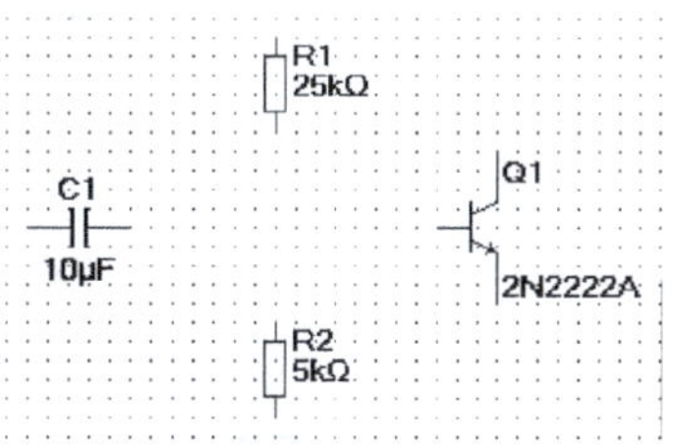

图 A-32　转向、移动放置好的四个元器件

（2）连接元器件

1）将鼠标移向所要连接元器件的引脚上，鼠标箭头就会变成带十字小圆点状（见电容 C1 右端），如图 A-33a 所示。按住鼠标左键沿着电子平台上的网格点向右拉出一段虚线，到晶体管 Q1 基极的引脚端点处，如图 A-33b 所示，单击鼠标左键即完成连接，并自动在它们之间产生一条红色连线，如图 A-33c 所示。

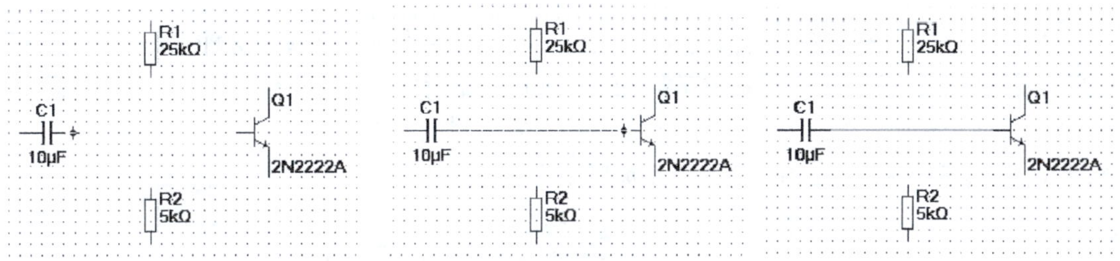

a)　b)　c)

图 A-33　连接元器件操作 1

2）若要将这四个元器件连接在一起，不能像图 A-34a 那样两两相连，否则，四个元器件之间没有形成红色节点，如图 A-34b 所示。正确的连接方法是像图 A-34c 那样，先连好三个元器件，再连接第 4 个元器件，这样就有红色节点，如图 A-34d 所示。

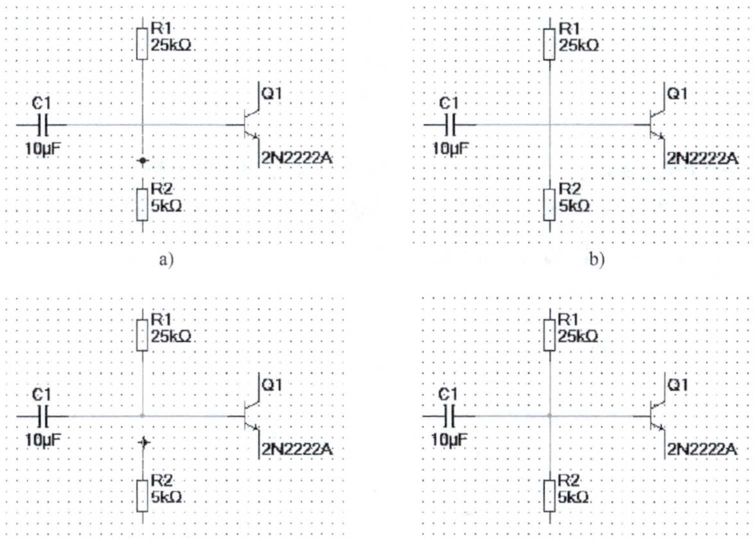

图 A-34　连接元器件操作 2

3）放置地线符号时，不能直接将地线符号放在元器件引脚上，如图 A-35a 所示，这是因为它们之间并没有真正连上，即“虚焊”。正确的连接方式是它们之间有一定间隔并通过

红色连线连接，如图 A-35b 所示。

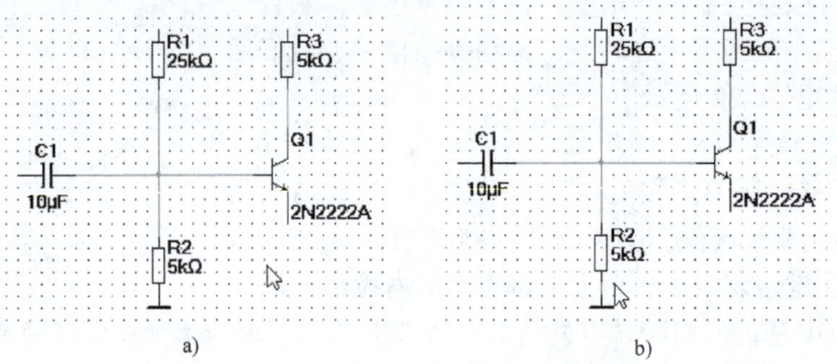

a)　　b)

图 A-35　连接元器件操作 3

4）图 A-36a 中鼠标箭头所指的两个电阻之间不能直接拉线连接，这种也属于“虚焊”，它们之间并没有真正连上，正确的连线如图 A-36b 中鼠标箭头所指那样。连线时，鼠标箭头先从 R1 的上端引脚向上引出一段虚线，然后单击鼠标左键右拐继续拉线，再单击鼠标左键向下拐到 R3 的上端引脚上，单击鼠标左键形成红色连线。

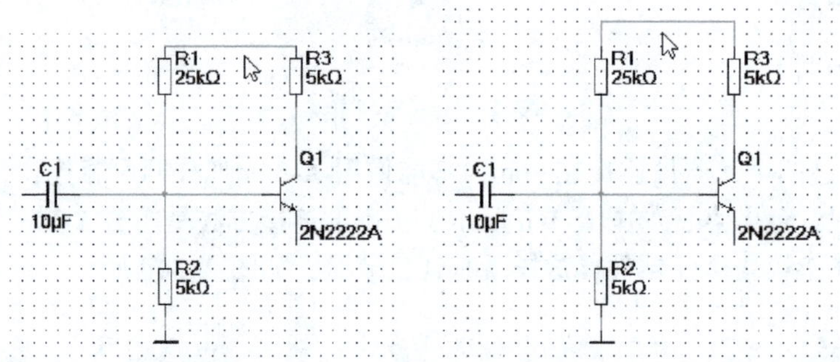

a)　　b)

图 A-36　连接元器件操作 4

5）若要删除错误连线，可用鼠标右击该连线，在出现的快捷菜单中选择“Delete”项，即可将其删除，如图 A-37a 所示；或用鼠标左键单击错误连线，连线上将产生一些蓝图小方块，按下键盘上的 Delete 键也可将其删除，如图 A-37b 所示。

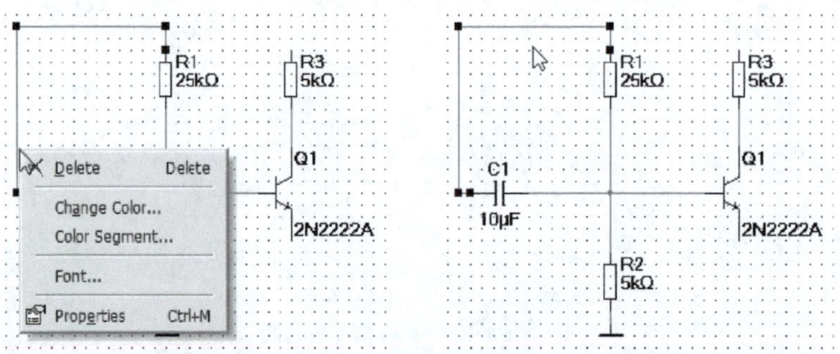

a)　　b)

图 A-37　删除错误连线

A.4 虚拟仪器的使用

Multisim10 的虚拟仪器、仪表工具条中共有虚拟仪器、仪表 18 台，电流检测探针一个，LabVIEW 采样仪器四种，实时测量探针一个。下面以如何调用和设置“虚拟函数信号发生器”为例，说明它们的设置和使用方法。

虚拟仪器仪表的取出与元器件的取出方法相同，打开相应库，将相应图标拖曳到工作区的欲放置位置。在虚拟仪器、仪表工具条中，单击“Function Generator(函数信号发生器)”按钮，鼠标箭头带出一个函数信号发生器图标，将鼠标移到电子平台窗口中，单击鼠标左键，即可将函数信号发生器放置在电子平台窗口中。

双击函数信号发生器图标“XFG1”，将会弹出函数信号发生器面板图。面板上方有三个波形的选择按钮，从左到右分别是正弦波、三角波和方波，如图 A-38 所示。选择好波形后，可分别设置频率数值和单位、幅值和单位，如图 A-39 所示。

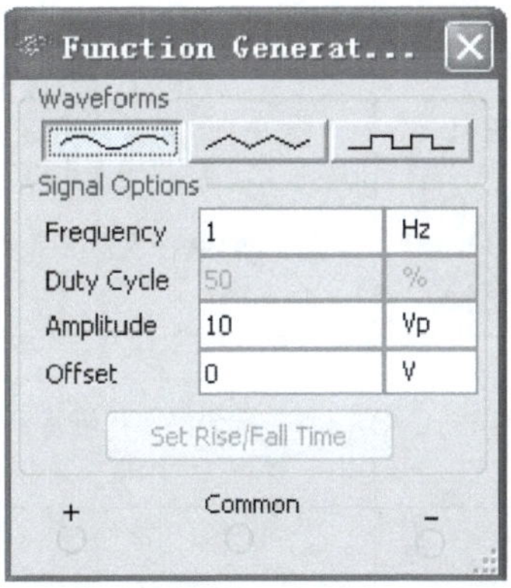

图 A-38 虚拟函数信号发生器设置 1

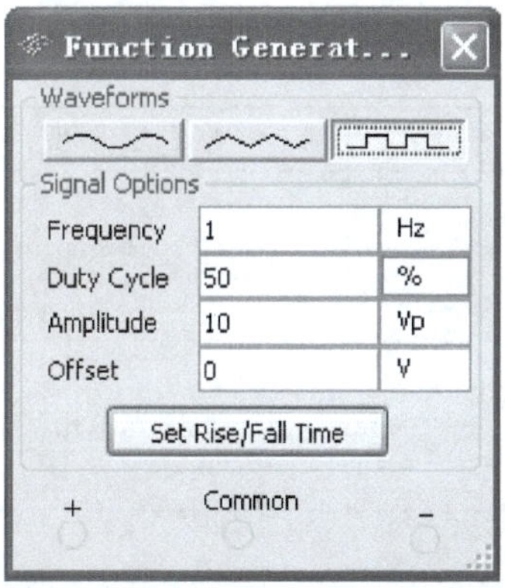

图 A-39 虚拟函数信号发生器设置 2

只有选择三角波和方波时，占空比和设置上升/下降时间栏才有显示；偏置电压栏可设置波形在设置的偏置电压上输出。

面板下方为输出端。若公共端接地，“+”端输出正极性信号，“-”端输出负极性信号，“+”端和“-”端可同时输出一对差模信号。

仪器的连接方法与元器件的连接方法一致。要删除仪器，只要右击仪器图标，选择弹出快捷菜单中的“Cut”或“Delete”项，即可将其删除；或用鼠标左击仪器，待仪器图标四周出现蓝色虚线框时，按下键盘上的 Delete 键也可将其删除。

附录 B 二进制逻辑单元图形符号简介(GB/T 4728.12—2008)

B.1 二进制逻辑单元图形符号的组成

在 GB/T 4728.12—2008 中，二进制逻辑单元符号由方框和限定符号组成。

B.1.1 方框

方框有单元框、公共控制框和公共输出单元框三种，如图 B-1 所示。方框可组合、邻接或镶嵌，尺寸任意。

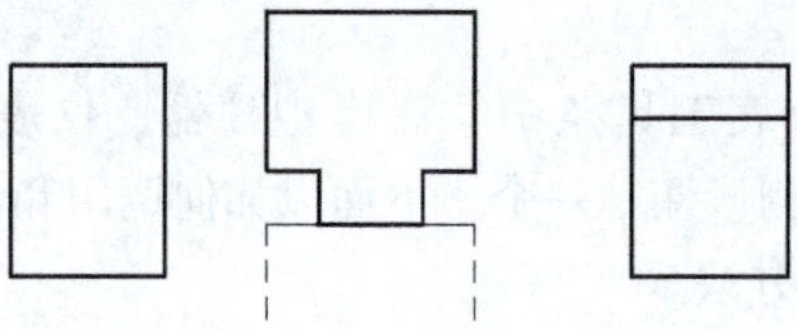

a) 单元框　　b) 公共控制框　　c) 公共输出单元框

图 B-1　方框

B.1.2　限定符号

限定符号分为三类：①表示逻辑单元功能的限定符号。②与输入、输出有关的限定符号。③表示某些输入或输出之间特定关系的关联符号。表示逻辑单元功能的限定符号中的一部分常用图形符号和说明列于表 B-1 中，部分与输入、输出有关的限定符号列于表 B-2 中。

表 B-1　部分表示逻辑单元功能的限定符号

图形符号	说明	图形符号	说明
≥1	或单元	▷	缓冲器(有放大能力)
&	与单元	X/Y	编码器、代码转换器
2k+1	奇数个单元	MUX	多路选择器
2k	偶数个单元	DX	多路分配器
=1	异或单元	⎍	单稳(可重复触发)
1	缓冲单元	1⎍	单稳(非重复触发)
1 (输出端带小圆圈)	非门	G ⎍⎍	非稳态元器件(脉冲发生器)
SRGm	移位寄存器(m 为位数)	ROMn	只读存储器(n 为位数)
CTRm	计数器(模为 2^m)	(滞回曲线)	具有滞回特性的单元

表 B-2　部分与输入、输出有关的限定符号

图形符号	说　明	图形符号	说　明
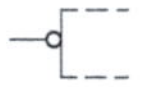	逻辑非，标注在输入端		三态输出
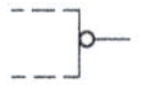	逻辑非，标注在输出端		D 输入
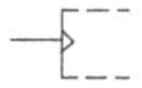	动态输入	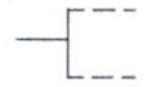	S 输入
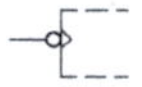	带逻辑非的动态输入	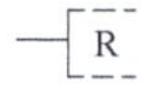	R 输入
	内部连接	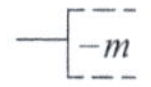	从左到右移 m 位输入
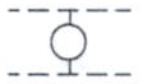	具有逻辑非的内部连接	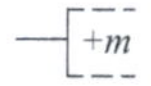	正计数输入(以 m 为单位)
	延迟输出		使能输入
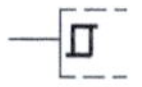	具有双向门槛 (滞回现象)的输入	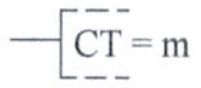	内容输入
	开路输出	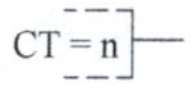	内容输出
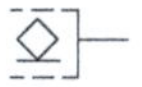	开路输出(低电平低阻)	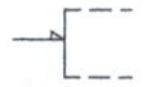	极性指示符 (标注在输入端)
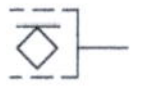	开路输出(高电平低阻)		极性指示符 (标注在输出端)
	开路输出 (低电平低阻,有上拉电阻)	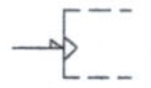	带极性指示符的动态输入
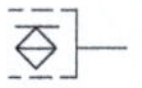	开路输出 (高电平低阻,有下拉电阻)	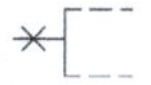	没有逻辑信号的连接

新国家标准使用关联标注法，它是注明输入之间、输出之间关系的一种方法。在关联标注法中，常使用“影响”和“受影响”两个术语。“影响输入”可以对“受影响输入”或“受影响输出”产生影响。“影响”是主动者，“受影响”是被动者。在实际实用中，在“影响”端标注关联符号，并在关联符号后紧跟一个标识序号；相应地，把同一标识序号标注在“受影响”端。

关联符号共有 10 种，它们分别表示 10 种关联类型，列于表 B-3 中。

表 B-3　关联符号

关联类型	关联符号	对“受影响输入”或“受影响输出”的影响	
		当“影响输入”为 1 时	当“影响输入”为 0 时
控制	C	允许动作	禁止动作
使能	EN	允许动作	禁止“受影响输入”动作，置开路或三态输出于外部高阻抗条件，置其它输出于 0 状态
方式	M	允许动作(已选方式)	禁止动作(未选方式)
复位	R	“受影响输出”	不起作用
置位	S	“受影响输出”	不起作用

（续）

关联类型	关联符号	对“受影响输入”或“受影响输出”的影响	
		当“影响输入”为1时	当“影响输入”为0时
与	G	允许动作	置0状态
或	V	置1状态	允许动作
非	N	允许动作	不起作用
互连	Z	置1状态	置0状态
地址	A	允许动作	禁止动作

B.2　逻辑状态及其有关约定

B.2.1　内部逻辑状态和外部逻辑状态

在新国家标准中，引入了内部逻辑状态和外部逻辑状态的概念，如图B-2所示。

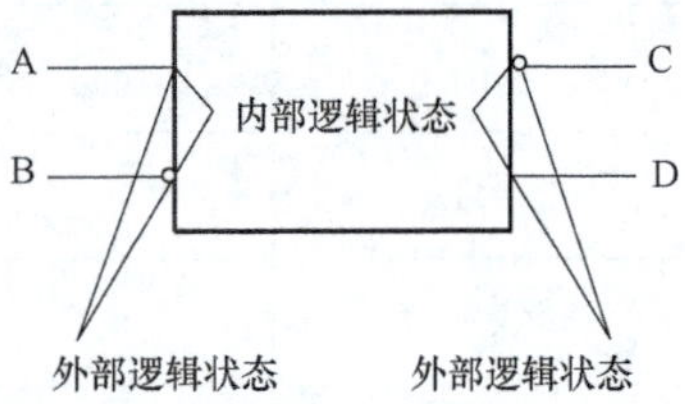

图B-2　内部逻辑状态和外部逻辑状态的概念图示

内部逻辑状态指的是二进制逻辑单元图形符号框内输入端、输出端处的逻辑状态。外部逻辑状态指的是二进制逻辑单元图形符号框外输入端、输出端处的逻辑状态。

1）对于输入端而言，指的是在任何限定符号之前的逻辑状态。

2）对于输出端而言，指的是在任何限定符号之后（例如图B-2输出端C的逻辑非符号的右边）的逻辑状态。

应当指出，表B-1列出的所有限定符号（除非门外）均表示对内部逻辑状态而言的逻辑功能。在方框内部，只存在逻辑状态的概念，而不存在逻辑电平的概念。

B.2.2　逻辑状态和逻辑电平之间的关系

关于方框外部逻辑电平与逻辑状态之间的关系，新标准中有下列两套方法可供选用。

第1套方法规定：凡逻辑非符号出现在输入端或输出端，就意味着该符号两边的逻辑状态相反。例如在图B-3a中，具有逻辑非符号的A输入端的“外部1状态”与其“内部0状态”相对应，而“外部0状态”与其“内部1状态”相对应；无逻辑非符号的B输出端的外部逻辑状态则与内部逻辑状态相同。对于采用逻辑非符号的图形符号和逻辑图，需要确定逻辑电平与逻辑状态的对应关系，即进行逻辑约定，既可以采用正逻辑约定，也可以采用负逻辑约定。但在同一张逻辑图中，只能采用一种逻辑约定，因此采用逻辑非符号的逻辑约定又称为单一逻辑约定。

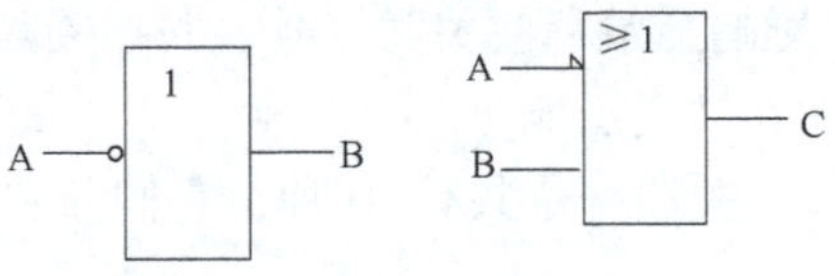

a) 采用逻辑非符号　b) 采用极性指示符号

图B-3　不同的逻辑约定

第2套方法规定：用极性指示符号“◺”来表示输入（出）端的外部逻辑电平与内部逻辑状态之间的关系。例如在图B-3b中，A输入端有极性指示符号，其外部L电平与内部I状态相对应；B输入端和C输出端均无极性指示符号，其外部H电平与内部I状态相对应。

综上所述，在新标准中逻辑约定的分类如下所示：

逻辑约定
- 采用逻辑非符号的逻辑约定(单一逻辑约定)
  - 正逻辑约定
  - 负逻辑约定
- 采用极性指示符号的逻辑约定

必须强调的是：在采用逻辑非符号的图形符号中，既存在外部逻辑状态，又存在外部逻辑电平；而在采用极性指示符号的图形符号中，则只存在外部逻辑电平，不存在外部逻辑状态，这反映在图 B-4 的图解中。

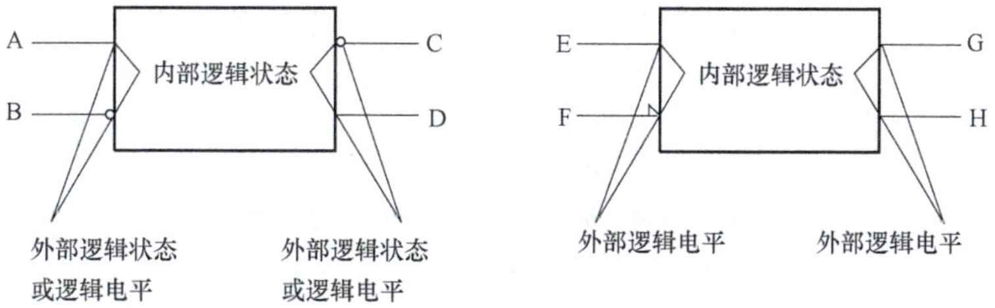

a) 采用逻辑非符号的图形符号　　b) 采用极性指示符号的图形符号

图 B-4　不同逻辑约定的图形符号

附录 C　中国半导体集成电路型号命名方法

我国集成电路器件型号由五个部分组成，其符号及意义如下：

第 1 部分		第 2 部分		第 3 部分	第 4 部分		第 5 部分	
用字母表示器件符合国家标准		用字母表示器件的类型		用阿拉伯数字表示器件的系列和品种代号	用字母表示器件的工作范围		用字母表示器件的封装	
符号	意　义	符号	意　义		符号	意　义	符号	意　义
C	中国制造	T	TTL 电路	其中 TTL 电路分为四个系列：	C	0 ~ 70℃	F	多层陶瓷扁平
		H	HTL 电路	1000—中速系列	G	−25 ~ 70℃	B	塑料扁平
		E	ECL 电路	2000—高速系列	L	−25 ~ 85℃	H	黑瓷扁平
		C	CMOS 电路	3000—肖特基系列	E	−40 ~ 85℃	D	多层陶瓷双列直插
		M	存储器	4000—低功耗肖特基系列	R	−55 ~ 85℃		
		μ	微型机电路		M	−55 ~ 125℃	J	黑瓷双列直插
		F	线性放大器		⋮		P	塑料双列直插
		W	稳压器				S	塑料单列直插
		D	音响电视电路				T	金属圆壳
		B	非线性电路				K	金属菱形
		J	接口电路				C	陶瓷芯片载体
		AD	A/D 转换器				E	塑料芯片载体
		DA	D/A 转换器				G	网络针栅阵列
		SC	通信专用电路				⋮	
		SS	敏感电路					
		SW	钟表电路					

（续）

第1部分		第2部分		第3部分	第4部分		第5部分	
用字母表示器件符合国家标准		用字母表示器件的类型		用阿拉伯数字表示器件的系列和品种代号	用字母表示器件的工作范围		用字母表示器件的封装	
符号	意义	符号	意义		符号	意义	符号	意义
		SJ SF	机电仪电路 复印机电路					

示例：

C　T　4000　L　J

- J —— 封装：黑瓷双列直插
- L —— 工作温度：-25～85℃
- 4000 —— 系列：4表示低功耗肖特基系列（四2输入与非门）
- T —— TTL器件
- C —— 中国制造

附录D　常用TTL数字集成电路逻辑功能、名称及型号

逻辑功能	名称	型号
缓冲器	四总线缓冲器	74LS126
非门	六非门	74LS04、74LS05（OC）
与非门	四2输入与非门	74LS00、74LS01（OC）
	三3输入与非门	74LS10（OC）
		74LS12（OC）
	双4输入与非门	74LS20（OC）
		74LS22（OC）
		74LS40（功率门）
		74LS132（施密特F/F）
	8输入与非门	74LS30
	13输入与非门	74LS133
或非门	四2输入或非门	74LS02
	三3输入或非门	74LS27
	双5输入或非门	74LS260
与门	四2输入与门	74LS08
		74LS09（OC）
	三3输入与门	74LS11
		74LS15（OC）

（续）

逻辑功能	名　称	型　号
或门	四 2 输入或门	74LS32(OC)
		74LS136(OC)
与或非门	双 2-2、3-3 输入与或非门	74LS51
	3-2、2-3 输入与或非门	74LS54
	4-4 输入与或非门	74LS55
	2-2-3-4 输入与或非门	74LS64
异或门	四 2 输入异或门	74LS86
变量译码器	双 2 线-4 线译码器/分配器	74LS155
	双 2 线-4 线译码器/分配器(OC)	74LS156
	3 线-8 线变量译码器	74LS138
	双 2 线-4 线译码器/分配器	74LS139
	4 线-10 线 8421BCD 码译码器	74LS42
编码器	10 线-4 线优先编码器	74LS147
	8 线-3 线优先编码器	74LS148
数据选择器	四 2 选 1 数据选择器	74LS157
	双 4 选 1 数据选择器	74LS153
	8 选 1 数据选择器	74LS151
加法器	4 位二进制加法器	74LS83
	4 位二进制全加器	74LS283
比较器	4 位大小比较器	74LS85
D 触发器或锁存器	双 D 触发器(带置 1 和置 0)	74LS74
	四 D 锁存器	74LS75
	六 D 触发器(单相输出)	74LS174
	四 D 触发器(互补输出)	74LS175
	八 D 触发器(单相输出)	74LS273
	八 D 锁存器(三态输出)	74LS373
JK 触发器	双 JK 触发器(带置 1 和置 0)	74LS76
	双 JK 上升沿触发器(带置 1 和置 0)	74LS109
	双 JK 主从触发器(带置 1 和置 0)	74LS111
	双 JK 下降沿触发器(带置 1 和置 0)	74LS112
计数器	异步二-五进制计数器	74LS90
	异步二-八进制计数器	74LS93
	同步十进制计数器(异步置 0、同步置数)	74LS160
	同步十六进制计数器(异步置 0、同步置数)	74LS161
	同步十进制计数器(同步置 0、同步置数)	74LS162

（续）

逻辑功能	名　称	型　号
计数器	同步十六进制计数器(同步置0、同步置数)	74LS163
	同步可逆十进制计数器(异步置数)	74LS190
	同步可逆十进制计数器(异步置0、异步置数)	74LS192
	同步可逆十六进制计数器(异步置0、异步置数)	74LS193
	异步二-五进制计数器	74LS290
	异步二-八进制计数器	74LS293
	双4位二进制加法计数器	74LS393
寄存器	4位双向移位寄存器	74LS194
单稳态触发器	可重触发单稳态触发器	74LS121
	双可重触发单稳态触发器	74LS122
	双单稳态触发器	74LS123
	双单稳态触发器	74LS221
显示译码器	七段显示译码器(OC、低电平有效)	74LS47
	七段显示译码器(OC、高电平有效)	74LS48
		74LS49
		74LS249

附录E　常用CMOS数字集成电路逻辑功能、名称及型号

逻辑功能	名　称	国产型号	RCA型号	MOTA型号
或非门	四2输入或非门	CC4 001	CD4 001	MC14 001
	三3输入或非门	CC4 025	CD4 025	MC14 025
	双4输入或非门	CC4 002	CD4 002	MC14 002
	8输入或非门	CC4 078	CD4 078	MC14 078
与非门	四2输入与非门	CC4 011	CD4 011	MC14 011
	四2输入与非门(施密特触发器)	CC4 093	CD4 093	MC14 093
	三3输入与非门	CC4 023	CD4 023	MC14 023
	双4输入与非门	CC4 012	CD4 012	MC14 012
	8输入与非门	CC4 068	CD4 068	MC14 068
或门	四2输入或门	CC4 071	CD4 071	MC14 071
	三3输入或门	CC4 075	CD4 075	MC14 075
	双4输入或门	CC4 072	CD4 072	MC14 072
与门	四2输入与门	CC4 081	CD4 081	MC14 081
	三3输入与门	CC4 073	CD4 073	MC14 073
	双4输入与门	CC4 082	CD4 082	MC14 082

（续）

逻辑功能	名　称	国产型号	RCA 型号	MOTA 型号
反相器、缓冲/变换器	六反相器	CC4 069	CD4 069	MC14 069
	六反相缓冲/变换器	CC4 009	CD4 009	
	六同相缓冲/变换器	CC4 010	CD4 010	
	六反相器（施密特触发器）	CC40 106	CD40106	MC140 584
异或门	四异或门	CC4 030	CD4030	MC14 030
全加器	4 位超前进位全加器	CC4 008	CD4008	MC14 008
比较器	4 位数值比较器	CC14 585	CD14585	MC114 585
变量译码器	4 线-16 线变量译码器/输出 1	CC4 028	CD4 028	MC14 028
	4 线-16 线变量译码器/输出 0	CC4 514		MC14 514
触发器	双 JK 触发器	CC4 027	CD4 027	MC14 027
	双 D 触发器	CC4 013	CD4 013	MC14 013
	六施密特触发器	CC40 106	CD40 106	MC140 106
	四 2 输入施密特触发器	CC4 093	CD4 093	MC14 093
	双单稳态触发器	CC14 528		MC114 528
编码器	10 线-4 线优先编码器	74HC147		
显示译码器	七段显示译码器（大电流驱动）	CC14 547		MC114 547
	七段显示译码驱动器（BCD 锁存）	CC4 511	CD4 511	MC14 511
	双 2 线-4 线译码器/分配器	74HC139		
模拟开关	双 4 向模拟开关	CC4 066	CD4 066	MC14 066
	单 8 路模拟开关	CC4 051	CD4 051	MC14 051
	双 4 路模拟开关	CC4 052	CD4 052	MC14 052
	单 16 路模拟开关	CC4 067	CD4 067	
	双 8 路模拟开关	CC4 097	CD4 097	
数据选择器	双 4 选 1 数据选择器	CC14 539		MC14 539
	8 选 1 数据选择器	CC4 512	CD4 512	MC14 512
计数器	双 BCD 同步加法计数器	CC4 518	CD4 518	MC14 518
	双 4 位二进制加法计数器	CC4 520	CD4 520	MC14 520
	可预置 BCD 加/减法计数器	CC40 192	CD40 192	
	十进制计数/分配器	CC4 510	CD4 510	MC14 510
	可预置 4 位二进制加法计数器	CC40 161	CD40 161	MC14 161
寄存器	4 位移位寄存器	CC40 194	CD40 194	

附录 F　常用数字集成电路引脚排列图

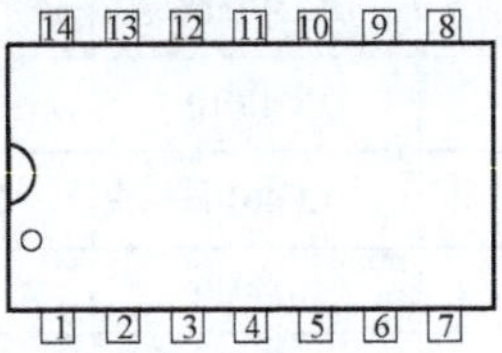

双列直插式(俯视图)

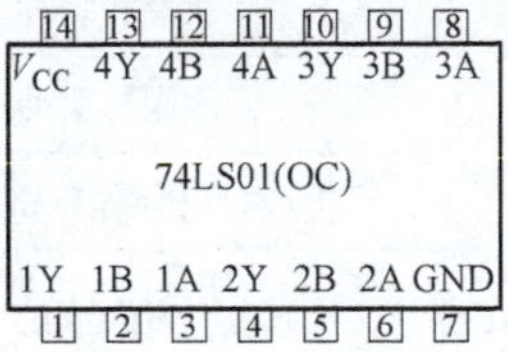

74LS01(OC)四2输入与非门

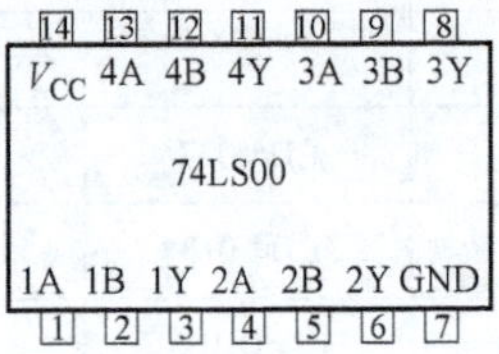

74LS00 四2输入与非门

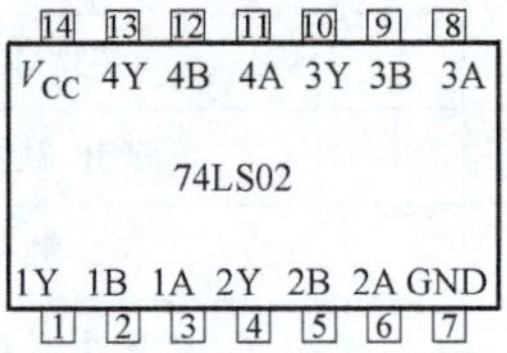

74LS02 四2输入或非门

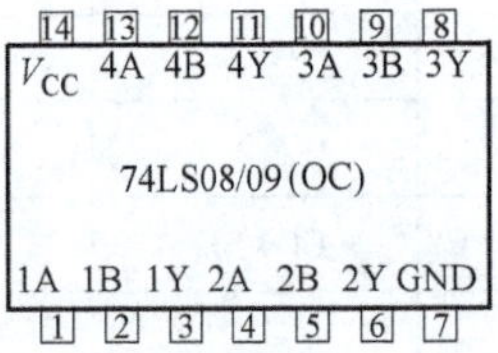

74LS08/09(OC)四2输入与非门

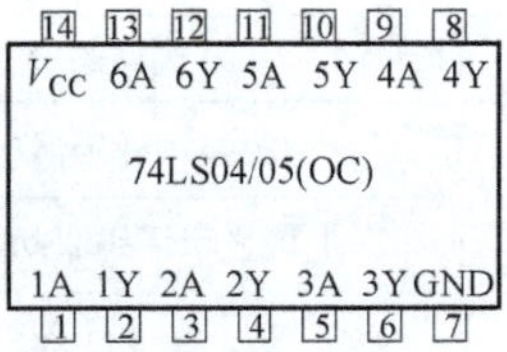

74LS04/05(OC)六反相器

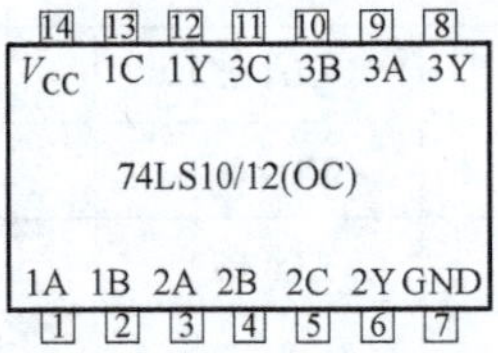

74LS10/12(OC)三3输入与非门

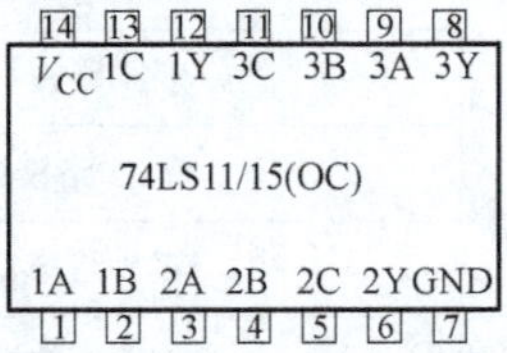

74LS11/15(OC)三3输入与非门

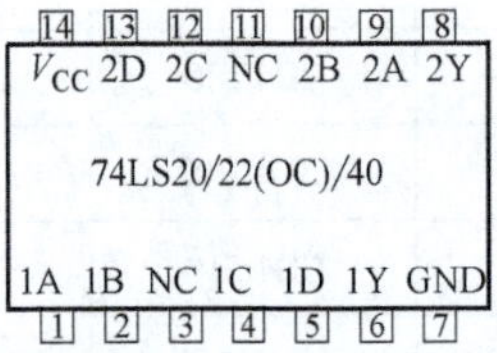

74LS20/22(OC)/40(功率)

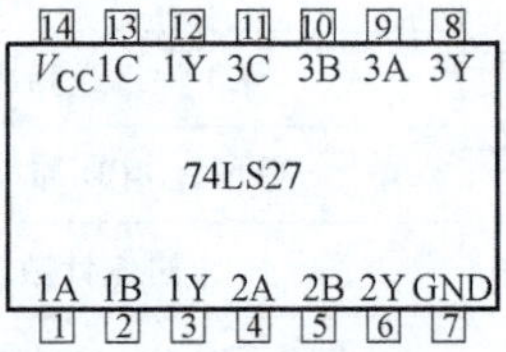

74LS27 三3输入或非门

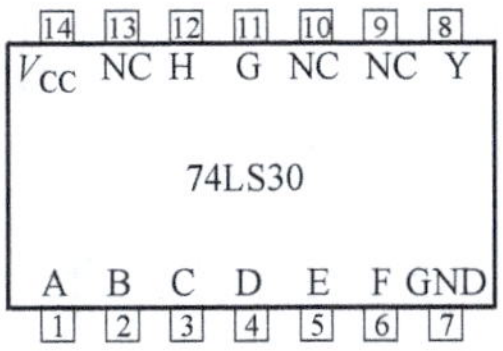

74LS30 8输入与非门

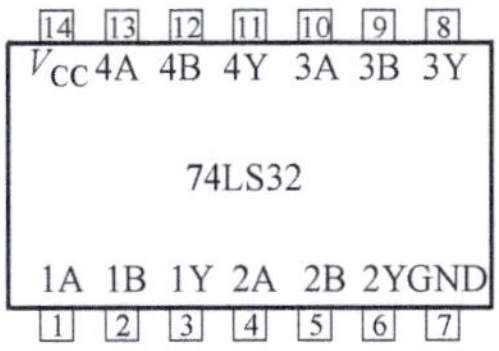

74LS32四2输入或非门

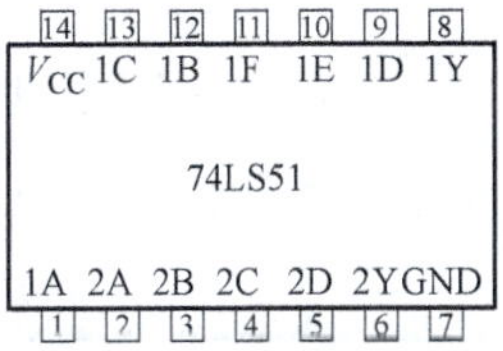

74LS51双与或非门

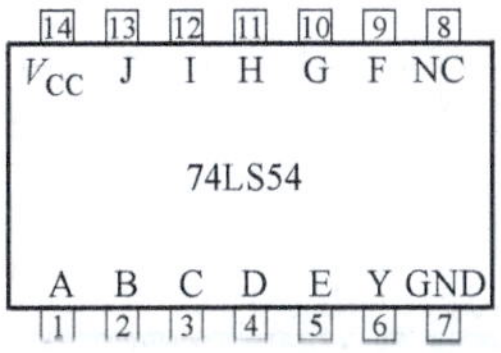

74LS54与或非门

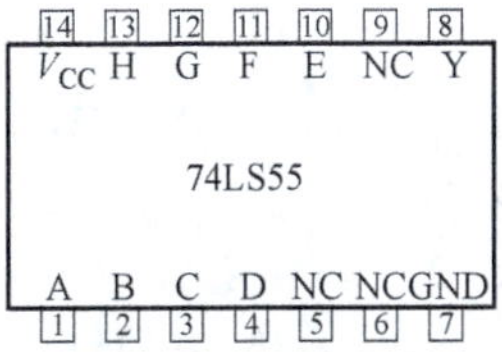

74LS55与或非门

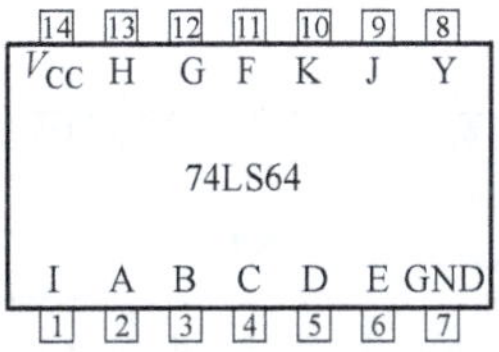

74LS64与或非门

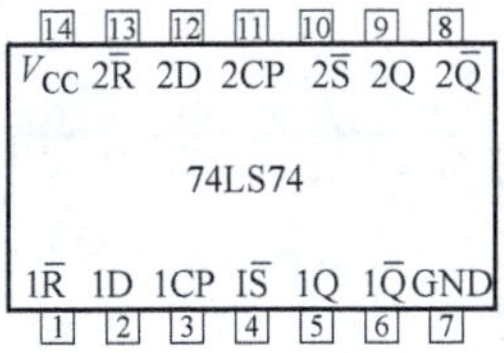

74LS74双D触发器

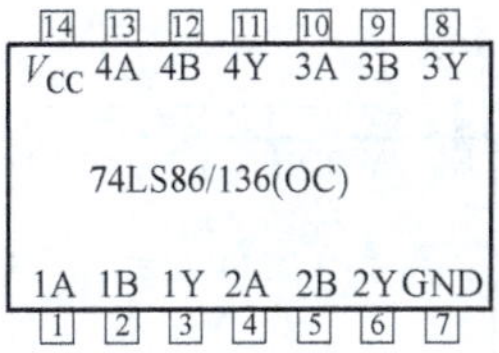

四 2输入异或门

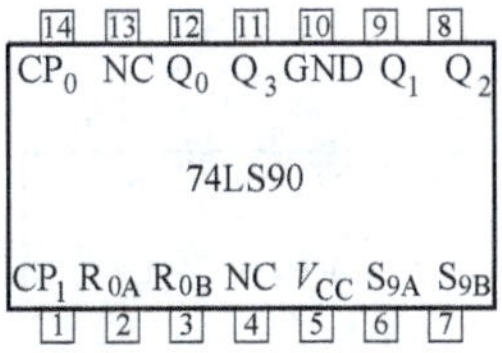

74LS90异步二－五进制计数器

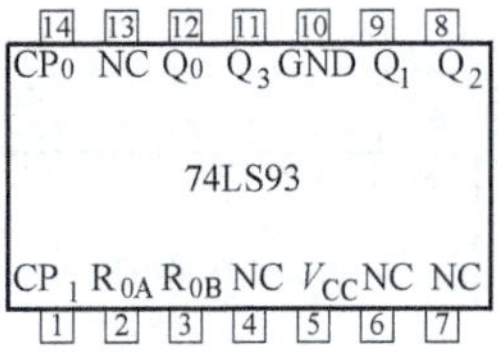

74LS93 异步二－八进制计数器

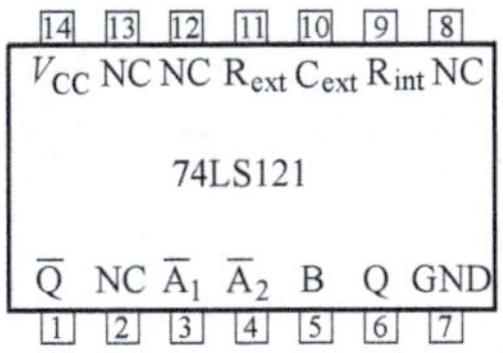

74LS121单稳态触发器

74LS122单稳态触发器

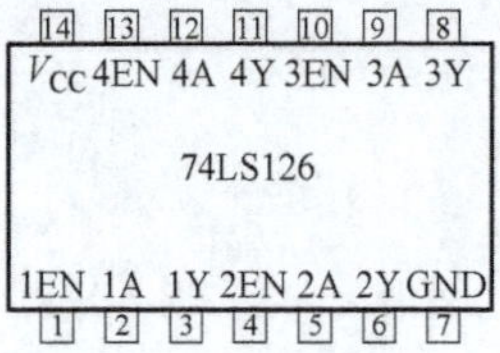

74LS126四总线缓冲器

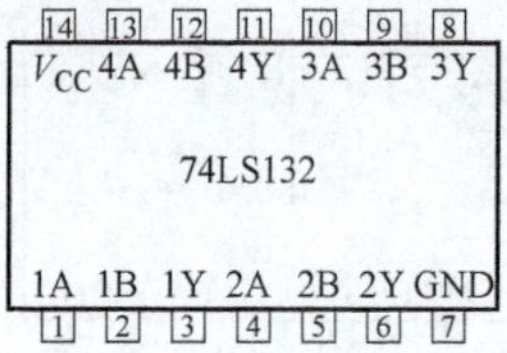

74LS132四2输入与非施密特触发器

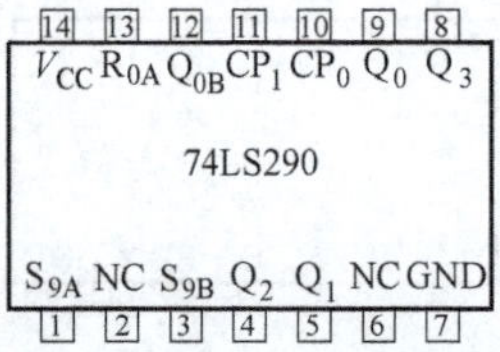

74LS290异步二-五进制计数器

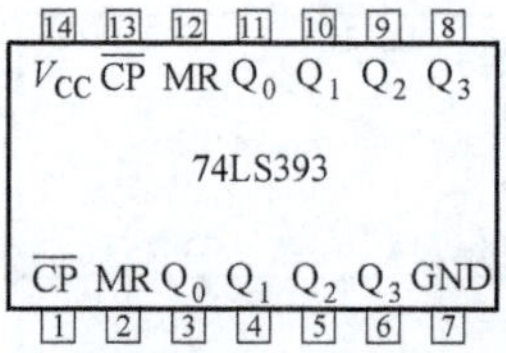

74LS393双4位二进制加法计数器

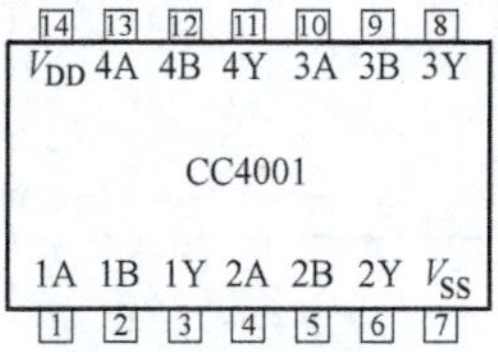

CC4001四2输入或非门

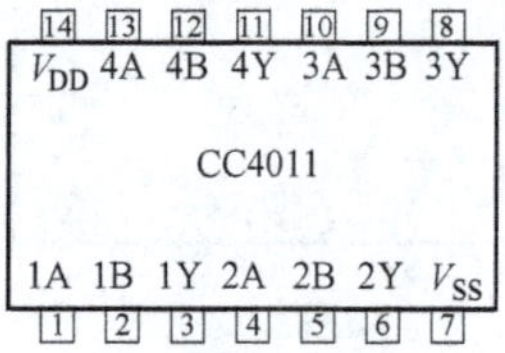

CC4011四2输入与非门

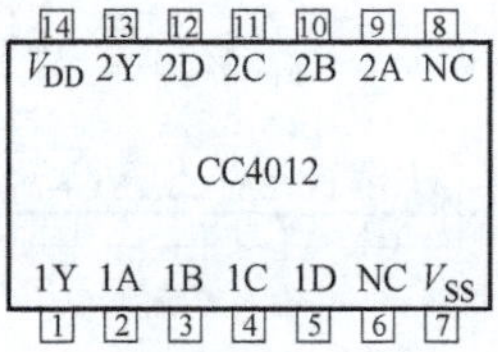

CC4012双4输入与非门

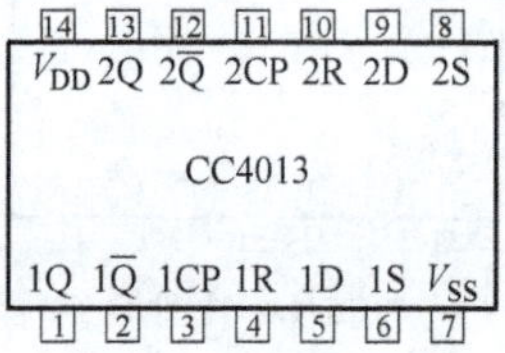

CC4013双D触发器

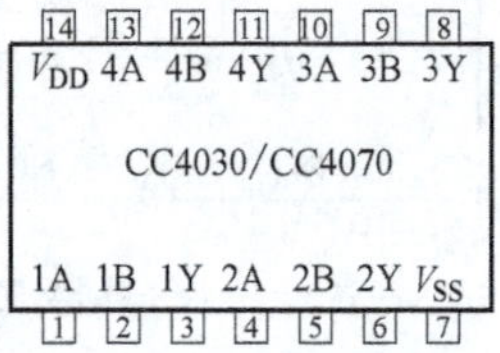

CC4030/CC4070四2输入异或门

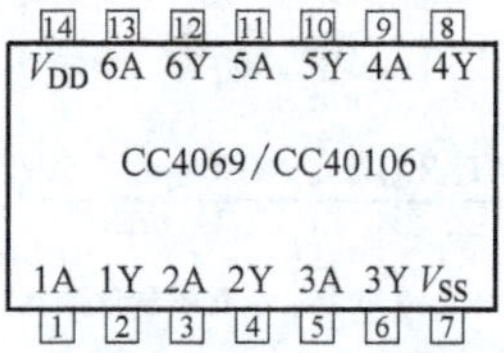

CC4069/CC40106六反相器

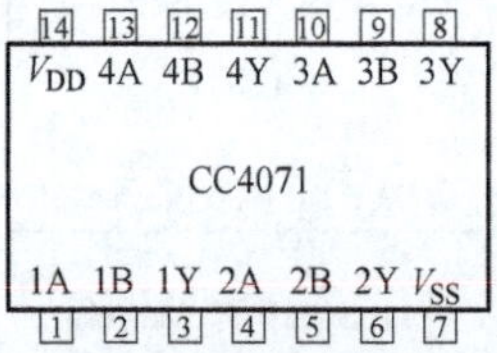

CC4071四2输入或门

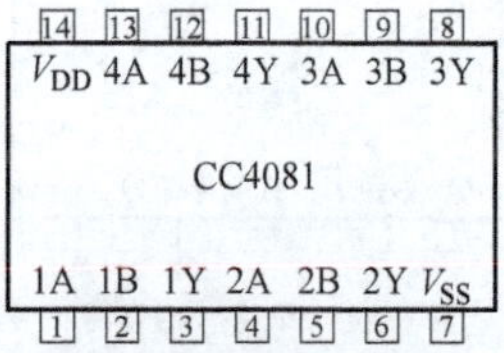

CC4081四2输入与门

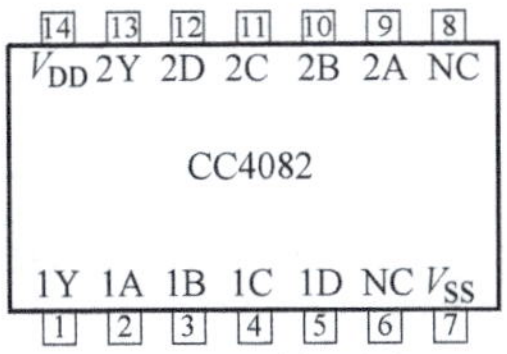

CC4082双4输入与门

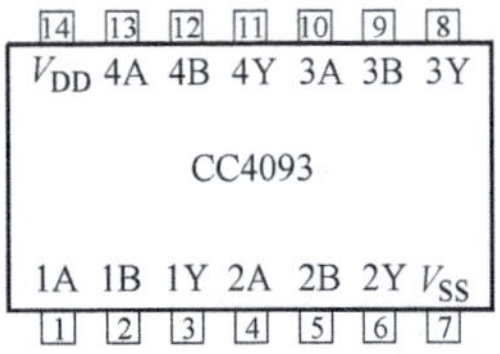

CC4093四2输入与非门

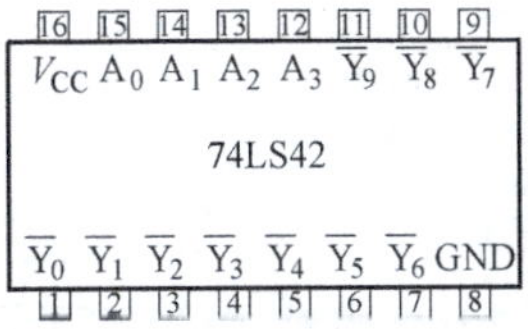

74LS42 4线-10线8421BCD码译码器

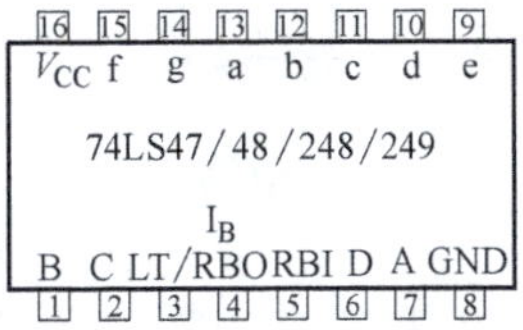

七段显示译码器

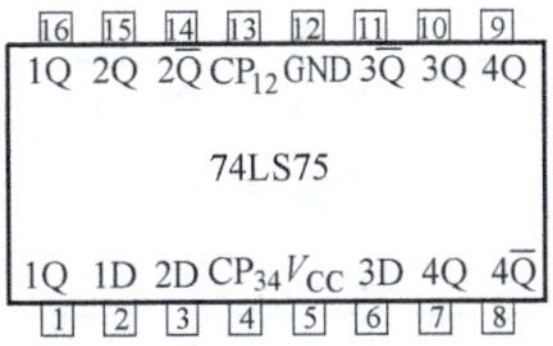

74LS75四D锁存器

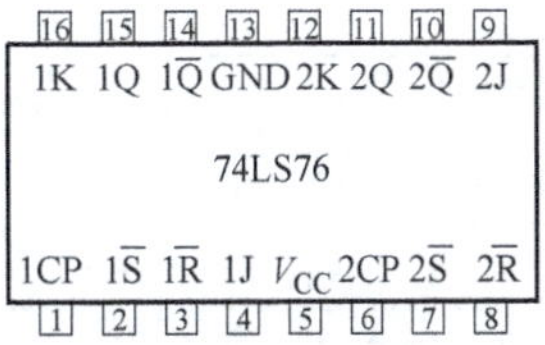

74LS76双JK触发器

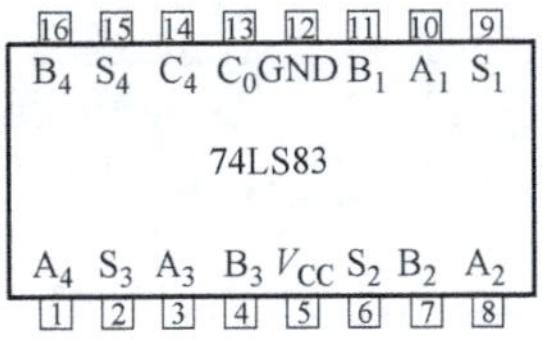

74LS83 4位二进制全加器

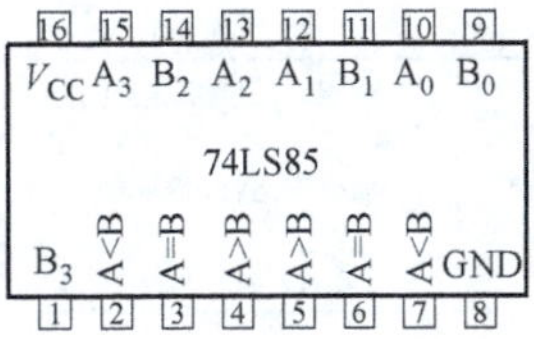

74LS85 4位大小比较器

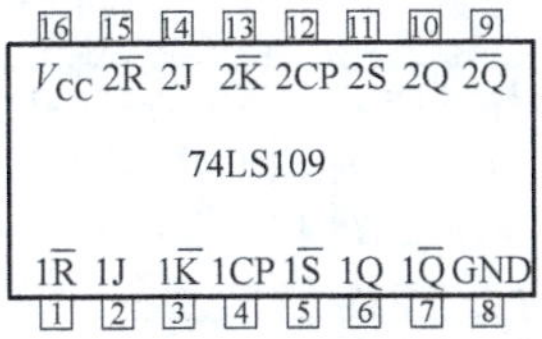

74LS109双JK触发器

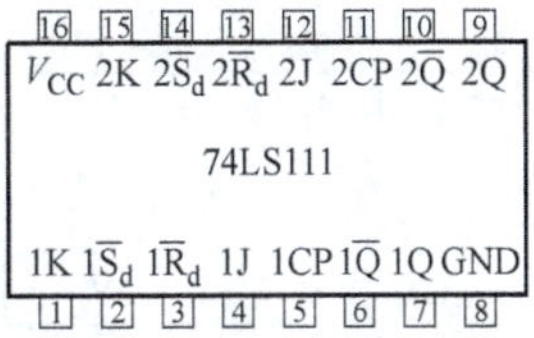

74LS111双JK主从触发器

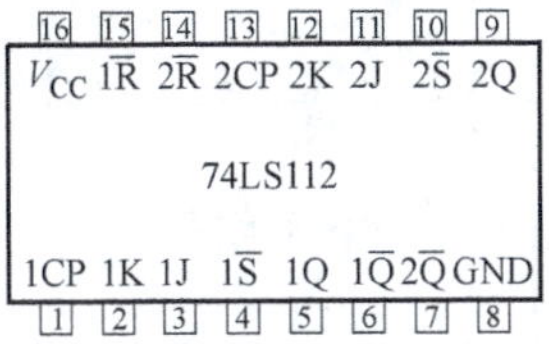

74LS112双JK触发器

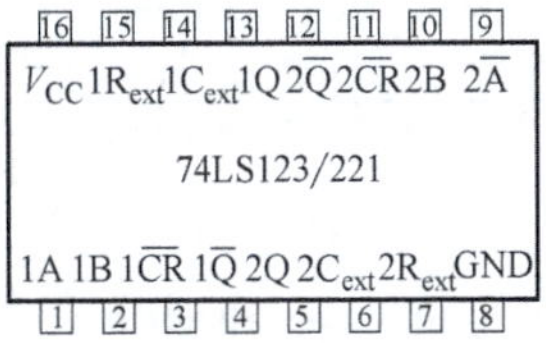

74LS123/221双单稳态触发器

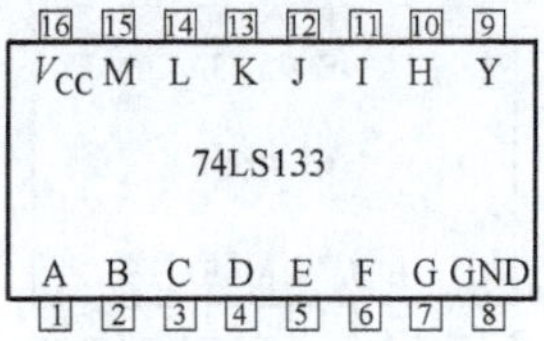

74LS133 13输入与非门

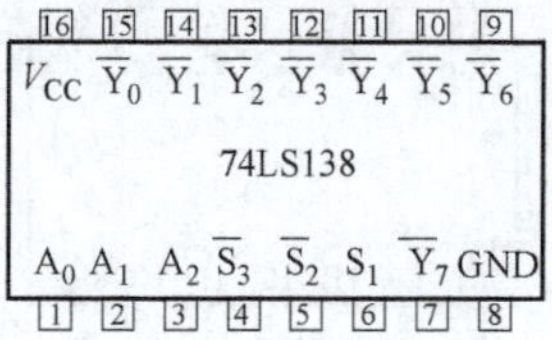

74LS138 3线－8线变量码译码器

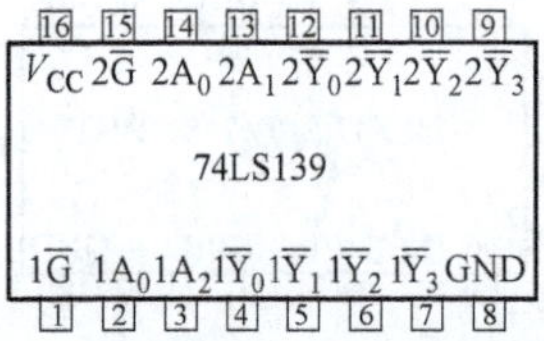

74LS139 双2线－4线码译码器

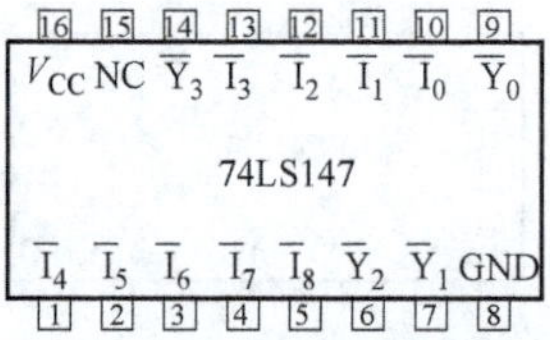

74LS147 10线－3线优先编码器

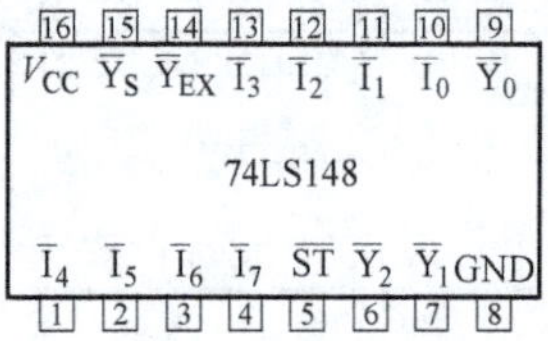

74LS148 8线-3线优先编码器

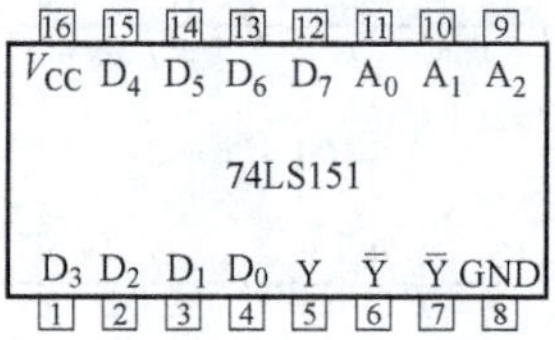

74LS151 8选1数据选择器

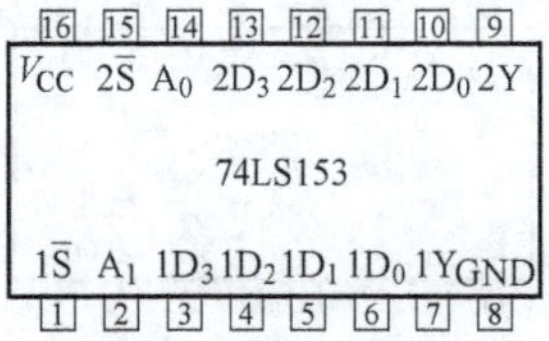

74LS153 双4选1数据选择器

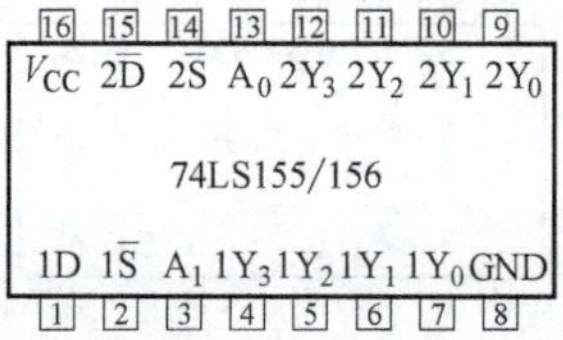

74LS155/156 双2线-4线译码器/分配器

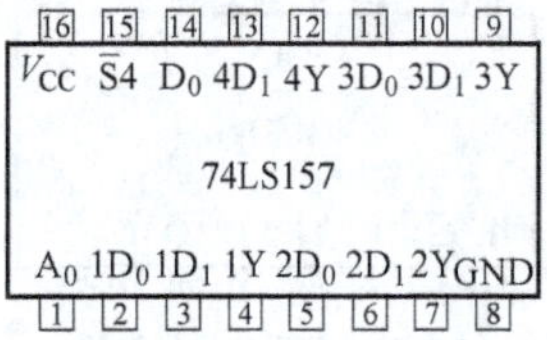

74LS157 四2选1数据选择器

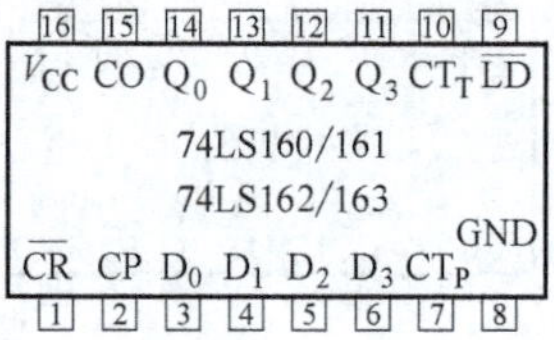

74LS160/161/162/163 同步计数器

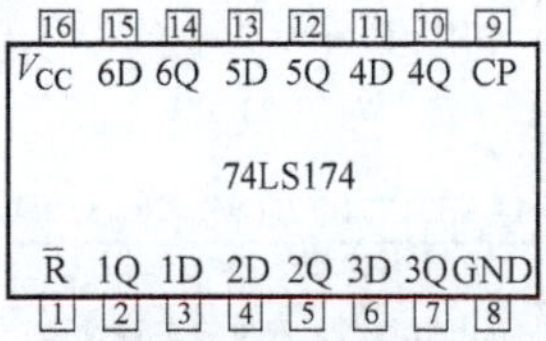

74LS174 六D触发器

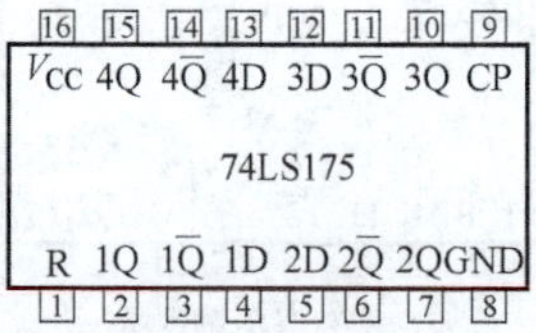

74LS175 四D触发器

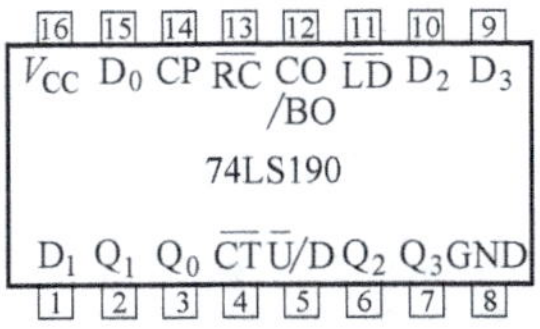

74LS190 同步可逆十进制计数器

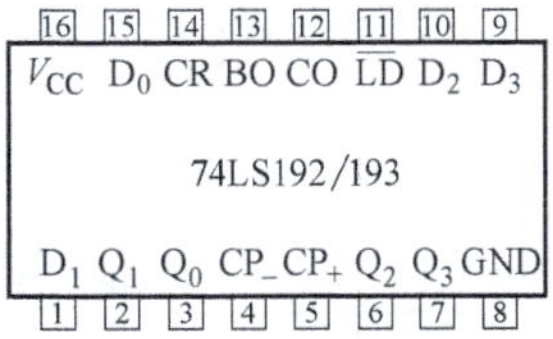

74LS192/193同步可逆计数器

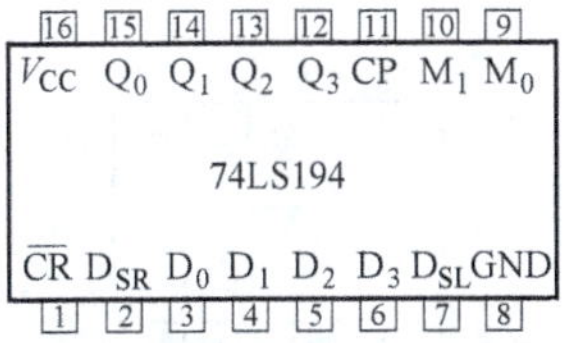

74LS194 4位双向移位寄存器

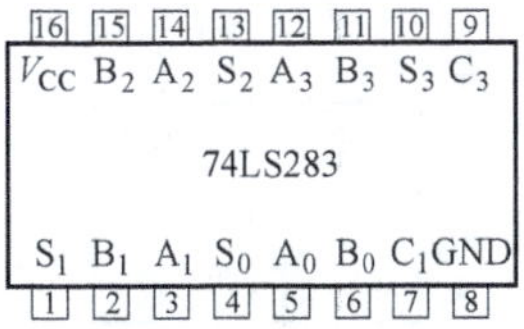

74LS283先行进位加法器

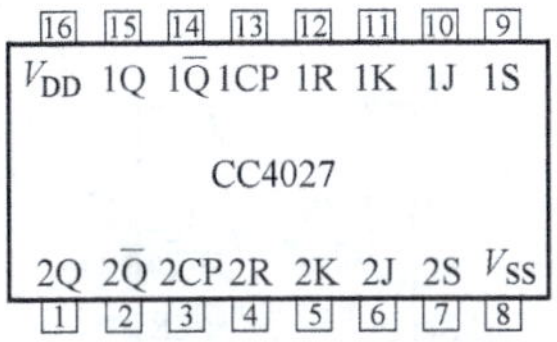

CC4027双JK主从触发器

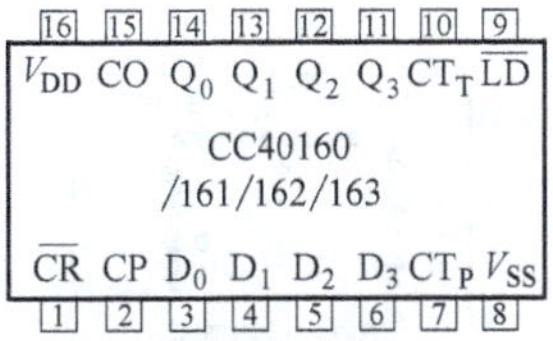

同步计数器

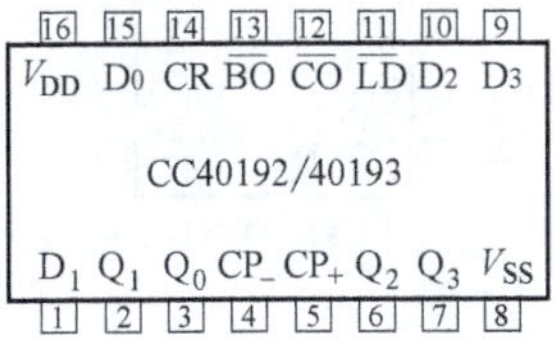

可逆计数器

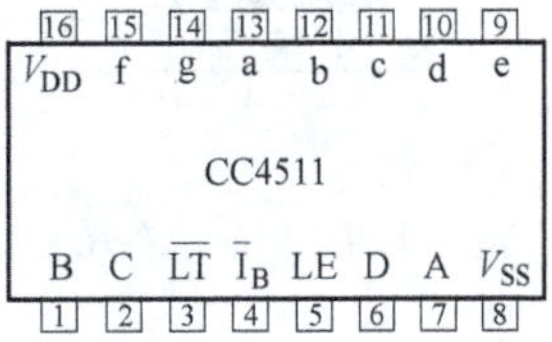

七段显示译码器

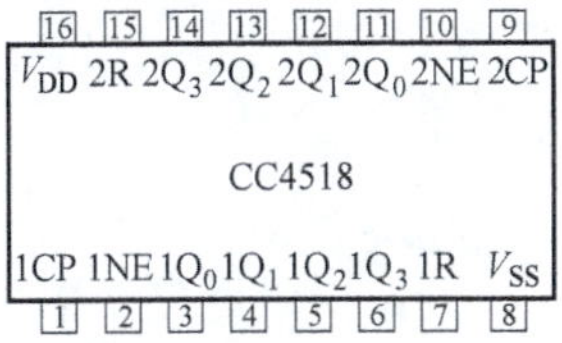

双BCD码同步加法计数器

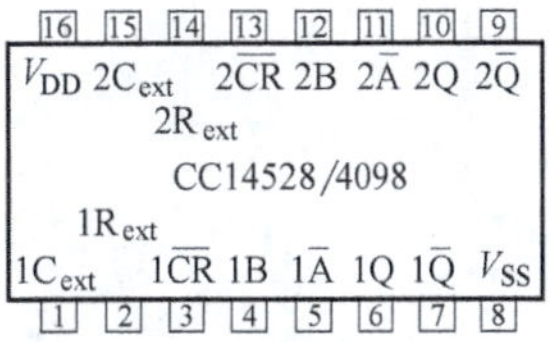

双可重触发单稳(带清零端)

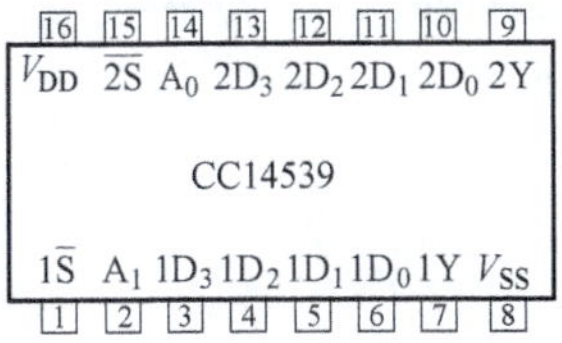

双4选1数据选择器

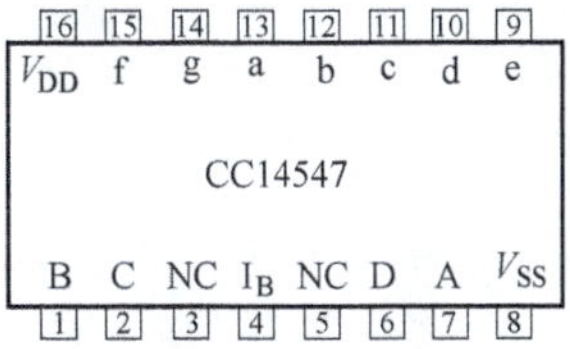

高电平有效驱动显示译码器

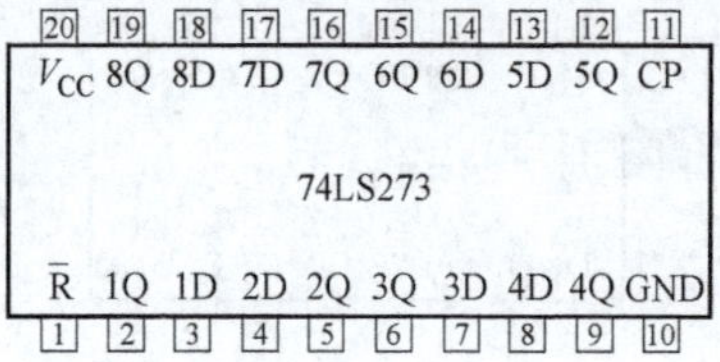

74LS273八D触发器

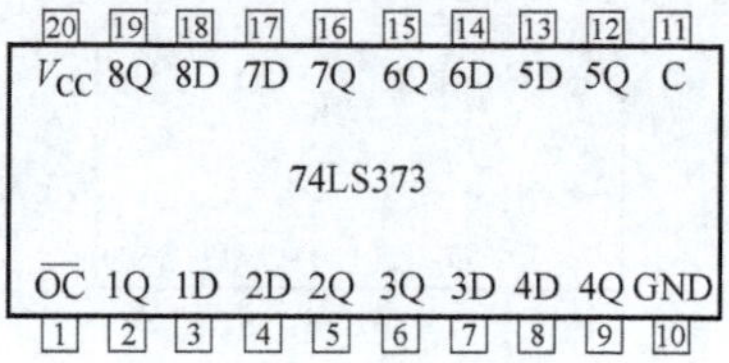

74LS373八D锁存器(三态输出)

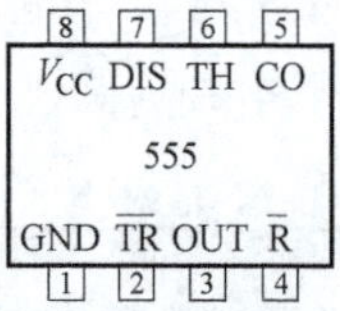

555集成定时器

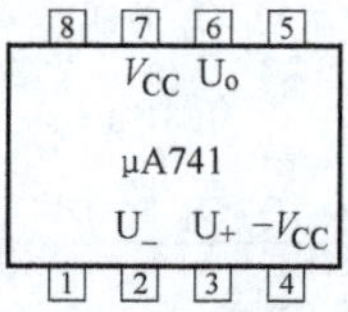

μA741运算放大器

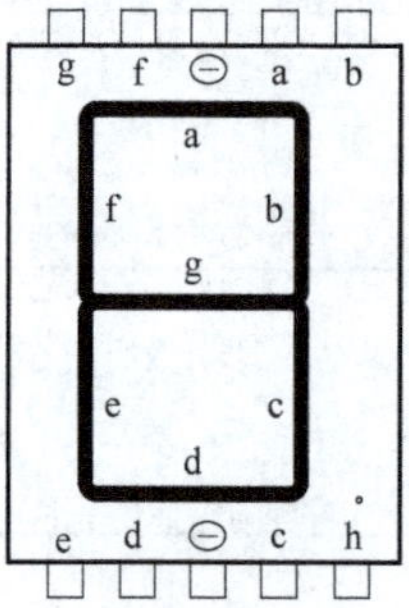

共阴型半导体数码管

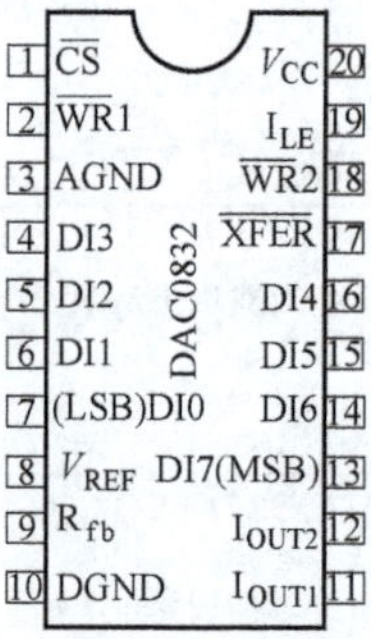

DAC0832 D/A 转换器

参 考 文 献

[1] 阎石．数字电子技术基本教程[M]．6版．北京：清华大学出版社，2016.
[2] 康华光．电子技术基础(数字部分)[M]．北京：高等教育出版社，2014.
[3] 成立．数字电子技术基础[M]．3版．北京：机械工业出版社，2016.
[4] 张惠敏．数字电子技术[M]．3版．北京：化学工业出版社，2016.
[5] 刘守义，钟苏．数字电子技术[M]．3版．西安：西安电子科技大学出版社，2012.